机械加工工艺学

主　编　范崇洛

东南大学出版社
·南　京·

内 容 提 要

本书主要介绍机械加工工艺规程的制订，轴、套、箱体、齿轮等典型零件的加工工艺、加工精度与表面质量，机械加工生产率及其经济性分析，装配工艺以及现代制造技术、特种加工等。

本书从着重培养生产现场实施型工艺人才的目标出发，通过必须掌握的理论和技术教学，强调对学生工程实践能力的训练和培养。

本书适合高等工科院校机械制造及自动化、机电一体化专业本专科学生使用，也可供有关技术人员参考。

图书在版编目(CIP)数据

机械加工工艺学/范崇洛主编. —南京：东南大学出版社，2009. 8(2015. 8 重印)

ISBN 978-7-5641-1719-1

Ⅰ. 机… Ⅱ. 范… Ⅲ. 机械加工—工艺学 Ⅳ. TG5

中国版本图书馆 CIP 数据核字(2009)第 100099 号

机械加工工艺学

出版发行	东南大学出版社
出 版 人	江建中
网　　址	http://press.seu.edu.cn
电子邮件	press@seu.edu.cn
社　　址	南京市四牌楼 2 号
邮　　编	210096
电　　话	025-83793191(发行)　025-57711295(传真)
经　　销	全国新华书店
排　　版	南京理工大学印刷厂
印　　刷	江苏省地质测绘院
开　　本	787mm×1092mm　1/16
印　　张	14.25
字　　数	363 千字
版　　次	2009 年 8 月第 1 版
印　　次	2015 年 8 月第 4 次印刷
书　　号	ISBN 978-7-5641-1719-1
印　　数	6501—8500
定　　价	24.80 元

本社图书若有印装质量问题，请直接与读者服务部联系。电话(传真)：025-83792328

前　言

本书主要介绍机械加工工艺规程的制订、轴、套、箱体和齿轮等典型零件的加工工艺、加工精度与表面质量，机械加工生产率及其经济性分析，装配工艺的基本知识，对于特种加工和现代制造技术，仅作一般性介绍。

本书的编写指导思想是：充分体现知识、能力、素质的协调发展，着眼于培养生产现场实施型工艺人员所必须掌握的理论和技术，在内容取舍上，保留了作为车间工艺技术人员必不可少的理论和技术，更具体、更贴近实际，对当今的先进技术如成组技术、数控加工和计算机辅助制造等内容作适当的阐述；在编写体例上，着重于一般中小批量生产的、复杂程度中等的典型零件；在加强工程实践能力的训练方面，突出了生产现场服务必须具备的技术和能力。

通过本书的学习，力图使读者达到以下要求：

（1）具有编制中等复杂程度零件（中小批量）的常规工艺规程的初步能力；

（2）具有对已编好的工艺规程在生产现场实施和服务的初步能力；

（3）具有对新工艺、新技术了解和推荐应用的初步能力。

本书由范崇洛主编，周颖协助编写了第8章的部分内容，并由范崇洛统稿。本书由许德轩主审。本书在编写中参考了相关的参考文献，搜集了有关工厂现场的零件加工工艺，在此向有关同志致谢。

由于编者水平所限，错误与不足之处在所难免，敬请读者不吝赐教，以便修订时改进。

编　者

2009年3月

目　录

1 机械加工工艺规程的制订

1.1 概述

1.1.1 机器的生产过程和工艺过程

机器制造时，由原材料到成品之间各个相互关联的劳动过程的总和称为生产过程。机器的生产过程主要包括：

(1) 原材料、半成品和工夹具的供应、运输和保管；

(2) 生产的准备工作，如产品的设计和试验研究、工艺装备的设计与制造、各种生产资料和生产组织等方面的准备工作；

(3) 毛坯的制造过程，如铸造、锻造和冲压等；

(4) 零件的各种加工过程，如机械加工、焊接、热处理和表面处理等；

(5) 产品的装配过程，包括组装、部装、总装等；

(6) 产品的检验、试车、油漆和包装等。

在机器的生产过程中，对于那些与原材料变为成品直接有关的过程，如毛坯制造、机械加工、热处理和装配等，称为工艺过程。采用机械加工的方法，直接改变毛坯的形状、尺寸和表面质量，使之成为产品零件的过程，称为机械加工工艺过程。

1.1.2 机械加工工艺过程的组成

机械加工工艺过程由一系列工序组成。而工序又可分为若干个安装、工位、工步和走刀，它们按一定顺序排列，逐步地改变毛坯或原材料的形状、尺寸和材料的性能，使之成为合格的零件，机械加工的工艺过程可用图 1.1 表示。

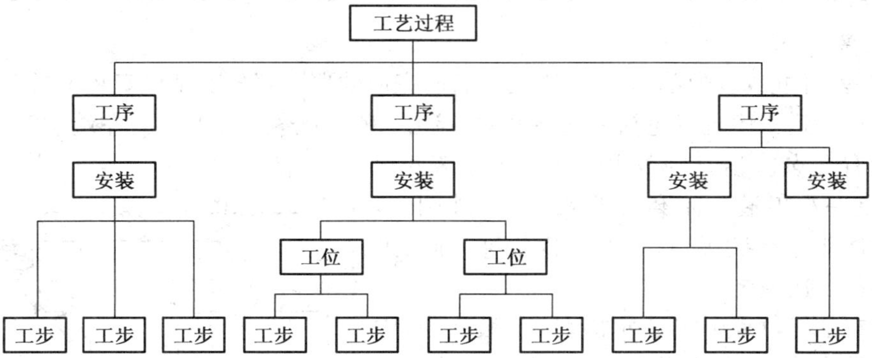

图 1.1 工艺过程的组成

1）工序

工序是指一个（或一组）工人，在一个工作地（如一台机床）对同一个（或同时对几个）工件所连续完成的那一部分工艺过程。

工序是工艺过程的基本单元，划分工序的主要依据是零件加工过程中工作地（机床）是否变动，其次是该工序的工艺过程是否连续完成。例如，图 1.2 所示的阶台轴，其工序的划分如表 1.1 加工工艺卡中所示，分为热处理、车、铣和磨四道工序。

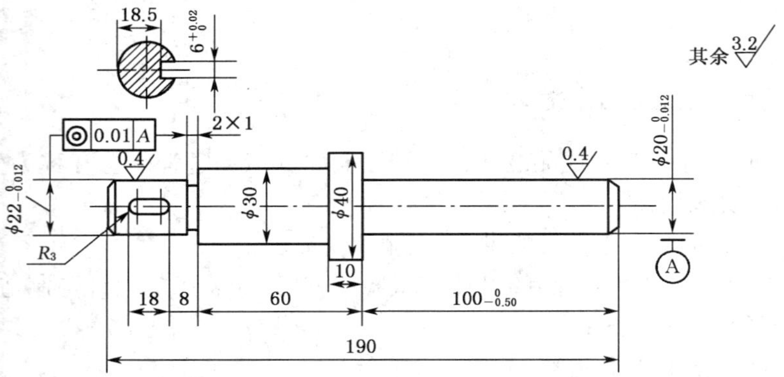

图 1.2 阶台轴

表 1.1 阶台轴的加工工艺卡

加 工 工 艺 卡			产品名称			图 号	
			零件名称		阶 台 轴	共 1 页	第 1 页
材料种类		圆钢	牌号	45	毛坯尺寸	$\phi 45 \times 200$ mm	
工序	工 序 内 容					设 备	刀 具
1	热处理 调质 250HBS						
2	车 车两端面符合总长尺寸，钻中心孔 $\phi 2$ mm，车 $\phi 20$ mm，$\phi 22$ mm 外圆，留磨削余量 0.3～0.4 mm，其余均车至尺寸，车槽，倒角					车 床	B 型中心钻 $\phi 2$ mm
3	铣 铣键槽					立 铣	$\phi 6$ mm 键槽铣刀
4	磨 磨 $\phi 22_{-0.012}^{0}$、$\phi 20_{-0.012}^{0}$ 外圆至尺寸					外圆磨床	

2）安装

安装是工件（或装配单元）经一次装夹后所完成的那一部分工序。安装包括定位和夹紧两个部分。一道工序可以包括一次或几次安装。例如上述阶台轴在磨左端 $\phi 22_{-0.012}^{0}$ 时，用夹头夹紧右端 $\phi 20_{-0.012}^{0}$ 外圆，再装在外圆磨床两顶尖上，这是一次安装。而磨右端 $\phi 20_{-0.012}^{0}$ 外圆时，工件必须调头重新装夹，这是另一次安装，即一道工序中包括二次安装。

零件在加工过程中应尽可能减少安装次数，因为安装次数愈多，安装误差就愈大，而且安装工件的辅助时间也要增加。图 1.3 为在一次安装中加工完零件。

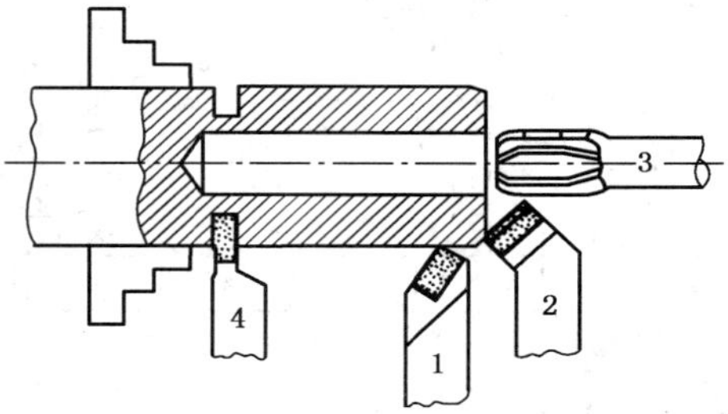

图 1.3 一次安装中加工完成零件

3）工位

工位是为了完成一定的工序部分，一次装夹工件后，工件（或装配单元）与夹具或设备的可动部分一起相对刀具或设备的固定部分所占据的每一个位置。

工件每安装一次至少有一个工位。为了减少工件安装的次数，常采用各种回转工作台、回转夹具或移位夹具，使工件在一次安装中先后处于几个不同的位置进行加工。

图 1.4 所示为一利用回转工作台在一次安装中顺次完成装卸工件、钻孔、扩孔和铰孔四工位加工的实例。采用多工位加工，可减少工件安装次数，缩短辅助时间，提高生产率。

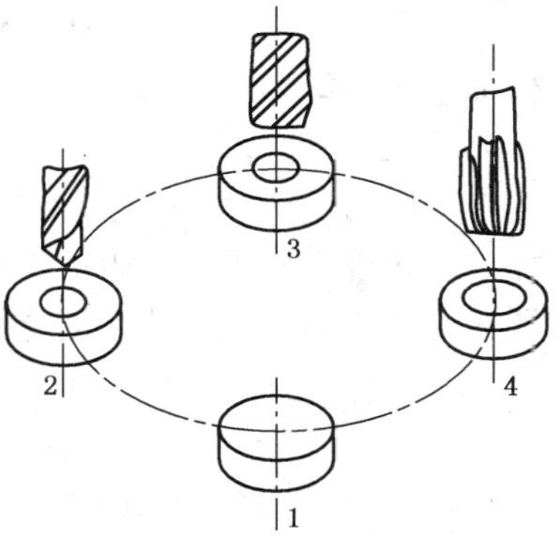

图 1.4 多工位加工

工位 1—装卸工件；工位 2—钻孔；工位 3—扩孔；工位 4—铰孔

4）工步

工步是在加工表面（或装配时的联接表面）和加工（或装配）工具不变的情况下，所连续完成的那一部分工序。一道工序可以包括几个工步，也可以只包括一个工步。例如在表 1.1 的工序 2 中，包括有粗、精车各外圆表面、车槽、倒角等工步，而工序 3 当采用键槽铣刀铣键槽时，就只包括一个工步。

图 1.5 所示的是在钻床上进行的一道工序，这道工序共有三个工步组成，即钻孔、扩孔和锪平刮孔。

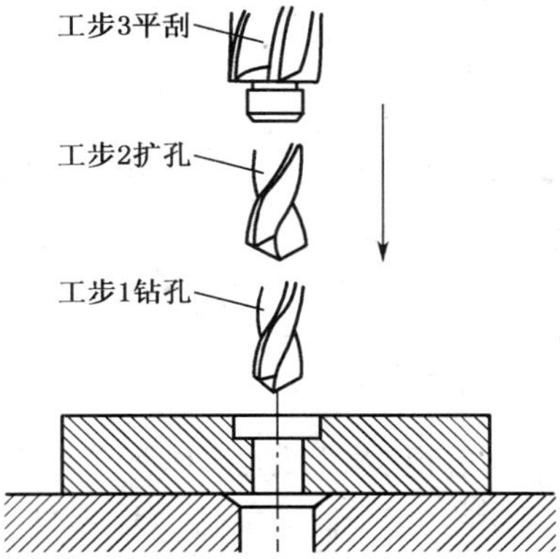

图 1.5 三个工步的钻孔工序

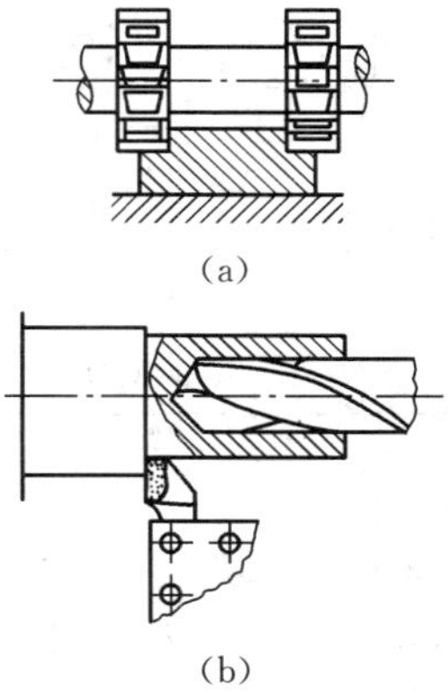

图 1.6 复合工步

为了提高生产率，用几把刀具同时加工几个表面的工步，称为复合工步，见图 1.6。在工艺文件上，复合工步应视为一个工步。

5）走刀

走刀是工步的一部分，它是指由于加工余量较大，需要由同一刀具在同一切削用量下对同一表面进行几次切削时，刀具每切削一次所完成的那一部分工艺过程。

1.1.3 生产类型及其工艺特征

在编制零件机械加工工艺规程和组织生产时，应先确定零件机械加工的生产组织形式。

通常先根据零件的年生产纲领选取合适的生产类型，然后再由生产类型来确定零件机械加工的组织形式。

1）生产纲领的计算

零件的生产纲领，即包括备品和废品在内的该零件的年产量。生产纲领的大小对零件加工工艺规程的制订和生产组织有很大的影响，它决定所应选用的工艺方法和工艺装备，以及各工序所需专业化和自动化的程度。零件的生产纲领可按下式计算：

$$N = Q \cdot n \cdot (1+\alpha\%) \cdot (1+\beta\%)$$

式中：N——零件的年生产纲领；

Q——产品的年产量；

n——每台产品中该零件的数量；

$\alpha\%$——备件的百分率；

$\beta\%$——废品的百分率。

2）生产类型

根据零件生产纲领的大小和重量，机械制造业的生产类型可分为三种：单件生产、成批生产和大量生产。表 1.2 表示各种生产类型的生产纲领。

表 1.2　各种生产类型的生产纲领

生产类型	零件的生产纲领		
	重型零件(30 kg 以上)	中型零件(4～30 kg)	轻型零件(4 kg 以下)
单　件	5 以下	10 以下	100 以下
小　批	5～100	10～200	100～500
中　批	100～300	200～500	500～5 000
大　批	300～1 000	500～5 000	5 000～50 000
大　量	1 000 以上	5 000 以上	50 000 以上

(1) 单件生产

单件生产的特点是生产的产品种类很多，而数量很少，只制造一个或几个，而且很少再重复生产。例如，重型机械产品制造、专用设备制造、机修车间配制损坏零件和新产品的试制等，都属于单件生产。

由于产品的数量少、种类多，因此车间机床设备和工艺装备多采用通用、万能的形式，以适应不同生产对象的加工。机床设备无法按工艺流程排列，只能按机床的类型和大小采取“机群式”排列。

(2) 成批生产

成批生产的特点是生产的产品品种较多，各种产品周期性地重复生产。例如，机床制造、机车制造等多属于成批生产。

每批相同零件制造的数量称为批量。按照批量的多少和产品的特征，成批生产又分为小批生产、中批生产和大批生产三种。在工艺方面，小批生产接近于单件生产，大批生产接近于大量生产，中批生产则介于单件和大量生产之间。

(3) 大量生产

大量生产的特点是生产的产品品种很少，而产量很大，每台设备(或工作地)经常重复地进行某一工件的某一道工序的生产。例如，汽车、拖拉机、轴承、标准件等，都属于大量生产。

由于生产类型不同，产品制造对生产组织、生产管理、车间布置、毛坯、设备、工具、加工方法和工人的技术熟练程度等方面的要求均有所不同。所以在制订工艺规程时，必须与生产类型相适应，以取得最大的经济利益。各种不同生产类型的工艺特征见表 1.3。

表 1.3 各种生产类型的工艺特征

特　　点	单件小批生产	中批生产	大批大量生产
产品数量	少	中　等	大　量
加工对象	经常交换	周期变换	固定不变
机床设备和布置	采用万能设备，机群布置	采用万能和专用设备，按工艺路线布置成流水线	广泛采用专用设备和自动生产线
夹　　具	非必要时不采用专用夹具和特种工具	广泛使用专用夹具和特种工具	采用高效能专用夹具和特种工具
刀具和量具	一般刀具和量具	专用刀具和量具	高效专用刀具和量具
安装方法	划线找正	部分划线找正	不需划线找正
工作性质	根据测量进行试切加工	用调整法加工，有时还可采用成组加工	使用自动化调整法加工
零件互换性	钳工试配	普遍应用互换，同时保留部分试配	全部互换，某些高精度配件用分组选配
毛坯制造	木模造型和自由锻造	金属模造型和模锻	金属模机器造型，模锻
工人技术要求	高	中　等	一　般
工艺规程的要求	只编制简单的工艺过程卡片	除有较详细的施工工艺卡片外，对重要零件的关键工序有详细的工序卡片	详细编制工艺规程
生 产 率	低	中	高
成　　本	高	中	低

1.2 工艺文件

将零件机械加工工艺规程的内容，填入一定格式的卡片，即成为生产准备和施工依据的工艺文件。工艺文件目前还没有统一的格式，各厂都根据零件的复杂程度和生产类型自行确定。常用的有工艺过程卡、加工路线单、机械加工工艺卡和机械加工工序卡。

1.2.1 工艺过程卡

工艺过程卡中主要列出整个零件加工所经过的工艺路线(包括毛坯、机械加工和热处理等)、完成各道工序的车间(工段)和工时定额，其格式见表 1.4。某些工厂采用加工路线单来代替工艺过程卡，其格式见表 1.5。

表 1.4　工艺过程卡　　　　共______页第______页

厂　名		机械加工过程卡	产品型号		零件名称		零件号		
			C6140 车床		开合螺母外壳		72-05-12		
毛坯种类	铸件	材料 HT150 毛坯尺寸	每一毛坯制件数	1	每台件数	1	单件重量(kg)	3.4	
工序	车间	工序内容	设　备	工艺装备名称与编号				工　时	
				夹具	刀具	量具	辅具	准备	单件
	铸工	铸造、清砂							
	铸工	退　火							
10	金工	粗铣两侧面	X6130 万能铣	CJ-010-028 铣夹具	YG8ϕ110 端铣刀	游标卡			
20	金工	铣燕尾面	X5028 立铣	虎　钳	55°角铣刀	KQ-100-115 样板			
30	金工	刮燕尾面							
40	金工	钻、扩、铰销孔 ϕ10H7	Z5025 立钻	CJ-100-104 翻转式钻模	ϕ6 钻头、ϕ9.8 扩钻、ϕ9.96 粗铰刀、ϕ10 精铰刀	ϕ10H7 塞规	ME-000-112 快换夹头		
50	金工	镗孔 ϕ40H7	C6136 车床		YG8 单刃镗刀	ϕ40H7 塞规	ME-100-108 镗杆		
60	金工	精铣两侧面	X6130 万能铣		YG8ϕ110 端铣刀	游标卡			
70	金工	磨两侧面	M7130 平磨	磁力工作台		KQ-200-014 卡规			
75		检　验							
80	金工	切开	X6030 卧铣	CJ-010-14 铣夹具	$\phi200\times3$ 锯片铣刀				
90	金工	修毛刺、打标记							
100	金工	钻、攻螺纹 M6	Z5018 立钻		ϕ4.7 钻头、M6 丝锥	M6 塞规	ME-000-142 攻螺纹夹头		
110	金工	钻、铰销孔 ϕ6H7	Z5018 立钻		ϕ5.8 钻头、ϕ6 铰刀	ϕ6H7 塞规			
120	装配	配钻、铰侧面销孔 ϕ3							
编制	校对	审核	会签		批准		日期		

由于这种卡片对各工序的说明不够具体，故一般不能直接指导工人操作，而多作为生产管理方面使用。如计划员、调度员在安排零件加工的计划和调度时使用，也可作为统计工时、管理定额、核算成本时的重要资料。

在单件小批生产中，通常不编制其它较详细的工艺文件，而是以工艺过程卡来指导生产，在这种情况下应编制得比较详细些。

表 1.5 加工路线单 年 月 日

产品型号或工作令	件号	名称	每台件数	投入		车间		班组	
				件数	累计	材料	规格		

工序		机床编号	在制品签收	工时定额		制造件数	合格件数	退修件数	报废责任			检查员盖印	月/日	附记
序号	名称			准终	单件				责	非	料			
													/	
													/	
													/	
													/	
													/	
													/	

交库记录	交库		入库检查				实际入库		检查员印	月/日	仓库签收
	件数	累计	合格	退修	工废	其它	件数	累计			
										/	日期

副本

仓库留底	
产品型号	
件号	
名称	
投料数量	
合格数量	
检查员	
入库日期	年 月 日
累计台份/件数	

1.2.2 机械加工工艺卡

工艺卡是以工序为单位详细说明整个工艺过程的工艺文件，广泛应用于成批生产的零件和小批生产中的重要零件。工艺卡内容包括零件的工艺特性（材料、重量、加工表面及其精度、表面粗糙度和形位公差等）、毛坯性质、各道工序和工步的具体内容（所用机床、定位基准、工艺装备、切削用量等）及工时定额等，对于重要的工序还要绘出工艺草图。其格式如表 1.6 所示。

表 1.6 机械加工工艺卡 共 页第 页

零件简图及技术条件	厂名				
	产品型号		零件名称		零件号
	材料	名称	牌号	力学性能	
	毛坯	种类	尺寸	每一毛坯可制件数	
	每台件数	批量	净重(kg)	毛重(kg)	

序号		工序和工步名称	加工面号数	定位表面	同时加工零件数	机床(名称·型号·财产编号)	工艺装备名称及编号				加工尺寸(mm)				切削用量						工时(min)				
							夹具	刀具	量具	辅具	直径或宽度	长度	计算行程长度	每边余量	切削深度	行程次数	进给量	切削速度	每分钟转数或双行程	切削功率	机动时间	辅助时间	工作地服务时间	准备和终结时间	合计
1	2	3	4	5	6	7	8	9	10	11	12	13	14	15	16	17	18	19	20	21	22	23	24	25	26

编制： 校对： 审核： 会签： 标准： 日期：

工艺卡是车间技术人员掌握整个零件加工过程和指导工人生产的主要技术文件。工厂中常将工艺卡和生产图样装订在一起，随图样发放使用。

1.2.3 机械加工工序卡

工序卡是用来具体指导工人进行操作的一种工艺文件。它是根据工艺卡为每个工序制订的，多用于大批、大量生产的零件和成批生产中的重要零件。工序卡中详细规定了该工序加工所必需的工艺资料，如定位基准、装夹方法、工序尺寸和公差以及机床、刀具、量具、切削用量的选择和工时定额等，其格式见表 1.7。

表 1.7 机械加工工序卡

××厂机械加工工序卡	产品名称及型号	零件名称	零件图号	工序名称	工序号	第 页
						共 页
工序图：		车间	工段	毛坯种类	材料牌号	力学性能
		同时加工件数	每料件数	技术等级	单件时间(min)	准备—终结时间(min)
		设备名称	设备编号	夹具名称	夹具编号	冷却液
		更改内容及签名				

工步号	工步内容	计算数据			走刀次数	切削用量				工时定额(min)			刀具、量具及辅助工具				
		直径或长度(mm)	走刀长度(mm)	单边余量(mm)		切削深度(mm)	进给量(mm/r)或(mm/min)	每分钟转数或双行程数	切削速度(m/min)	基本时间	辅助时间	工作地点服务时间	工具号	名称	规格	编号	数量
1																	
2																	
3																	
4																	
5																	
6																	

编制		抄写		校对		审阅		批准	

1.3 工艺规程制订的原则及方法

1.3.1 制订工艺规程的原则

制订工艺规程的原则是在一定的生产条件下，以最少的劳动量和最低的费用，按计划规定的速度，可靠地加工出符合图样要求的零件。工艺规程首先要保证产品质量，同时要争取最好的经济效益。在制订工艺规程时，应注意以下问题：

1）技术上的先进性

在制订工艺规程时，应了解国内外本行业工艺技术的发展水平，根据本企业的具体情况，通过必要的工艺试验，积极采用合适的先进的工艺和工艺装备。

2）经济上的合理性

在一定的生产条件下，可能会提出几个保证产品技术要求的工艺方案。此时应作全面衡量，并通过核算或评比选择经济上最合理的方案，使制造该产品的能源、物资消耗和成本最低。

3）有良好的劳动条件

工艺规程制订时，要保证工人具有良好而安全的劳动条件。因此，在工艺方案中要注意采取机械化或自动化的措施，将工人从某些繁重的体力劳动中解放出来。

1.3.2 制订工艺规程的原始资料

制订工艺规程时，应具备下列原始资料：

(1) 产品的整套装配图和零件图；

(2) 产品的整套工艺装备资料，包括原有的专用工具、夹具、刀具、量具和专用设备；

(3) 产品验收的质量标准；

(4) 产品的生产纲领；

(5) 毛坯资料　包括各种毛坯制造方法的技术经济特征，各种钢材或型材的品种和规格、毛坯图等；

(6) 本厂的生产条件　为了使制订出的工艺规程能切实可行，一定要考虑本厂的生产条件。因此，要深入生产实际，了解毛坯生产能力及技术水平、加工设备和工艺装备的规格及性能、工人的技术水平以及专用设备和工艺装备的制造能力等；

(7) 有关的各种技术资料　如切削用量手册、夹具手册、机械工艺师手册、有关的国家标准、部颁及厂颁标准、相似零件的工艺规程以及国内外新技术、新工艺资料等。

1.3.3 制订工艺规程的步骤

制订零件机械加工工艺规程的主要步骤如下：

(1) 对照产品的装配图对所加工的零件进行工艺分析；

(2) 选择毛坯的制造方法；

(3) 拟订工艺路线，选择定位基准；

(4) 确定各工序尺寸及公差；

(5) 确定各工序的设备和工、夹、刀、量具；
(6) 确定各工序的切削用量和工时定额；
(7) 确定各主要工序的技术要求和检验方法；
(8) 填写工艺文件。

1.4 零件的工艺分析

在制订零件的机械加工工艺规程时，首先要分析该零件的零件图。要对照产品装配图，明确零件在产品中的位置、作用和相关零件的关系，然后对零件进行工艺分析。

1.4.1 零件技术要求的分析

零件的技术要求包括下列几个方面：
(1) 加工表面的尺寸精度、形状精度和表面质量；
(2) 各加工表面之间的相互位置精度；
(3) 热处理和其它要求，如动平衡、镀铬处理等。

零件的尺寸精度、形位精度和表面粗糙度的选择，对确定机械加工工艺方案和生产成本影响很大。因此，必须认真审查，以避免要求过高而导致加工工艺复杂化和增加不必要的加工费用。

1.4.2 零件结构的分析

机械零件的结构，根据使用要求的不同而设计成各种形状和尺寸。但从形体上加以分析，都是由一些基本表面和特形表面组成的。基本表面有内外圆柱表面、圆锥表面和平面等；特形表面主要有螺旋面、渐开线齿形表面、圆弧面(如球面)等。

在研究具体零件的结构特点时，首先要分析该零件表面的组成和特征，因为表面形状和特征是选择加工方法的基本因素。例如，外圆通常由车削或磨削加工；内孔则通过钻、扩、铰、镗和磨削等加工方法获得。除表面形状外，表面尺寸和特征对加工工艺方案也有重要影响。以内孔为例，大孔与小孔、深孔与浅孔、薄壁孔与一般孔在加工工艺方案上均有明显的不同。

机械零件不同表面的组合形成零件结构上的特点。在机械制造中，通常按零件结构和工艺过程的相似性，将各类零件大致分为轴类零件、套类零件、箱体类零件、齿轮类零件和叉架类零件等。

1.4.3 零件结构工艺性的分析

零件的结构工艺性是指所设计的零件在能满足使用要求的前提下，制造的可行性和经济性。结构工艺性的问题比较复杂，它涉及毛坯制造、机械加工、热处理和装配等各方面的要求。

在零件的制造全过程中，机械加工所需的费用最多，所以机械加工的结构工艺性审查尤为重要。机械加工时对零件的结构工艺性有如下一些要求：

1) 应保证刀具能正常工作

应考虑零件在机械加工时，刀具能正常工作，要进、退刀方便，容易测量。工艺性差的零件结构给加工中刀具的进、退刀带来很大困难，有时甚至无法加工。图 1.7(a)表示孔的位置距壳体壁太近，加工困难，需加接长杆才能加工，影响生产率和加工精度，需改进零件结构，将孔中心适当外移。图 1.7(b)表示双联齿轮需设退刀槽，否则刀具无法加工。图 1.7(c)、(d)所示的零件，孔在斜面上，钻头钻入、钻出时遇到斜面，容易损坏钻头或使钻头引偏，应改成平面。图 1.7(e)所示的阶台孔应有退刀槽，若无退刀槽，车孔或磨孔时，影响孔的尺寸精度，并加速车刀或砂轮的磨损。

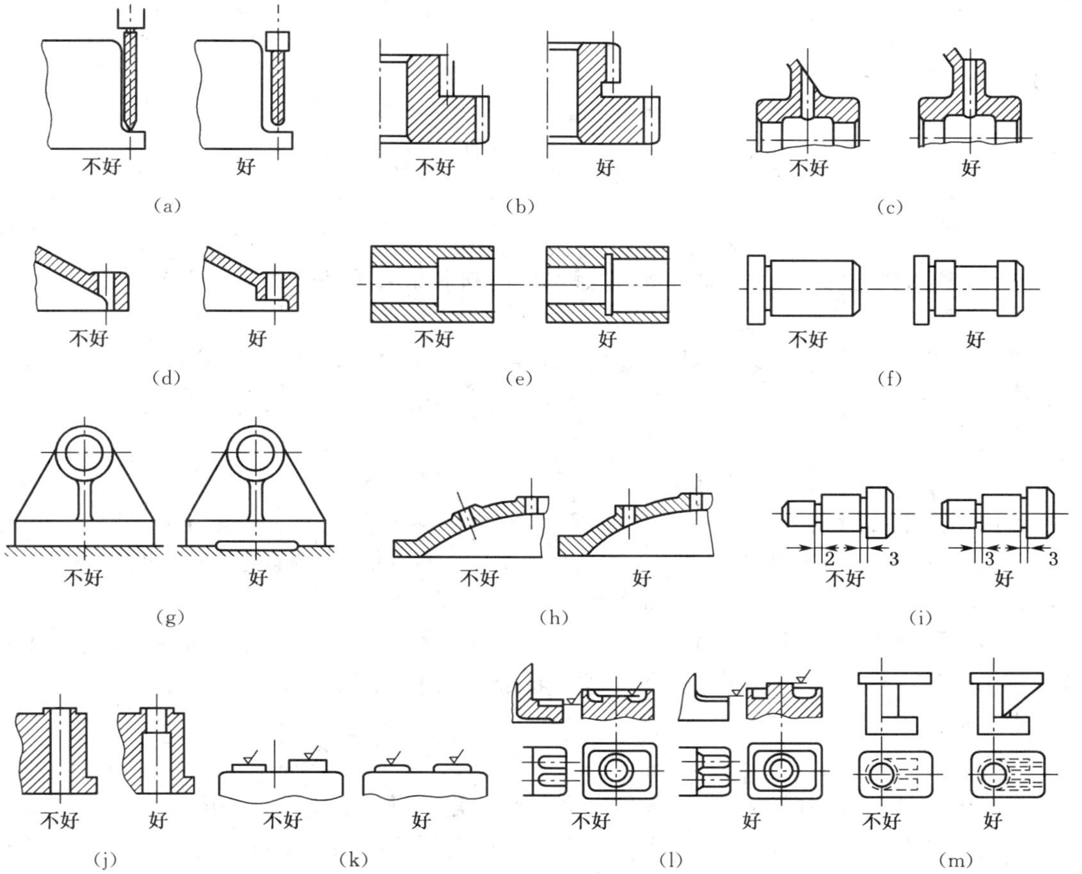

图 1.7 零件机械加工结构工艺性

2) 应尽可能减少被加工面的面积

这不仅能减少机械加工量，减少刀具的消耗，还可减少装配的工作量，提高装配质量。图 1.7(f)为气缸套的两种结构，显然将外圆柱面中段直径减少，不仅可减少加工工作量，还有利于提高装配效率和质量。图 1.7(g)所示的结构可以减少支承面的加工面积。

3) 应考虑提高生产率

应尽量减少加工时工件和刀具的装夹次数。图 1.7(h)所示的零件将孔和凸台改在平行位置，就可在一次装夹内完成凸台平面和孔的加工。图 1.7(i)中零件的退刀槽宽度一致，就可减少加工中换刀时间。图 1.7(j)所示零件结构改进后，可避免深孔加工。

加工面应位于同一平面上，以便能在一次走刀中同时加工几个面，并减少检验工作量，见图 1.7(k);应尽量避免加工面位于凹槽内,如图 1.7(l)所示。

4) 应保证被加工零件具有足够刚性

零件的刚性差,加工时会产生较大变形,有时只能降低切削用量,所以零件的刚性会影响加工的质量和生产率。图 1.7(m)是两种刚性不同的零件结构。

在零件结构工艺性的审查中,为改善零件制造的可行性和经济性,应提出合理的修改建议,并征得设计部门的同意,遵照一定的程序履行批准手续,这是制订工艺规程过程中的一项重要工作。

1.5 毛坯的选择

在制订工艺规程时,正确选择毛坯有着重大的技术经济意义。

1.5.1 毛坯的种类

机械加工时常见的毛坯主要有:铸件、锻件、型材和组合毛坯。

1) 铸件

形状复杂的零件毛坯,宜采用铸造方法制造。目前铸件大多用砂型铸造,只有质量要求较高的小型铸件可采用特种铸造(如金属型铸造、压力铸造、离心铸造和熔模铸造等)。

2) 锻件

锻件有自由锻造锻件和模锻件两种。

自由锻造锻件可用手工锻打(小型毛坯)、机械锤锻(中型毛坯)或压力机压锻(大型毛坯)等方法获得。这种锻件的精度低,生产率不高,加工余量较大,而且零件的结构必须简单,适用于单件和小批生产,以及制造大型锻件。

模锻件的精度和表面质量都比自由锻件好,而且锻件的形状也可较为复杂,因而能减少机械加工余量。模锻的生产率比自由锻高得多,但需要特殊的设备和锻模,故适用于批量较大的中小型锻件。

3) 型材

型材分热轧和冷拉两类。一般零件大多采用热轧型材。冷拉型材精度较高、尺寸较小,用于对毛坯精度要求较高的中小型零件。冷拉型材适用于自动机床,但价格较贵,多用于大批量生产。

4) 组合毛坯

铸件、锻件、型材和经局部机械加工的半成品组合在一起,也可作为机械加工的毛坯。这种毛坯一般用焊接来组合,可以节省毛坯的制造费用和材料费用。常用的组合毛坯有下列几种:

(1) 先将板料切断或冲压成形,然后焊成毛坯。在单件小批生产时,用焊接件取代铸件,不需制造木模,可以大大缩短生产周期。

(2) 将机械加工的半成品或锻压件装入铸型,然后浇注成整体毛坯,如用钢套镶铜铸成的滑动轴承。

(3) 先铸或锻成各部分,将结合面加工后,焊成整体毛坯。这种方法用在由于设备条件的限制不可能一次铸成或锻成整体的大型毛坯。

1.5.2 毛坯种类的选择

毛坯的形状和特性(硬度、精度、表面质量和组织等)对机械加工的难易、工序数量的多少和所需工作量的大小有直接的影响。因此,选择毛坯在制订工艺规程时,占有相当重要的位置。

在具体选择毛坯的种类时,应全面考虑下列一些因素:

1) 生产规模

当零件产量较多时,应选择精度和生产率都比较高的毛坯制造方法,如模锻和金属型铸造等。这样用于毛坯制造的设备和装备费用,可以由材料消耗的减少和机械加工费用的降低来补偿。零件的产量较少时,应选择精度和生产率较低的毛坯制造方法,如自由锻造和手工造型铸造等。

2) 零件的结构形状和尺寸

它决定所采用毛坯制造的可行性和经济性。例如,各种阶台轴,若各阶台直径相差不大,可直接选取热轧圆钢;若各阶台直径相差较大,为节约材料和减少机械加工的工作量,则应选择锻件毛坯。大型零件一般只能选择毛坯精度和生产率都比较低的砂型铸造和自由锻造的毛坯,也可考虑采用焊接件,将钢板焊接成所需的结构,如箱体、机床床身等。对于形状复杂而精度要求较高的小零件,可采用压力铸造、熔模铸造等方法,制成的毛坯可不需或少量进行机械加工。

3) 零件材料的性能

如零件材料为铸铁或青铜,均不可锻造,只能选取铸件。重要的钢质零件,如机床主轴、精密丝杠等,为了保证其良好的力学性能,不可直接选取轧制型材,而应采用锻件。

除此之外,选择毛坯时,还要考虑到本厂毛坯制造的实际工艺水平、设备状况及外协的可能性和经济性。必要时应组织外厂协作生产,这样既简化了本厂产品制造的管理工作,又可促进社会毛坯制造专业化生产的发展,从整体上取得更好的经济效益。

1.5.3 毛坯的形状和尺寸

毛坯制造尺寸和零件尺寸的差值称为毛坯加工余量,毛坯制造尺寸的公差称为毛坯公差。毛坯的加工余量和公差同毛坯的制造方法有关,可参照有关工艺手册和部门或企业的标准确定。

毛坯的形状和尺寸,除应考虑毛坯的加工余量外,还应考虑到毛坯制造、机械加工和热处理等工艺因素的影响。从机械加工艺方面考虑确定毛坯的形状和尺寸时,应注意下列问题:

1) 增加工艺搭子

为了加工时工件安装的平稳,有些铸件的毛坯要增加工艺搭子。如测量用平板的底面,只能用三个平面作为三点支承,但加工时需增加三个小平面作为工艺搭子,如图 1.8 所示。当平板表面加工后,再将工艺搭子切平。

2) 制成整体毛坯

为了保证有些零件的加工质量,如磨床主轴箱部件中的三块轴瓦(图 1.9)、车床溜板箱中的开合螺母外壳、变速拨叉等,同时也为加工方便,可将这些零件做成整体毛坯,加工到一定阶段后再切割分离。

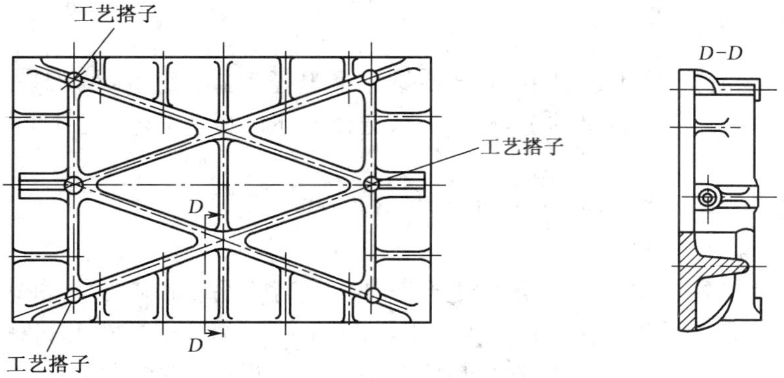

图 1.8 具有工艺搭子的平板毛坯

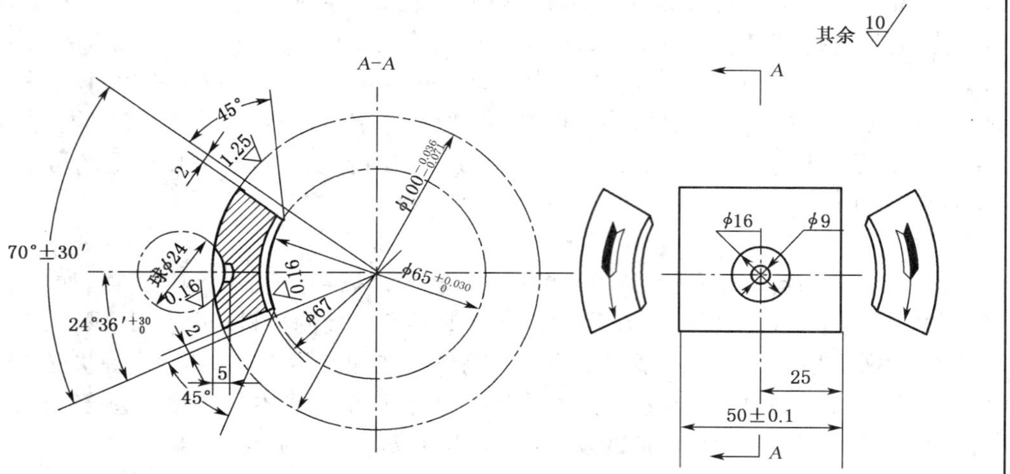

技术条件

1. 球体φ24与零件圆弧面配研后打字配对，接触面不小于80%；
2. φ65$^{+0.030}_{0}$表面须一刀刮出，与检查心轴接触面不小于80%；
3. 锐边修钝

零件名称	材料	钢套镶铜
轴瓦	生产类型	中批

图 1.9 磨床主轴轴瓦

3）采用长毛坯加工后切割分离

对于垫圈和螺母等薄形零件，在选择棒料、钢管和六角钢料等作为毛坯时，都可采用较长的毛坯以提高机械加工的生产率。为了减少工件装夹变形，确保加工质量，对一些薄壁环形零件，也应将多件合成长毛坯。图1.10为薄环零件，其毛坯可取一段长的圆钢。毛坯装夹在车床上，经过车外圆、车槽和钻孔

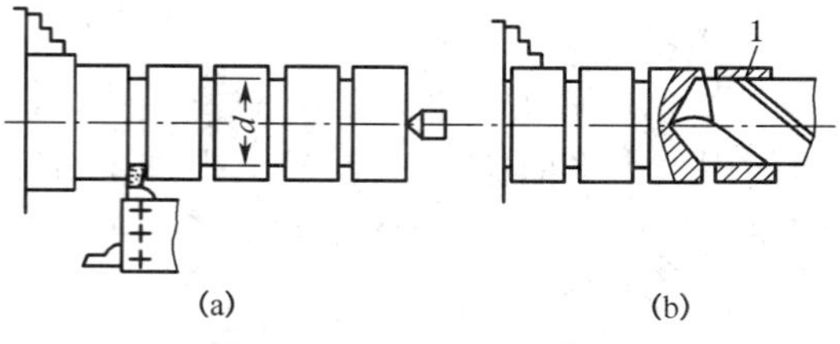

图 1.10 薄环的整体毛坯及加工

（a）毛坯装夹及车削 （b）钻削并分离

后分离成单件。这种方法既提高了生产率，又使零件加工时变形很小，确保零件的加工质量。

1.6 基准及其选择

1.6.1 基准的概念

用来确定生产对象上几何要素间的几何关系所依据的那些点、线、面称为基准。在制订工艺规程时，必须正确地选择定位基准。在加工过程中，所选择作为定位基准的那些点、线、面，直接影响到零件的尺寸精度和相互位置精度。

1.6.2 基准的分类

- 基准
  - 设计基准
  - 工艺基准
    - 定位基准
      - 粗基准
      - 精基准
    - 测量基准
    - 装配基准

1）设计基准

设计基准是设计图样上所采用的基准。如图 1.11 所示，车床主轴箱的顶面 R、孔Ⅲ、孔Ⅳ垂直方向的设计基准是底面 M；底部侧面 N 是孔Ⅲ、孔Ⅳ水平方向的设计基准；孔Ⅲ和孔Ⅳ的轴心线均为孔Ⅱ的设计基准。设计基准是由该零件在产品结构中的功用来决定的。

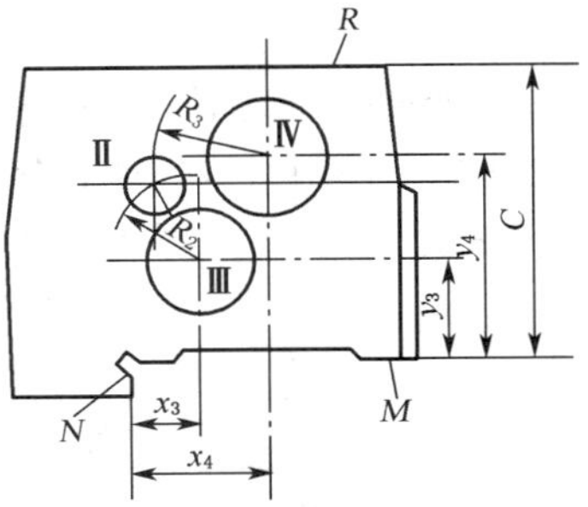

图 1.11 箱体零件简图

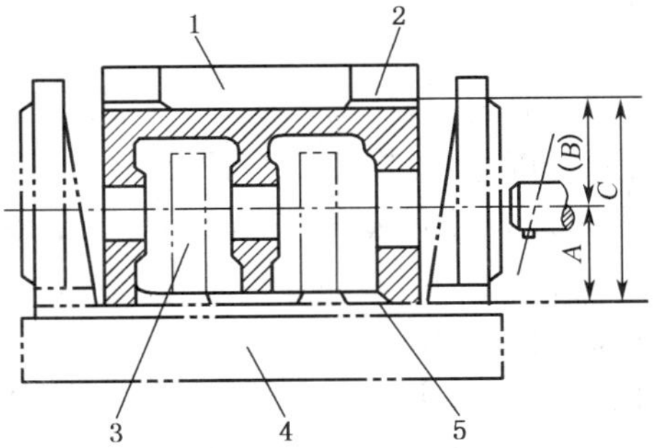

图 1.12 箱体以顶面定位镗孔

1—箱体 2—设计基准 3—镗杆支承 4—镗模 5—定位基准

2）工艺基准

工艺基准是零件在工艺过程中所采用的基准，按用途不同又分为定位基准、测量基准和装配基准。

（1）定位基准

定位基准是零件在加工中用作定位的基准。图 1.12 所示为车床主轴箱箱体在组合镗床上，以顶面 R 定位加工孔，则顶面 R 就是镗孔工序的定位基准。当在普通镗床上加工孔时，以底面 M 和侧面 N 定位，则 M、N 面就是定位基准。轴类零件以中心孔定位加工外圆、齿轮以内孔定位加工齿形时，这时的中心孔和齿轮的内孔都是定位基准。

(2) 测量基准

测量基准是零件测量时所采用的基准。例如图 1.13 所示的用百分表测量工件的径向和端面圆跳动时，工件用两顶尖顶住中心孔定位，工件两端的中心孔即为测量基准。又如图 1.14 所示的用万能角度尺测量工件燕尾槽的角度，工件顶面即为测量基准。

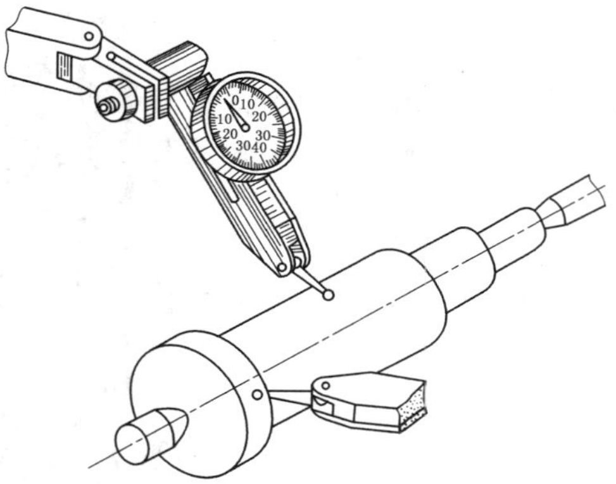

图 1.13 测量工件的径向和端面圆跳动

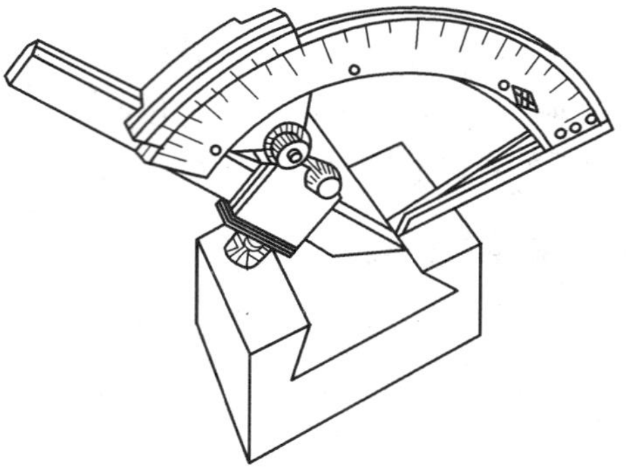

图 1.14 测量燕尾槽角度

(3) 装配基准

装配基准是装配时用来确定零件或部件在产品中的相对位置所采用的基准。如图 1.11 所示车床主轴箱箱体上的底面 M 和侧面 N，即为主轴箱的装配基准。此外，主轴上安装轴承的轴颈、齿轮内孔等，也都是装配基准。

1.6.3 定位基准的选择

零件加工时，在最初的工序中，只能用毛坯上未经加工的表面作为定位基准，这种定位基准称为粗基准。经过加工的面所组成的定位基准称为精基准。在制订零件的机械加工工艺规程时，总是先考虑选择怎样的精基准把各个表面加工出来，然后考虑选择怎样的粗基准把精基准的各基面加工出来。

1) 精基准的选择

选择精基准时，主要考虑如何减少加工误差、保证加工精度，并能使工件的装夹方便。可参照下列一些原则，综合比较分析，从而选定一种最合理的方案。

(1) "基准重合"原则

应尽量选择零件的设计基准作为精基准，以便消除因基准不重合而引起的误差。仍以车床主轴箱的箱体为例，如图 1.15 所示，在中、小批生产中，在普通镗床上加工孔Ⅳ时，就采用 M、N 作为精基准，直接保证 y_4。这时定位基准与设计基准重合，影响加工精度的只有与镗孔工序有关的加工误差，将此误差控制在 ±0.1 mm 的范围内就可保证规定的加工精度。

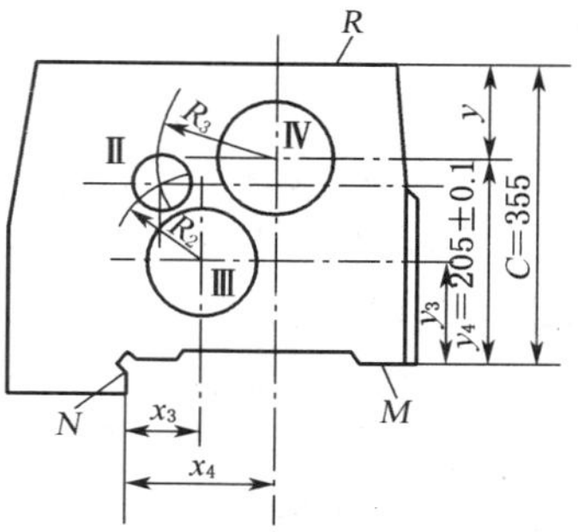

图 1.15 镗箱体孔时基准的选择

但在大批生产中，为了提高夹具的刚度，常以顶面 R 作为定位基准，保证尺寸 y。这时定位基准与设计基准不重合，设计尺寸 y_4 是间接保证的，即当尺寸 C 与 y 加工好后才得到尺寸 y_4，所以尺寸 y_4 的精度取决于尺寸 C 与 y 的加工精度。影响尺寸 y_4 的精度除与镗孔有关的加工误差外，还与已加工尺寸 y 的加工误差有关。后者是定位基准与设计基准不重合而产生的定位误差。要保证设计尺寸 y_4 的精度，必须控制尺寸 C 与 y 的加工误差总和不超过 ± 0.1 mm，而当基准重合时，就不需考虑，故基准重合原则对于保证加工精度极为重要。但在实际加工中，有时却不易做到基准重合，就不得不采用基准不重合的定位方案。

(2)"基准统一"原则

精基准应选择同一基准定位来加工尽可能多的表面，以便保证各加工面的相互位置精度，避免产生因基准变换所造成的误差，并可简化夹具设计制造工作。例如活塞的加工(见图 1.16)，通常是以止口作为统一的定位基准。这对于多品种生产和配件生产是很有利的。当改变产品时，只需更换夹具上的定位元件。配件生产中，因气缸磨损需用加大外圆直径的活塞以保证配合精度。但活塞外圆大小虽不同，止口尺寸可以不变，夹具上的定位元件不必更换。

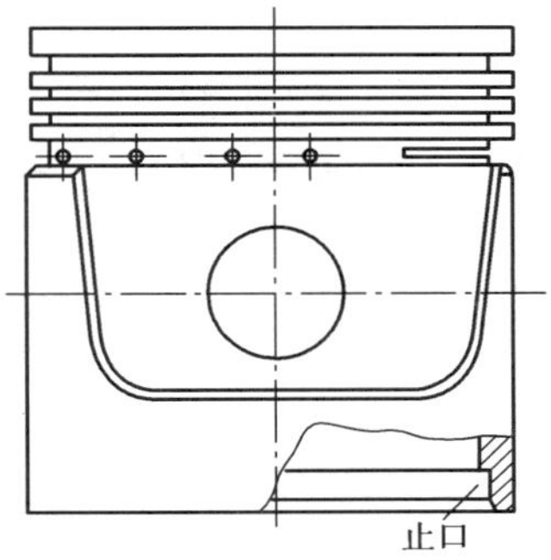

图 1.16 活塞上的止口

像活塞止口这类表面，是专为用作精加工定位基准而加工的，并非零件工作表面。这种情况还有很多，例如轴类零件的中心孔、空心精密丝杠的两端闷头孔和箱体零件上专为定位加工出的定位孔等，这类孔统称工艺孔。

(3)"互为基准"原则

相对位置要求高的零件，采用互为基准反复加工的原则。例如磨削精密齿轮时，以内孔定位加工齿面，齿面经高频淬火后，先以齿面为基准磨内孔，再以内孔为基准磨齿面。这样不但可以保证齿面对于内孔的相对位置精度，而且齿面磨削时余量小而均匀，保留了齿面上很薄的淬硬层。再如精密套筒类零件磨削时，先以两端孔作为基准，装上心轴磨外圆，再以外圆作为基准，在 V 形夹具上精磨内孔。

(4)"自为基准"原则

在精加工或光整加工工序要求余量尽量小而均匀时，应选择加工表面本身作为精基准。例如用浮动铰刀铰孔、用圆拉刀拉孔和无心外圆磨床磨削外圆等。在磨削机床床身导轨面时，加工余量一般不超过 0.5 mm，也总是以导轨面本身为基准来找正。常用的方法是装百分表来找正工件，或凭经验观察磨削火花来找正工件。

2) 粗基准的选择

精基准选定之后，再选择加工这些精基准的基准面，这些基准面就是粗基准。选择粗基准时，应注意下面几个问题：

(1) 选择余量小而均匀的重要表面作为粗基准

若工件必须首先保证其重要表面的加工余量均匀，则应选该表面为粗基准。例如图 1.17 所示的车床床身，导轨面是最重要的表面，其精度要求高，耐磨性要好。在铸造床身毛坯时，导轨面向下床脚在上，使导轨面先凝固，从而取得较高的表面质量。在加工时希望导轨面去除较少的余量，在表层保留均匀而致密的组织，以增加导轨的耐磨性。此外，由于加工余量均匀，加工时产生的切削力较小且均匀，不易产生振动，有利于提高导轨面的加工精度和表面质量。为此，应选择导轨面作为粗基准，加工床身底平面，再以加工过的底平面为基准加工导轨面，如图 1.17(a)所示。相反，如果像图 1.17(b)所示先以底平面作为粗基准加工导轨面，再以导轨面为基准加工底平面，则毛坯上下两面的平行度误差将会增大导轨面的加工余量，从而影响了导轨面的质量。

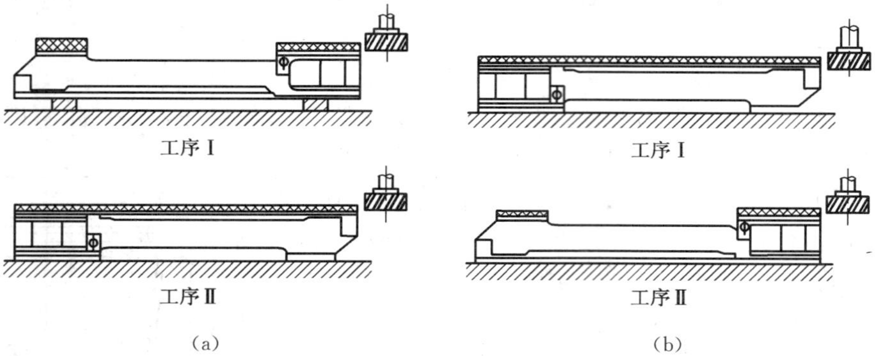

图 1.17 床身加工粗基准选择的正误对比

(2) 选择不需加工的表面为粗基准

选择不需加工的表面作为粗基准，就可保证加工表面与不加工表面之间有一定的相对位置精度。图 1.18 所示的套，要求壁厚均匀，在毛坯铸造时孔 2 与外圆 1 之间有偏心。如果外圆 1 是不加工表面，要求与孔 2 加工后达到一定的同轴度，则在加工时应选不加工面 1 作为粗基准(图 1.18(a))，装在三爪自定心卡盘中。加工时虽余量不均匀，但加工后孔与外圆的同轴度能得到保证，壁厚保持均匀。若按图 1.18(b)方案加工，选择孔 2 作为粗基准，加工时虽然余量较为均匀，但加工后与外圆不同轴，壁厚就不均匀。

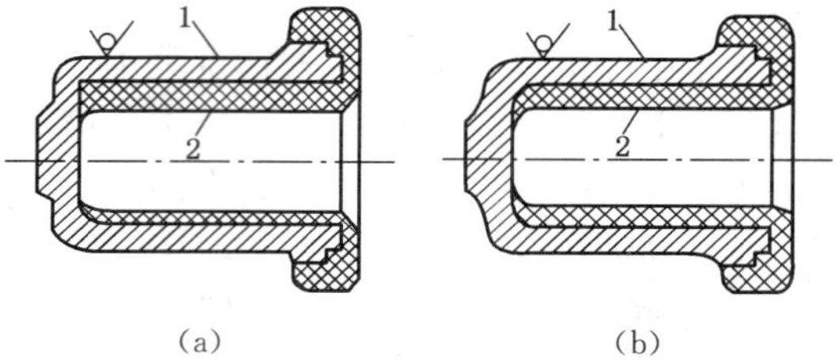

图 1.18 两种粗基准选择的对比

(3) 选择平整、定位可靠的面作为粗基准

作为粗基准的表面，应尽量平整，没有浇口、冒口或飞边等，以保证定位准确，夹紧可靠。

(4) 粗基准一般只能使用一次

粗基准的表面粗糙，不能保证重复装夹时的位置精度，故应尽量避免重复使用。

1.7 工艺路线的拟订

机械加工工艺规程的制订，大体上可分为两个步骤。首先是拟订零件加工的工艺路线，然后再确定每一工序的工序尺寸、所用设备和工艺装备以及切削规范和工时定额等。这两个步骤是相互联系的，应进行综合的分析和考虑。

拟订零件机械加工的工艺路线，包括选定各个表面的加工方法、各个表面的加工顺序、定位基准面、装夹方法；确定工序集中与分散的程度；合理选用机床、刀具；确定所用夹具的大致结构等。

1.7.1 表面加工方案的选择

对零件表面加工方案的选择，应同时满足加工质量、生产率和经济性等方面的要求。

首先要保证达到零件表面的加工精度和表面粗糙度的要求。再结合零件的结构形状、尺寸大小以及材料和热处理的要求进行选择。例如公差等级 IT7 级，表面粗糙度值要求 $Ra0.8\ \mu m$ 的孔，采用精镗、精铰、拉削和磨削都可达到要求。若零件形状比较简单，孔径较小的可取精铰；孔径较大的取精镗；大量生产时（或可采用标准拉刀成批生产时）可采用拉削；对于需经淬火的零件，热处理后只能磨削。箱体上的孔，一般选择铰孔或镗孔，不宜选择拉孔和磨孔。对于有色金属的零件，为避免磨削时堵塞砂轮，宜选择高速镗孔。

在保证加工质量的前提下，还须考虑生产率和经济性的要求。在大批大量生产时，应尽量采用高效率的先进工艺方法，如拉削内孔与键槽、可同时加工几个表面的组合铣削或磨削等。但在批量不大的生产条件下，若采用这些加工方法和专用设备，则会因设备利用率不高而造成经济上的重大损失。另外，任何一种加工方法，可以获得的加工精度和表面粗糙度均有相当大的范围，但只有在一定的精度范围内才是经济的，这种一定范围内的加工精度即为该种加工方法的经济精度。

正确地选择加工方案，应充分了解生产中各种加工方法的特点及其加工精度，还要考虑到工厂的实际情况，如设备的精度和负荷状况、已有的工艺装备和工人的技术水平等。

零件上比较精确的表面，是通过粗加工、半精加工和精加工逐步提高的。对这些表面仅根据其要求达到的加工精度和表面粗糙度，来选择相应的最终加工方法是不够的，还应正确地选择从毛坯起到最后加工结束为止的加工方案。表 1.8～表 1.10 为常见外圆、内孔和平面的加工方案，制订工艺时可根据零件表面所要求的加工精度和表面粗糙度，以及材料的性质参考选择。

表 1.8 外圆表面加工方案

序号	加 工 方 法	经济精度级	表面粗糙度值 Ra(μm)	适用范围
1	粗车	IT11 以下	50～12.5	适用于淬火钢以外的各种金属
2	粗车-半精车	IT8～IT10	6.3～3.2	
3	粗车-半精车-精车	IT7～IT8	1.6～0.8	
4	粗车-半精车-精车-滚压（或抛光）	IT7～IT8	0.2～0.025	
5	粗车-半精车-磨削	IT7～IT8	0.8～0.4	主要用于淬火钢，也可用于未淬火钢，但不宜加工有色金属
6	粗车-半精车-粗磨-精磨	IT6～IT7	0.4～0.1	
7	粗车-半精车-粗磨-精磨-超精加工（或轮式超精磨）	IT5	0.1～Rz0.1	
8	粗车-半精车-精车-金刚石车	IT6～IT7	0.4～0.025	主要用于要求较高的有色金属加工
9	粗车-半精车-粗磨-精磨-超精磨或镜面磨	IT5 以上	0.025～Rz0.05	极高精度的外圆加工
10	粗车-半精车-粗磨-精磨-研磨	IT5 以上	0.1～Rz0.05	

表 1.9　孔加工方案

序号	加　工　方　法	经济精度级	表面粗糙度值 Ra(μm)	适用范围
1	钻	IT11～IT12	12.5	加工未淬火钢及铸铁的实心毛坯，也可用于加工有色金属(但表面粗糙度值稍大，孔径小于 15～20 mm)
2	钻-铰	IT9	3.2～1.6	
3	钻-铰-精铰	IT7～IT8	1.6～0.8	
4	钻-扩	IT10～IT11	12.5～6.3	同上，但孔径大于 15～20 mm
5	钻-扩-铰	IT8～IT9	3.2～1.6	
6	钻-扩-粗铰-精铰	IT7	1.6～0.8	
7	钻-扩-机铰-手铰	IT6～IT7	0.4～0.1	
8	钻-扩-拉	IT7～IT9	1.6～0.1	大批大量生产(精度由拉刀的精度而定)
9	粗镗(或扩孔)	IT11～IT112	12.5～6.3	除淬火钢外各种材料，毛坯有铸出孔或锻出孔
10	粗镗(粗扩)-半精镗(精扩)	IT8～IT9	3.2～1.6	
11	粗镗(扩)-半精镗(精扩)-精镗(铰)	IT7～IT8	1.6～0.8	
12	粗镗(扩)-半精镗(精扩)-精镗-浮动镗刀精镗	IT6～IT7	0.8～0.4	
13	粗镗(扩)-半精镗-磨孔	IT7～IT8	0.8～0.2	主要用于淬火钢，也可用于未淬火钢，但不宜用于有色金属
14	粗镗(扩)-半精镗-粗磨-精磨	IT6～IT7	0.2～0.1	
15	粗镗-半精镗-精镗-金钢镗	IT6～IT7	0.4～0.05	主要用于精度要求高的有色金属加工
16	钻-(扩)-粗铰-精铰-珩磨；钻(扩)-拉-珩磨；精镗-半精镗-精镗-珩磨	IT6～IT7	0.2～0.025	精度要求很高的孔
17	以研磨代替上述方案中的珩磨	IT6 级以上		

表 1.10　表面加工方案

序号	加　工　方　法	经济精度级	表面粗糙度值 Ra(μm)	适用范围
1	粗车-半精车	IT9	6.3～3.2	
2	粗车-半精车-精车	IT7～IT8	1.6～0.8	端面
3	粗车-半精车-磨削	IT8～IT9	0.8～0.2	
4	粗刨(或粗铣)-精刨(或精铣)	IT8～IT9	6.3～1.6	一般不淬硬平面(端铣表面粗糙度值较小)
5	粗刨(或粗铣)-精刨(或精铣)-刮研	IT6～IT7	0.8～0.1	精度要求较高的不淬硬平面；批量较大时宜采用宽刃精刨方案
6	以宽刃刨削代替上述方案刮研	IT7	0.8～0.2	
7	粗刨(或粗铣)-精刨(或精铣)-磨削	IT7	0.8～0.2	精度要求高的淬硬平面或不淬硬平面
8	粗刨(或粗铣)-精刨(或精铣)-粗磨-精磨	IT6～IT7	0.4～0.02	
9	粗铣-拉	IT7～IT9	0.8～0.2	大量生产，较小的平面(精度视拉刀精度而定)
10	粗铣-精铣-磨削-研磨	IT6 级以上	0.1～*Rz*0.05	高精度平面

1.7.2 加工阶段的划分

1）划分方法

零件的机械加工过程一般可划分为粗加工、半精加工和精加工三个阶段。当零件要求精度很高、表面粗糙度很细时，还应增加光整加工阶段。

(1) 粗加工阶段

主要目的是切除各加工表面上的大部分加工余量，因此，应采取措施尽可能提高生产率。同时要为半精加工阶段提供基准，并留有充分和均匀的加工余量，为后继工序创造有利条件。

(2) 半精加工阶段

达到一定的精度要求，并保证留有一定的加工余量，为主要加工表面的精加工做好准备。同时完成一些次要表面的加工（如紧固孔的钻削、攻螺纹、铣键槽等）。

(3) 精加工阶段

主要目的是保证工件各主要表面的精度和表面粗糙度。

(4) 光整加工阶段

对于精度很高（IT6 及 IT6 以上），表面粗糙度很细（Ra 小于 0.32 μm）的加工表面，要安排专门的光整加工，以提高加工表面的尺寸精度和表面质量。

2）划分原因

(1) 保证加工质量

零件在粗加工时，要切除大量金属，会产生很大的变形。产生变形的原因有：毛坯内的内应力因粗加工时切去最外一层金属，引起内应力重新分布而发生变形；粗加工时夹紧力大，引起工件的弹性变形；粗加工时切削热大，引起加工工艺系统热变形等。经加工过程划分阶段后，粗加工造成的加工误差，通过半精加工和精加工阶段逐步纠正，并提高工件各加工表面的加工精度和细化表面粗糙度，保证零件加工质量的要求。

(2) 合理使用设备

粗加工可以采用功率大、刚性好、精度不高的机床设备，以保证获得较高的生产率。采用精度高的机床设备进行精加工，不仅有利于长期保持高精度设备的精度，也有利于零件加工精度的稳定，做到了设备的合理使用。

(3) 及时发现毛坯缺陷

在粗加工阶段如发现毛坯有缺陷（如裂纹、气孔、夹砂或加工余量不够等），就可以及时修补或报废，以免继续进行后继工序，浪费工时和加工费用。

(4) 便于安排热处理工序

热处理工序使加工过程划分成几个阶段，如工件淬硬前安排粗加工和半精加工，淬硬后安排精加工。再如精密主轴在粗加工后进行去除应力人工时效处理，半精加工后进行淬火，精加工后进行低温回火及冰冷处理，最后再进行光整加工。这几次热处理就把整个加工过程划分为粗加工—半精加工—精加工—光整加工阶段。

划分加工阶段还要根据零件的情况而定，如重型零件加工为了免于运输，往往不划分加工阶段，粗、精加工常安排在同一台机床上进行。在转塔车床和自动机床上加工零件时，也常把全部加工归并为一道工序。

1.7.3 工序的集中与分散

工序集中和工序分散是拟订工艺路线时确定工序数目的两种不同的安排。

工序集中就是零件的加工集中在少数工序内完成，而每一道工序的加工内容却比较多；工序分散则相反，整个工艺过程中工序数量多，而每一道工序的加工内容则比较少。

1）工序集中的特点

（1）有利于采用高生产率的专用设备和工艺装备，从而大大提高生产率；

（2）减少了工序数目，缩短了工艺路线，从而简化了生产计划和生产组织工作；

（3）减少了设备数量，相应地减少了操作工人和生产面积；

（4）减少了工件安装次数，不仅缩短了辅助时间，而且由于在一次安装下加工较多的表面，也易于保证这些表面的相对位置精度；

（5）专用设备和工艺装置较复杂，生产准备工作和投资都比较大，转换新产品比较困难。

2）工序分散的特点

（1）设备与工艺装备比较简单，调整方便，对工人的技术水平要求低；

（2）可以采用最合理的切削用量，减少机动时间；

（3）容易适应生产产品的变换；

（4）设备数量多，操作工人多，生产面积大。

在拟订工艺路线时，工序集中或分散的程度，即工序数量的多少，主要取决于生产规模和零件的结构特点及技术要求。在一般情况下单件小批生产时，多将工序集中。大批大量生产时，既可采用多刀、多轴等高效率机床将工序集中，也可将工序分散后组织流水生产线。

1.7.4 工序顺序的安排

1）机械加工工序的安排

安排机械加工顺序时，通常遵循下列原则：

（1）基准先行

零件加工一般多从精基准的加工开始，再以精基准定位加工其它表面。例如，轴类零件先加工两端中心孔，然后再以中心孔作为精基准，粗、精加工所有外圆表面。齿轮加工则先加工孔及基准端面，再以孔及端面作为精基准，粗、精加工齿形表面。

（2）先粗后精

精基准加工好以后，应按先粗后精的原则加工精度要求较高的主要表面，即先粗加工再半精加工各主要表面，最后再进行精加工和光整加工。在对重要表面精加工之前，有时需对精基准进行一次修整，以利于保证重要表面的加工精度，如主轴的高精度磨削时，精磨和超精磨前都须研磨中心孔，精密齿轮磨齿前，要对内孔进行磨削加工。

（3）先主后次

先安排主要表面的加工，再把次要表面的加工工序插入其中。次要表面一般指键槽、螺孔、销孔等表面。这些表面一般都与主要表面有一定的相对位置要求，应以主要表面作为基准进行加工，所以一般放在主要表面的半精加工以后、精加工以前一次加工结束。也有放在最后加工的，但要注意在加工时不要碰伤已加工好的主要表面。

(4) 先平面后孔

对于箱体、底座等类零件，平面的轮廓尺寸较大，用平面作为精基准加工孔，比较稳定可靠，也容易加工；如果先加工孔，再以孔为基准加工平面，则比较困难，加工质量也受影响。

2) 热处理工序的安排

热处理可用来提高材料的力学性能，改善金属的加工性能和消除内应力，其安排的次序应视其作用而定。

(1) 正火、退火和调质

正火、退火和调质等改善材料力学性能和加工性能的预备热处理，应安排在粗加工之前或在粗加工和半精加工之间进行。在粗加工前可改善粗加工的加工性能，并可减少转换车间的次数；在粗加工与半精加工之间可消除粗加工产生的内应力。由于调质后零件的综合力学性能较好，对某些硬度和耐磨性要求不高的零件，也可作为最终的热处理工序。

(2) 时效处理

时效处理主要用于消除毛坯制造和机械加工中产生的内应力。对铸件的时效处理，应安排在铸造之后或在粗加工之后进行。对精度要求高且刚性较差的零件，如精密丝杠，为了消除加工中产生的内应力，稳定零件的尺寸精度，在粗加工、半精加工和精加工之间安排多次时效处理工序。

(3) 淬火

淬火分整体淬火和表面淬火两种。淬火工序应安排在半精加工与精加工之间进行，因淬火后工件硬度很高，只能再进行磨削或研磨加工。在淬火工序之前需将铣键槽、车螺纹、钻螺纹底孔、攻螺纹等次要表面的加工进行完毕，以防止零件淬硬后不能加工。表面淬火因变形、氧化和脱碳都较小，常用于机床主轴、齿轮等。为提高主轴等重要零件的内部性能和获得细马氏体的表层淬火组织，在表面淬火之前需先进行正火及调质处理。其加工路线为：下料→正火(退火)→粗加工→调质→半精加工→表面淬火→精加工。

(4) 渗碳淬火

经渗碳淬火的工件，由于渗碳时产生变形，常将渗碳工序安排在次要表面加工之前进行，经加工次要表面后再淬火，这样可以减少次要表面与主要表面之间的位置误差，且可保证次要表面不被淬硬。其加工路线为：下料→锻造→正火→粗、半精加工→渗碳→半精加工→淬火→精加工。渗碳后淬火前所进行的半精加工，除加工次要表面外，还要将零件不需渗碳部位在渗碳前加大加工余量的部分切除，使这些部位不受渗碳淬火的影响。

(5) 氮化处理

氮化处理时因工件变形小，氮化层较薄，本身硬度很高，氮化后不需进行淬火，因此常安排在精加工之间进行，即在粗磨后精磨前进行。为减少氮化时的变形，氮化前要增加除应力工序。另外因氮化层较薄且脆，零件内部应具有较高的综合力学性能，故粗加工后应安排调质处理。氮化零件的加工路线为:下料→锻造→退火→粗加工→调质→半精加工→除应力处理→粗磨→氮化→精磨→超精磨或研磨。

3) 检验工序的安排

检验工序一般安排在粗加工后,精加工前;送往外车间前、后;重要工序和工时长的工序前、后;零件加工结束后、入库前。

4) 辅助工序的安排

(1) 表面强化工序　如滚压、喷丸处理等,一般安排在工艺过程的最后。

(2) 表面处理工序　如发蓝、电镀等一般安排在工艺过程的最后。

(3) 探伤工序　如X射线检查、超声波探伤等多用于零件内部质量的检查,一般安排在工艺过程的开始。磁力探伤、荧光检验等主要用于零件表面质量的检验,通常安排在工艺过程的最后。

(4) 平衡工序　包括动、静平衡,一般安排在精加工前后。

在安排零件的工艺过程中,不要忽视去毛刺、倒棱和清洗等辅助工序。在铣键槽、齿面倒角等工序后应安排去毛刺工序。零件在装配前都应安排清洗工序,特别在研磨、珩磨等光整加工工序之后,更应注意进行清洗工序,以防止残余的磨料嵌入工件表面,加剧零件在使用中的磨损。

1.8 加工余量和工序尺寸

在选择了毛坯、拟订出加工工艺路线之后,就可确定加工余量,计算各工序的工序尺寸。余量大小与加工成本有密切关系,余量过大,不仅浪费材料,而且增加切削工时,增大刀具和机床的磨损,从而增加成本;余量过小,会使前一道工序的缺陷得不到纠正,造成废品,从而也使成本增加。

1.8.1 加工余量的概念

在机械加工过程中,为改变工件的尺寸和形状而切除的金属层厚度称为加工余量。为完成某一道工序所必须切除的金属层厚度,称为工序余量。由毛坯变为成品的过程中,在某加工表面上所切除的金属层总厚度,称为总余量。

对于外圆和内孔等旋转表面,加工余量是从直径上计算的,称为对称余量,实际所切除的金属层厚度是加工余量的一半。平面的加工余量则是单边余量,它等于实际所切除的金属层的厚度。

加工过程中,工序完成后的工件尺寸称为工序尺寸。由于存在加工误差,各工序加工后的尺寸也有一定的公差,称为工序公差。

工序公差确定后,工序公差带的布置都采用“单向、入体”的方法。对被包容面如轴、键宽等,工序的基本尺寸就是最大工序尺寸;对包容面如孔、键槽宽等,工序的基本尺寸就是最小工序尺寸。但毛坯尺寸的制造公差带常取双向布置。

图1.19和图1.20表示加工余量及其和工序间公差的关系。从图中可见不论被包容面还是包容面,其加工总余量均等于各工序余量之和。即

$$Z_0 = Z_a + Z_b + Z_c + \cdots$$

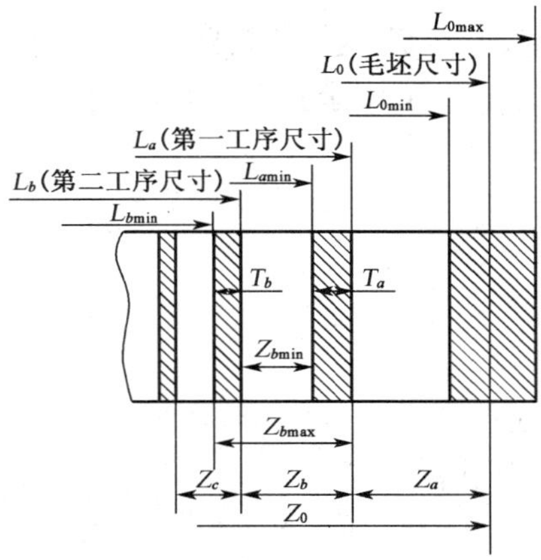

图 1.19 被包容面加工余量及公差

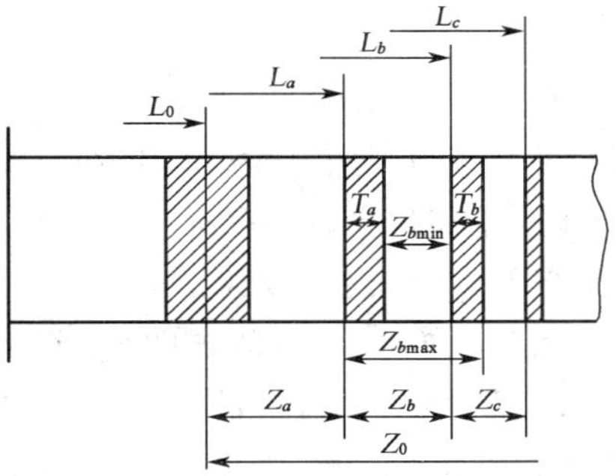

图 1.20 包容面加工余量及公差

1) 对于被包容面(图 1.19)

$$Z_b = L_a - L_b = Z_{bmin} + T_a$$

即 工序余量=前工序基本尺寸－本工序基本尺寸
=本工序最小余量＋前工序公差

$$Z_{bmax} = L_a - L_{bmin} = Z_b + T_b$$

即 最大余量=本工序公称余量＋本工序公差

$$Z_{bmin} = L_{amin} - L_b = Z_b - T_a$$

即 最小余量=本工序公称余量－前工序公差

$$Z_{bmax} - Z_{bmin} = T_b + T_a$$

即 工序余量公差=本工序的工序公差＋前工序的工序公差

2) 对于包容面(图 1.20)

$$Z_b = L_b - L_a$$

即 工序余量=本工序基本尺寸－前工序基本尺寸

$$Z_{bmax} = Z_b + T_b$$

即 最大余量=本工序公称余量＋本工序公差

$$Z_{bmin} = Z_b - T_a$$

即 最小余量=本工序公称余量－前工序公差

$$Z_{bmax} - Z_{bmin} = T_b + T_a$$

即 工序余量公差=本工序的工序公差＋前工序的工序公差

1.8.2 影响加工余量的因素

为切除前工序在加工时留下的各种缺陷和误差的金属层，又考虑到本工序可能产生的安装误差而不致使工件报废，必须保证一定数值的最小工序余量。工序余量由下列因素决定：

(1) 前工序的工序公差(T_a)；

(2) 前工序的表面质量(H_a+Ra)；

(3) 前工序的空间误差(ρ_a)；

(4) 本工序的安装误差(ε_b)。

前工序的表面质量包括表面缺陷层 H_a 和表面粗糙度 Ra，由于切削而产生的晶格变形，表面冷凝层等缺陷，直接影响零件的使用性能，都应在本工序切除，见图 1.21。

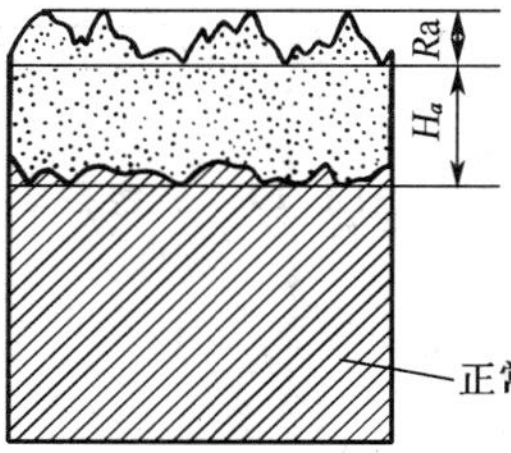

图 1.21 表面粗糙度及缺陷层

空间误差包括轴心线的弯曲、偏移、倾斜，以及同轴度、平行度、垂直度、对称度等误差。前工序的空间误差，须在本工序中切除才能纠正。当同时存在两种以上的空间误差时，则总的空间误差等于各空间误差的向量和。

综上所述，工序余量应按下列公式进行计算：

加工外圆和孔时

$$2Z_b \geqslant T_a + 2(H_a + Ra + |\bar{\rho}_a + \bar{\varepsilon}_b|)$$

加工平面时

$$Z_b \geqslant T_a + (H_a + Ra) + |\bar{\rho}_a + \bar{\varepsilon}_b|$$

以上两式是基本的，对于不同的加工方法，其中有的因素无影响，或者可以忽略不计。

例如，在无心外圆磨床上磨外圆时，安装误差可以不计，故计算公式为

$$2Z_b \geqslant T_a + 2(H_a + Ra + \rho_a)$$

当用浮动铰刀铰孔及用拉刀拉孔时，安装误差可以忽略不计，空间误差对加工余量无影响，故

$$2Z_b \geqslant T_a + 2(H_a + Ra)$$

超精加工及抛光时，主要是使表面粗糙度变细，故

$$2Z_b \geqslant 2Ra$$

这种计算出来的工序余量是最经济合理的，但需积累比较全面、系统的资料。实际工作中，加工余量是由查表法或凭经验估算确定的，只有在必要时，才对最小工序余量进行验算。

在各种机械加工工艺手册中，根据工厂生产实践和试验研究积累的有关加工余量的资料数据修订成各种表格，在确定工序加工余量时可参考选择。表 1.11～表 1.16 为热轧钢轴类外圆的选用和各种表面机械加工的加工余量。

表 1.11 热轧钢轴类外圆的选用

mm

零件的直径	零件的长度与直径之比				零件的直径	零件的长度与直径之比				零件的直径	零件的长度与直径之比				零件的直径	零件的长度与直径之比			
	≤4	>4~8	>8~12	>12~20		≤4	>4~8	>8~12	>12~20		≤4	>4~8	>8~12	>12~20		≤4	>4~8	>8~12	>12~20
	毛坯的直径					毛坯的直径					毛坯的直径					毛坯的直径			
5	7	7	8	8	20	22	22	23	24	37	40	42	42	42	70	75	75	75	80
6	8	8	8	8	21	24	24	24	25	38	42	42	42	43	75	80	80	85	85
8	10	10	10	11	22	25	25	26	26	40	43	45	45	45	80	85	85	90	90
10	12	12	13	13	25	28	28	28	30	42	45	48	48	48	85	90	90	95	95
11	14	14	14	14	27	30	30	32	32	44	48	48	50	50	90	95	95	100	100
12	14	14	15	15	28	32	32	32	32	45	48	48	50	50	95	100	105	105	105
14	16	16	17	18	30	33	33	34	34	46	50	52	52	52	100	105	110	110	110
16	18	18	18	19	32	35	35	36	36	50	54	54	55	55	110	115	120	120	120
17	19	19	20	21	33	36	38	38	38	55	58	60	60	60	120	125	125	130	130
18	20	20	21	22	35	38	38	39	39	60	65	65	65	70	130	140	140	140	140
19	21	21	22	23	36	39	40	40	40	65	70	70	70	75	140	150	150	150	150

注：1. 带阶台的轴如最大直径接近于中间部分，应按最大直径选择毛坯的直径，如最大直径接近于端部，毛坯直径可以小些。
2. 确定毛坯的直径时，应先考虑本厂中常用的轧制材料的种类(尺寸)。

表 1.12 轴粗车外圆后，精车外圆的加工余量

mm

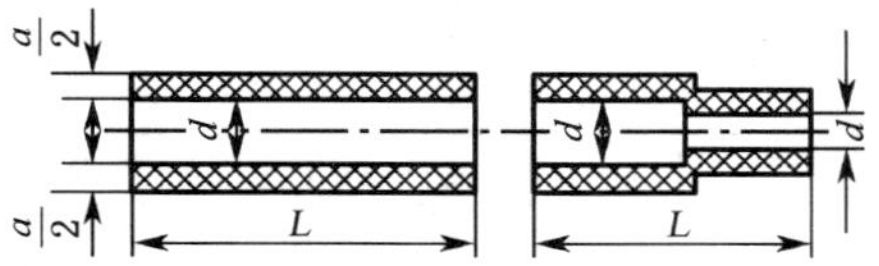

轴的直径 d	零件长度 L						粗车外圆的公差等级
	≤100	>100~250	>250~500	>500~800	>800~1 200	>1 200~2 000	
	直径余量 a						
≤10	0.8	0.9	1.0	—	—	—	IT 12~13
>10~18	0.9	0.9	1.0	1.1	—	—	
>18~30	0.9	1.0	1.1	1.3	1.4	—	
>30~50	1.0	1.0	1.1	1.3	1.5	1.7	
>50~80	1.1	1.1	1.2	1.4	1.6	1.8	
>80~120	1.1	1.2	1.2	1.4	1.6	1.9	
>120~180	1.2	1.2	1.3	1.5	1.7	2.0	
>180~260	1.3	1.3	1.4	1.6	1.8	2.0	
>260~360	1.3	1.4	1.5	1.9	2.1	2.6	
>360~500	1.4	1.5	1.5	1.9	2.2	2.7	

注：1. 单件、小批生产时，本表数值乘上系数 1.3，并取 1 位小数。
2. 决定加工余量用的轴的长度计算，可参阅《金属机械加工工艺人员手册》。

表 1.13 轴磨削的加工余量 mm

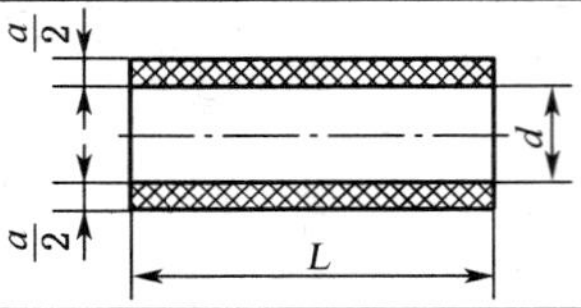

轴的直径 d	磨削性质	轴的性质	轴的长度 L						磨前加工的公差等级
			≤100	>100~250	>250~500	>500~800	>800~1 200	>1 200~2 000	
			直径余量 a						
≤10	中心磨	未淬硬	0.2	0.2	0.3	—	—	—	IT11
		淬　硬	0.3	0.3	0.4	—	—	—	
	无心磨	未淬硬	0.2	0.2	0.2	—	—	—	
		淬　硬	0.3	0.3	0.4	—	—	—	
>10~18	中心磨	未淬硬	0.2	0.3	0.3	0.3	—	—	
		淬　硬	0.3	0.3	0.4	0.5	—	—	
	无心磨	未淬硬	0.2	0.2	0.2	0.3	—	—	
		淬　硬	0.3	0.3	0.4	0.5	—	—	
>18~30	中心磨	未淬硬	0.3	0.3	0.3	0.4	0.4	—	
		淬　硬	0.3	0.4	0.4	0.5	0.6	—	
	无心磨	未淬硬	0.3	0.3	0.3	0.3	—	—	
		淬　硬	0.3	0.4	0.4	0.5	—	—	
>30~50	中心磨	未淬硬	0.3	0.3	0.4	0.5	0.6	0.6	
		淬　硬	0.4	0.4	0.5	0.6	0.7	0.7	
	无心磨	未淬硬	0.3	0.3	0.3	0.4	—	—	
		淬　硬	0.4	0.4	0.5	0.5	—	—	
>50~80	中心磨	未淬硬	0.3	0.4	0.4	0.5	0.6	0.7	
		淬　硬	0.4	0.5	0.5	0.6	0.8	0.9	
	无心磨	未淬硬	0.3	0.3	0.3	0.4	—	—	
		淬　硬	0.4	0.5	0.5	0.6	—	—	
>80~120	中心磨	未淬硬	0.4	0.4	0.5	0.5	0.6	0.7	
		淬　硬	0.5	0.5	0.6	0.6	0.8	0.9	
	无心磨	未淬硬	0.4	0.4	0.4	0.5	—	—	
		淬　硬	0.5	0.5	0.6	0.7	—	—	
>120~180	中心磨	未淬硬	0.5	0.5	0.6	0.6	0.7	0.8	
		淬　硬	0.5	0.6	0.7	0.8	0.9	1.0	
	无心磨	未淬硬	0.5	0.5	0.5	0.5	—	—	
		淬　硬	0.5	0.6	0.7	0.8	—	—	
>180~260	中心磨	未淬硬	0.5	0.6	0.6	0.7	0.8	0.9	
		淬　硬	0.6	0.7	0.7	0.8	0.9	1.1	
>260~360	中心磨	未淬硬	0.6	0.6	0.7	0.7	0.8	0.9	
		淬　硬	0.7	0.7	0.8	0.9	1.0	1.1	
>360~500	中心磨	未淬硬	0.7	0.7	0.8	0.8	0.9	1.0	
		淬　硬	0.8	0.8	0.9	0.9	1.0	1.2	

注：1. 单件、小批生产时，本表的余量值应乘上系数 1.2，并取成 1 位小数。
2. 决定加工余量用的轴的长度计算，可参阅《金属机械加工工艺人员手册》。

表 1.14 按照孔公差 IT7 加工的工序间尺寸

mm

加工孔的直径 D	直径 D					
	钻		用车刀车以后	扩孔钻	粗铰	精铰
	第 1 次	第 2 次				
3	2.9					3H7
4	3.9					4H7
5	4.8					5H7
6	5.8					6H7
8	7.8				7.96	8H7
10	9.8				9.96	10H7
12	11.0			11.85	11.95	12H7
13	12.0			12.85	12.95	13H7
14	13.0			13.85	13.95	14H7
15	14.0			14.85	14.95	15H7
16	15.0			15.85	15.95	16H7
18	17.0			17.85	17.94	18H7
20	18.0		19.8	19.8	19.94	20H7
22	20.0		21.8	21.8	21.94	22H7
24	22.0		23.8	23.8	23.94	24H7
25	23.0		24.8	24.8	24.94	25H7
26	24.0		25.8	25.8	25.94	26H7
28	26.0		27.8	27.8	27.94	28H7
30	15.0	28.0	29.8	29.8	29.93	30H7
32	15.0	30.0	31.7	31.75	31.93	32H7
35	20.0	33.0	34.7	34.75	34.93	35H7
38	20.0	36.0	37.7	37.75	37.93	38H7
40	25.0	38.0	39.7	39.75	39.93	40H7
42	25.0	40.0	41.7	41.75	41.93	42H7
45	25.0	43.0	44.7	44.75	44.93	45H7
48	25.0	46.0	47.7	47.75	47.93	48H7
50	25.0	48.0	48.7	49.75	49.93	50H7
60	30.0	55.0	59.5	59.5	59.9	60H7
70	30.0	65.0	69.5	69.5	69.9	70H7
80	30.0	75.0	79.5	79.5	79.9	80H7
90	30.0	80.0	89.3	—	89.8	90H7
100	30.0	80.0	99.3	—	99.8	100H7
120	30.0	80.0	119.3	—	119.8	120H7
140	30.0	80.0	139.3	—	139.8	140H7
160	30.0	80.0	159.3	—	159.8	160H7
180	30.0	80.0	179.3	—	179.8	180H7

注:1. 在铸铁上加工直径到 ϕ15 时,不用扩孔钻扩孔。

2. 用磨削作孔的最后加工方法时,精镗后的直径参阅《金属切削加工工艺人员手册》。

表 1.15　磨孔的加工余量

mm

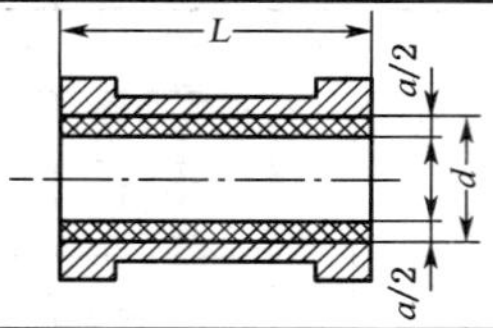

孔的直径 d	零件性质	磨孔的长度 L					磨前加工的公差等级
		≤50	>50～100	>100～200	>200～300	>300～500	
		直径余量 a					
≤10	未淬硬 淬　硬	0.2 0.2					IT 13
>10～18	未淬硬 淬　硬	0.2 0.3	0.3 0.4				
>18～30	未淬硬 淬　硬	0.3 0.3	0.3 0.4	0.4 0.4			
>30～50	未淬硬 淬　硬	0.3 0.4	0.3 0.4	0.4 0.4	0.4 0.5		
>50～80	未淬硬 淬　硬	0.4 0.4	0.4 0.5	0.4 0.5	0.4 0.5		
>80～120	未淬硬 淬　硬	0.5 0.5	0.5 0.5	0.5 0.6	0.5 0.6	0.6 0.7	
>120～180	未淬硬 淬　硬	0.6 0.6	0.6 0.6	0.6 0.6	0.6 0.6	0.6 0.7	
>180～260	未淬硬 淬　硬	0.6 0.7	0.6 0.7	0.7 0.7	0.7 0.7	0.7 0.8	
>260～360	未淬硬 淬　硬	0.7 0.7	0.7 0.8	0.7 0.8	0.8 0.8	0.8 0.9	
>360～500	未淬硬 淬　硬	0.8 0.8	0.8 0.8	0.8 0.8	0.8 0.9	0.8 0.9	

注：1. 当加工在热处理时容易变形的、薄的轴套时，应将表中加工余量乘以 1.3。
2. 单件、小批生产时，本表数值应乘以 1.3，并取成 1 位小数。

表 1.16　平面加工余量

mm

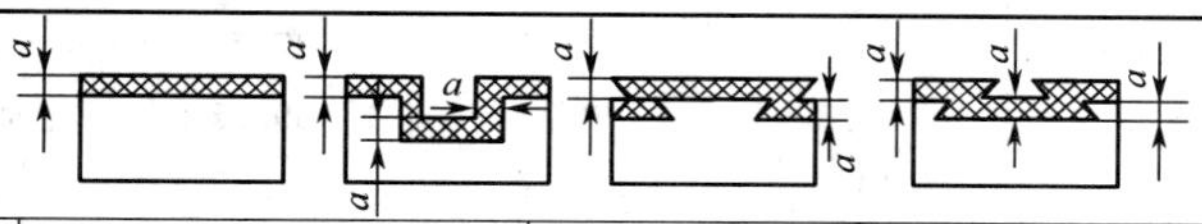

加工性质	加工表面长度	加工表面宽度 B					
		≤100		>100～300		>300～1 000	
		余量 a	公差(+)	余量 a	公差(+)	余量 a	公差(+)
粗加工后精刨或精铣	≤300 >300～1 000 >1 000～2 000	1.0 1.5 2.0	0.3 0.5 0.7	1.5 2.0 2.5	0.5 0.7 1.2	2.0 2.5 3.0	0.7 1.0 1.2
精加工后磨削，零件安装时未经校准	≤300 >300～1 000 >1 000～2 000	0.3 0.4 0.5	0.10 0.12 0.15	0.4 0.5 0.6	0.12 0.15 0.15	— 0.6 0.7	— 0.15 0.15
精加工后磨削，零件安装在夹具中或用百分表校准	≤300 >300～1 000 >1 000～2 000	0.2 0.25 0.3	0.10 0.12 0.15	0.25 0.30 0.40	0.12 0.15 0.15	— 0.4 0.4	— 0.15 0.15
刮	≤300 >300～1 000 >1 000～2 000	0.15 0.2 0.25	0.06 0.10 0.12	0.15 0.20 0.25	0.06 0.10 0.12	0.2 0.25 0.30	0.10 0.12 0.15

注：1. 表中数值为每一加工表面的加工余量。
2. 当精刨或精铣时，最后一次行程前留的余量应大于等于 0.5。
3. 热处理的零件磨前的加工余量需将表中数值乘以 1.2。

1.8.3 工序尺寸及其公差的确定

零件工序尺寸及其公差的确定方法，是先根据零件的具体要求确定其工艺路线，再分别查表求得各道工序的尺寸及公差。

例 1 直径为 $\phi30$ h7，长度为 50 mm 的短轴，材料为 45 钢，需经表面淬火，其表面粗糙度值为 $Ra0.8\ \mu m$，试查表确定其工序尺寸和毛坯尺寸。

解 由表 1.8 取外圆的工艺路线为粗车→半精车→磨削。

由表 1.11 查得毛坯直径为 $\phi33$ mm。

由表 1.12 查得轴粗车后直径余量为 0.9 mm，公差等级为 IT12～IT13，取 IT13。

由表 1.13 查得轴磨削余量为 0.3 mm，公差等级为 IT11。

故得磨削尺寸为 $\phi30$ h7，精车工序尺寸 $\phi30.3$ h11，粗车工序尺寸为 $\phi31.2$ h13，毛坯直径为 $\phi33$ mm。

例 2 在铸铁箱体上，有一未铸出孔，其直径为 $\phi32$H7，表面粗糙度值为 $Ra1.6\ \mu m$，试查表确定各工序尺寸。

解 由表 1.9 取孔的工艺路线为钻→扩→粗铰→精铰。

由表 1.14 查得第一次钻孔 $\phi15$ mm，第二次钻孔 $\phi30$ mm，扩孔 $\phi31.75$ mm，粗铰 $\phi31.93$ mm，精铰 $\phi32$H7。

例 3 有一外径为 $\phi50$ mm，内孔为 $\phi25$H7 的套，材料为 T7，需淬硬至 58HRC，孔的表面粗糙度值为 $Ra0.8\ \mu m$，选用的毛坯为热轧圆钢，试确定加工内孔时各工序尺寸。

解 因该零件需淬硬，故内孔的最终加工应取磨削，但毛坯为实心的热轧圆钢，必须先用钻头钻孔，参考表 1.9 取孔的工艺路线为钻→扩（车）→淬硬→磨。

由表 1.14 查得钻孔直径为 $\phi23$ mm。

由表 1.15 查得淬硬后磨孔的加工余量为 0.3 mm，故扩孔（或车孔）至 $\phi24.7$ mm。最后磨孔至 $\phi25$H7。

1.9 工艺尺寸链

在机械设计和制造中，尺寸链是解决有联系的尺寸之间相互关系的有效工具。无论在机械产品的结构设计中，还是在制订零件加工工艺和装配工艺时，都起很大的作用。

1.9.1 尺寸链的概念

在零件的加工和测量时，以及在机械设计和装配过程中，经常会遇到一些相互联系的尺寸组合。这种互相联系且按一定顺序排列的封闭尺寸组合称为尺寸链。尺寸链又分工艺尺寸链和装配尺寸链。工艺尺寸链是零件在加工过程中的各有关工艺尺寸所组成的尺寸链。装配尺寸链是在机械装配过程中，由所装配的零、部件上的有关尺寸所组成的尺寸链。

图 1.22(a)所示是一个工艺尺寸链的实例。该零件先以面 1 定位加工面 3，得到尺寸 C；再加工面 2，得尺寸 A。这样该零件在加工时并未直接予以保证的尺寸 B 就随之确定。

尺寸 C-A-B 就构成一个封闭的尺寸组合，即形成了一个尺寸链。

图 1.22(b)所示是一个装配尺寸链的实例。将尺寸为 A 的轴装入尺寸为 C 的孔内，形成的间隙为尺寸 B。尺寸 C-A-B 也构成了一个尺寸链。

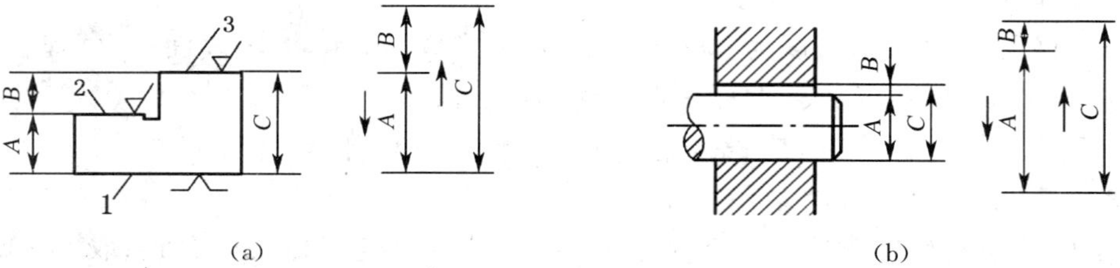

图 1.22 尺寸链

(a) 工艺尺寸链 (b) 装配尺寸链

1.9.2 尺寸链的组成

1) 环

组成尺寸链的各个尺寸都称为尺寸链的环。图 1.22 中的尺寸 C、A、B 都是尺寸链的环。

2) 封闭环

尺寸链中最后形成的环，即间接得到的环称为封闭环。图 1.22 中的尺寸 B，都是加工或装配后间接获得的，因此都是封闭环。

3) 组成环

除封闭环以外的其它环都称为组成环。图 1.22 中的尺寸 A 和 C 都是组成环。组成环分增环和减环两种。

4) 增环

当其余各组成环不变时，某一环增大，封闭环也随之增大，该环即为增环。一般在该尺寸的代表符号上，加一向右的箭头表示，如 $\vec{C}$。图 1.22 中尺寸 C 为增环。

5) 减环

当其余各组成环不变时，某一环增大，封闭环反而减小，该环即为减环。一般在该尺寸的代表符号上，加一向左的箭头表示，如 $\overleftarrow{A}$。图 1.22 中尺寸 A 为减环。

尺寸链具有以下两个特征：

(1) 关联性

组成尺寸链的各尺寸之间，存在着一定的关系，相互无关的尺寸不能组成尺寸链。尺寸链中每个组成环不是增环就是减环，其尺寸发生变化都要引起封闭环的尺寸变化。对尺寸链封闭环尺寸没有影响的尺寸，不是该尺寸链的组成环。

(2) 封闭性

尺寸链必须是一组首尾相接的尺寸，并构成一个封闭图形，其中应包含一个间接得到的尺寸。不构成封闭图形的尺寸组不是尺寸链。

1.9.3 建立尺寸链的步骤

(1) 首先找出封闭环，即加工后间接得到的尺寸；

(2) 然后从封闭环一端开始，按照尺寸之间的联系，首尾相连，依次画出对封闭环有影响的尺寸，直到封闭环的另一端，形成一个封闭图形，就构成一个尺寸链；

(3) 按照各组成环对封闭环的影响，确定其为增环或减环。确定增环或减环可用图 1.23 所示的方法：先给封闭环任意规定一个方向，然后沿此方向，绕尺寸链依次给各组成环画出箭头，凡是与封闭环箭头相同的就是减环，相反的就是增环。

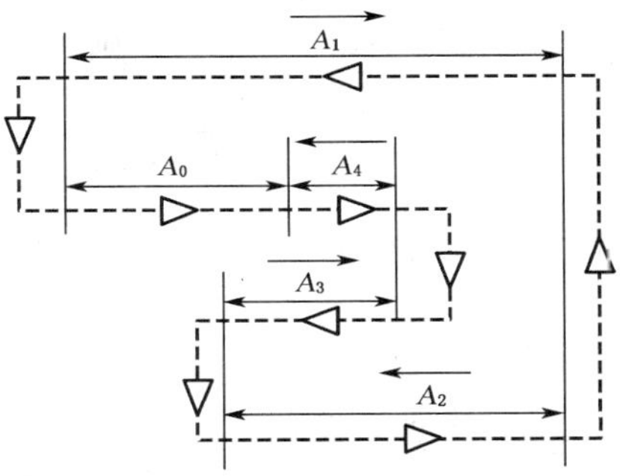

图 1.23　判断增环减环

A_0—封闭环　A_1、A_3—增环
A_2、A_4—减环

1.9.4　尺寸链的计算公式

尺寸链的计算方法有极值法和概率法两种。一般多采用极值法计算。表 1.17 列出了计算用符号的含义。

表 1.17　尺寸链计算所有符号表

基本尺寸	最大极限尺寸	最小极限尺寸	上偏差	下偏差	公差	中间偏差	组成环环数	传递系数	平均公差	极值公差
L	L_{max}	L_{min}	ES	EI	T	Δ	m	ξ	T_{av}	T_L

1) 封闭环基本尺寸

$$L_0=\sum_{i=1}^{m}\xi_i L_i$$

式中 L 下角标“0”表示封闭环，“i”表示组成环及其序号(下同)。

2) 封闭环中间偏差

$$\Delta_0=\sum_{i=1}^{m}\xi_i \Delta_i$$

3) 封闭环极值公差

$$T_{0L}=\sum_{i=1}^{m}|\xi_i|T_i$$

4) 封闭环极限偏差

$$ES_0=\Delta_0+\frac{1}{2}T_0$$

$$EI_0=\Delta_0-\frac{1}{2}T_0$$

5) 封闭环极限尺寸

$$L_{0max}=L_0+ES_0$$
$$L_{0min}=L_0+EI_0$$

6) 极值公差

$$T_{av,L}=\frac{T_0}{\sum_{i=1}^{m}|\xi_i|}$$

对于直线尺寸链 $|\xi_i|=1$，则 $T_{\mathrm{av},L}=\dfrac{T_0}{m}$

7）组成环极限偏差

$$ES_i=\Delta_i+\frac{1}{2}T_i$$

$$EI_i=\Delta_i-\frac{1}{2}T_i$$

8）组成环极限尺寸

$$L_{i\max}=L_i+ES_i$$
$$L_{i\min}=L_i+EI_i$$

1.9.5 尺寸链的计算方法

当尺寸链环数较多时，上述公式应用起来比较繁琐，增环和减环的判别也比较复杂，下面介绍一种比较简便的列表计算方法。

图 1.24 所示为一尺寸链简图。已知 $A_1=20\pm0.10$，$A_2=40_{-0.10}^{\ 0}$，$A_3=35_{\ 0}^{+0.05}$，$A_4=15\pm0.05$，计算封闭环尺寸及其上、下偏差。

先用箭头法判别尺寸链中的增环和减环：

从封闭环开始沿任一方向画箭头，直至封闭为止。与封闭环箭头方向相同者为减环，以(－)表示；与封闭环箭头方向相反者为增环，以(＋)表示。然后利用表 1.18 所示的方法进行计算。先将增环的尺寸及偏差顺次写上，再将减环的上下偏差位置对调，符号改变(即原来正号改为负号，原来负号改为正号)，同时给减环的基本尺寸也冠以负号，然后将各列数值作代数和，即得到封闭环的基本尺寸及上下偏差为 $A_\Delta=40_{-0.30}^{+0.15}$。这种列表计算方法可归纳成两句口诀："增环，上下偏差照抄；减环，上下偏差对调、变号。"这种方法也可用来求解其中任一组成环。

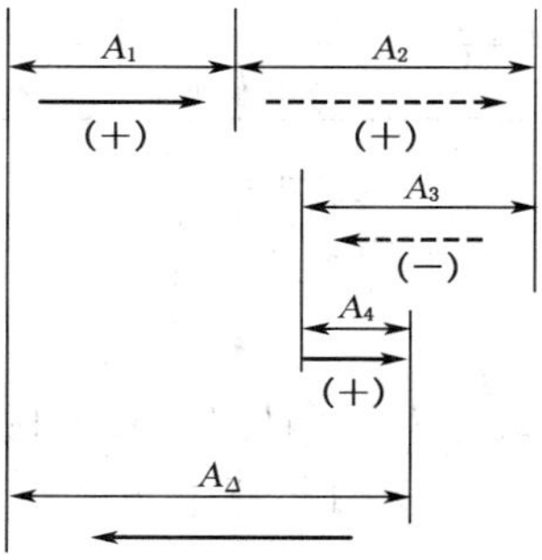

图 1.24 尺寸链的增环和减环

表 1.18 尺寸链的列表计算

基本尺寸			ES_i	EI_i
增 环	A_1	20	+0.10	−0.10
	A_2	40	0	−0.10
	A_4	15	+0.05	−0.05
减 环	A_3	−35	0	−0.05
封闭环	A_Δ	40	+0.15	−0.30

1）定位基准与设计基准不重合时的计算

图 1.25 所示为活塞简图。其顶面为设计基准，在加工活塞销孔时，一般采用活塞底面和 $\phi58_{\ 0}^{+0.023}$ 止口作为定位基准。由于定位基准与设计基准不重合，产生了基准不重合误差。此时，为了保证 46±0.66 mm 的尺寸精度，必须提出对 L_2(从活塞底面到活塞销孔轴线)的

尺寸要求，这就需要运用尺寸链的计算方法。

在图 1.25 中，由于采用活塞底面和 $\phi58^{+0.023}_{0}$ 止口为定位基准，尺寸 46±0.06 成为封闭环，用 L_0 表示，L_2 是减环，L_1 是增环。计算方法如下：

已知：封闭环基本尺寸 $L_0=46$，上偏差 $ES_0=+0.06$，下偏差 $EI_0=-0.06$，则封闭环中间偏差（上偏差和下偏差的平均值）$\Delta_0=\frac{1}{2}(0.06-0.06)=0$；封闭环公差 $T_0=0.06-(-0.06)=0.12$。

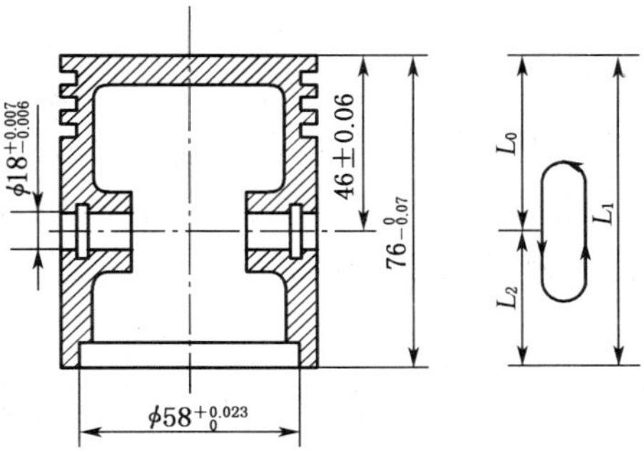

图 1.25　活塞的尺寸链

（1）计算组成环 L_2 基本尺寸

$$L_0=\sum_{i=1}^{m}\xi_i L_i=L_1-L_2$$

$$46=76-L_2 \qquad L_2=30$$

式中“i”表示组成环及其序号；ξ 为传递系数，对增环 $\xi=+1$，对减环 $\xi=-1$。

（2）计算 L_2 中间偏差 Δ_2

$$\Delta_0=\sum_{i=1}^{m}\xi_i\Delta_i=\Delta_1-\Delta_2$$

$$0=\frac{0-0.07}{2}-\Delta_2 \qquad \Delta_2=-0.035$$

（3）计算 L_2 极值公差 T_2

$$T_0=\sum_{i=1}^{m}|\xi_i|T_i=T_1+T_2$$

$$0.12=0.07+T_2 \qquad T_2=0.05$$

（4）计算 L_2 的极限偏差

$$ES_2=\Delta_2+\frac{1}{2}T_2=-0.035+\frac{1}{2}\times0.05=-0.01$$

$$EI_2=\Delta_2-\frac{1}{2}T_2=-0.035-\frac{1}{2}\times0.05=-0.06$$

最后求得 $L_2=30^{-0.01}_{-0.06}$ mm。

表 1.19 为该活塞尺寸链的列表计算。

表 1.19　活塞尺寸链的列表计算　　mm

基本尺寸			ES_i	EI_i
增　环	L_1	76	0	−0.07
减　环	L_2	[−30]	[+0.06]	[+0.01]
封闭环	L_0	46	+0.06	−0.06

最后应将所求减环 L_2 的基本尺寸变号，并将上下偏差对调再变号，即得 $L_2=30^{-0.01}_{-0.06}$ mm。

2）测量基准和设计基准不重合时的计算

图 1.26 所示轴承座工件。当以端面 B 定位车削内孔端面 C 时，图样中标注的设计尺寸 L_0 不便直接测量。如果先按尺寸 L_2 的要求车出端面 A，然后以 A 面为测量基准去控制尺寸 L_1，则设计尺寸 L_0 即可间接获得。在上述三个尺寸 L_0、L_1 和 L_2 所构成的尺寸链中，显然 L_0 是封闭环，L_1 为增环，L_2 为减环。若 $L_0 = 50_{-0.20}^{\ 0}$，$L_2 = 10_{-0.08}^{\ 0}$，则 L_1 的尺寸计算如下：

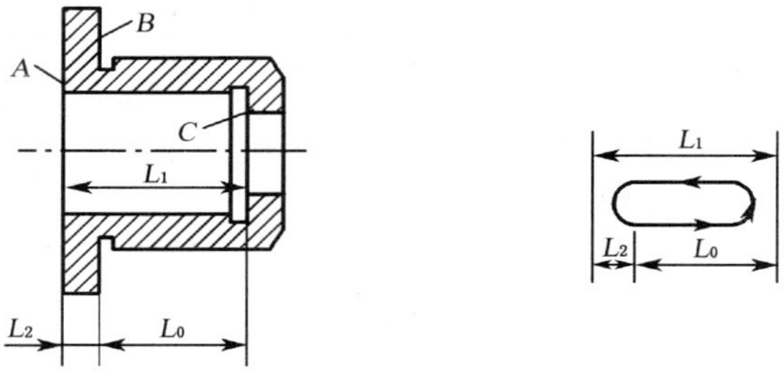

(a)　　(b)

图 1.26　轴承座的尺寸链

已知：封闭环基本尺寸 $L_0 = 50$，上偏差 $ES_0 = 0$，下偏差 $EI_0 = -0.20$。则封闭环中间偏差 $\Delta_0 = \frac{1}{2}(0 - 0.20) = -0.10$；封闭环公差 $T_0 = 0 - (-0.20) = 0.20$。

(1) 计算 L_1 基本尺寸

$$L_0 = L_1 - L_2 \qquad 50 = L_1 - 10 \qquad L_1 = 60$$

(2) 计算 L_1 中间偏差 Δ_1

$$\Delta_0 = \Delta_1 - \Delta_2 \qquad -0.10 = \Delta_1 - (-0.04) \qquad \Delta_1 = -0.14$$

(3) 计算 L_1 极值公差 T_1

$$T_0 = T_1 + T_2 \qquad 0.20 = T_1 + 0.08 \qquad T_1 = 0.12$$

(4) 计算 L_1 极限偏差

$$ES_1 = \Delta_1 + \frac{1}{2}T_1 = -0.14 + \frac{0.12}{2} = -0.08$$

$$EI_1 = \Delta_1 - \frac{1}{2}T_1 = -0.14 - \frac{0.12}{2} = -0.20$$

最后求得 $L_1 = 60_{-0.20}^{-0.08}$ mm。

表 1.20 为该轴承座尺寸的列表计算。

表 1.20　轴承座尺寸链的列表计算　　mm

基　本　尺　寸			ES_i	EI_i
增　环	L_1	[60]	[−0.08]	[−0.20]
减　环	L_2	−10	+0.08	0
封闭环	L_0	50	0	−0.20

3) 中间工序尺寸的计算

有时零件的某些设计尺寸不仅受到表面最终加工时工序尺寸的影响，还与中间工序尺寸的大小有关，此时应以该设计尺寸为封闭环，求得中间工序尺寸的大小和偏差。

如图 1.27(a)所示为齿轮内孔的简图，内孔的设计尺寸为 $\phi58^{+0.04}_{0}$，键槽深度的设计尺寸为 $62.6^{+0.25}_{0}$，其加工工艺过程为：

(1) 拉孔至 $\phi57.8^{+0.02}_{0}$；

(2) 拉键槽保证尺寸 L；

(3) 热处理；

(4) 磨内孔至 $\phi58^{+0.04}_{0}$，同时保证键槽深度 $62.6^{+0.25}_{0}$ 的要求。

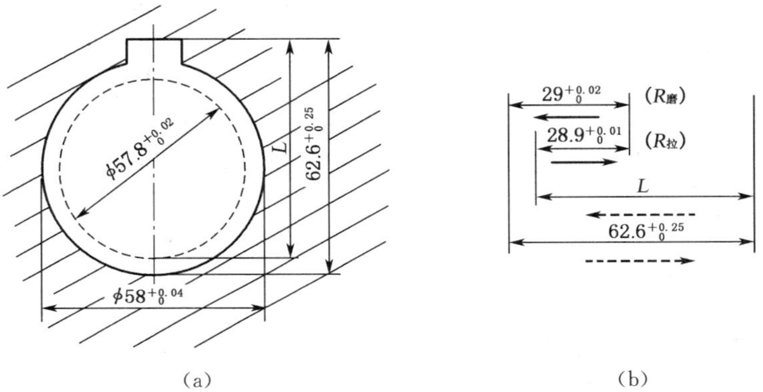

图 1.27 齿轮内孔键槽加工时工序尺寸的计算

从上述加工顺序中可以看出，磨孔后不仅要保证内孔尺寸 $\phi58^{+0.04}_{0}$，而且要同时获得键槽的深度尺寸 $62.6^{+0.25}_{0}$。为此必须正确地算出以拉孔后表面为测量基准的拉键槽深度的工序尺寸 L。图 1.27(b)列出了尺寸链简图，其中拉孔后的半径 $28.9^{+0.01}_{0}$，磨孔后的半径 $29^{+0.02}_{0}$ 和键槽尺寸 L 都是直接获得的，键槽深度为封闭环。拉孔半径($R_{拉}$)的箭头方向与封闭环的箭头方向一致，为减环。键槽尺寸 L 和磨孔半径($R_{磨}$)的箭头方向与封闭环的箭头方向相反，为增环。表 1.21 为该齿轮内孔键槽加工时尺寸链的列表计算。

表 1.21 齿轮内孔键槽尺寸链的列表计算 mm

基本尺寸		ES_i	EI_i
增环	L[62.5] 29($R_{磨}$)	[+0.23] +0.02	[+0.01] 0
减环	−28.9($R_{拉}$)	0	−0.01
封闭环	62.6	+0.25	0

即得齿轮内孔在拉键槽时深度的工序尺寸 $L=62.5^{+0.23}_{+0.01}$ mm。

1.10 制订机械加工工艺规程的实例

现以中批生产 CA6140 车床主轴上的滑动齿轮(图 1.28)为例，分析说明具体制订机械加工工艺规程的内容要点。

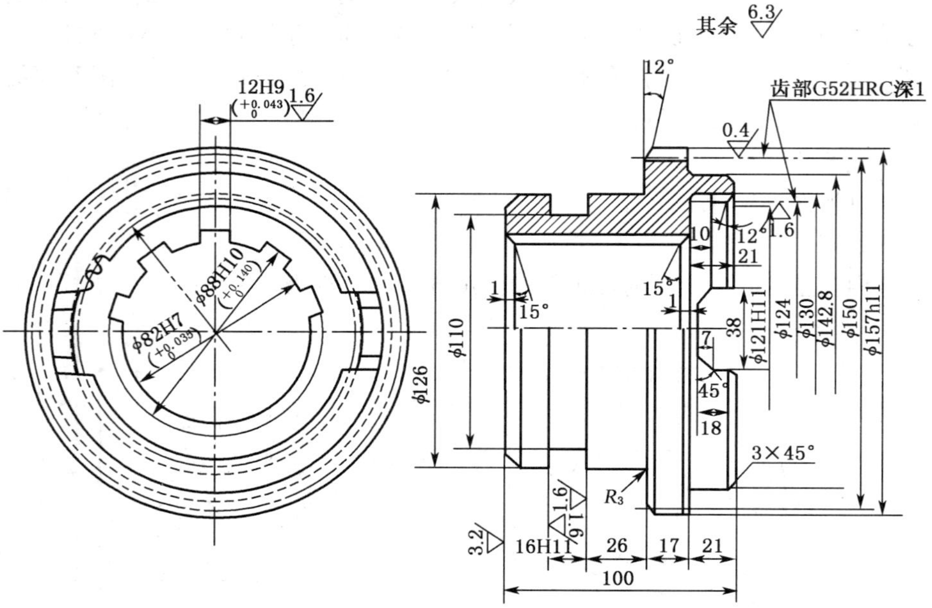

模　数	m	3	2
齿　数	Z	50	62
齿形角	α	20°	
变位分数	ξ	0.165	
精度等级		6FL	9FL

	主轴滑动齿轮		
	材料	40Cr	中批生产

图 1.28　车床主轴滑动齿轮

1.10.1　零件主要结构和技术条件分析

滑动齿轮以花键孔装于 CA6140 车床主轴中部的花键轴上，花键为内径定心的滑动配合。当外齿与传动轴上的固定双联齿轮啮合时，实现主轴高速旋转；当内结合齿与主轴上的空套齿轮啮合时，实现主轴低速旋转。齿轮通过拨叉在主轴花键上滑动，将由外齿传来的高速小转矩传递给主轴，或通过内结合齿将空套齿轮传来的低速大转矩传递给主轴。因此，内花键的精度、强度、表面硬度、与外齿分度圆的同轴度、与内结合齿分度圆的同轴度均有较高要求。外齿面与内结合齿面均需高频淬火，以保持心部具有强度高、韧性好，同时表面硬而耐磨的良好性能。

1.10.2　毛坯的选择

因齿轮所用材料为 40Cr 合金钢，外形比较简单，可采用自由锻造，此时内孔可以锻出。当中批以上生产时，可采用模锻工艺，以减少加工余量，节约合金钢材，并提高毛坯精度。模锻时，内孔两边只能冲出凹坑，不能穿通，故应增加钻孔工序或工步。

1.10.3 定位基准的选择

根据齿轮传动的要求，应选择花键孔的轴心线作为精基准，来加工内外表面和内孔齿形面。选择毛坯外圆作为粗基准，先夹右端外圆，粗车左端面和外圆，再调头装夹，粗车右端两段外圆和端面，粗车内齿轮孔和花键孔，然后半精车花键孔。

本着“基准先行”的原则，以半精车后的花键孔作为“自为基准”拉内孔，再以内孔引导花键拉刀拉出内花键，拉削分两个工序进行而不采用内孔花键复合拉刀一次拉出，有利于缩短拉刀长度（因孔较长）和提高花键孔的拉削加工质量。花键孔拉削后，即以花键孔作为精基准定位，精加工各内外表面、端面、插齿、磨齿和端面铣槽。这样安排就能同时符合基准重合、基准统一和基准先行的原则。

1.10.4 热处理工序的安排

车床主轴处于启动、停止、正转、反转和低速、高速频繁变化的情况下工作。作为传递转矩的齿轮同样承受着冲击交变载荷，因此材料选用 40Cr 中碳合金钢是适宜的。但为了消除锻造时高温加热引起的粗晶，需经正火处理。另外还需进行调质处理，以提高其强度和韧性。调质可安排在粗加工后。

内外齿面均需进行高频淬火，以提高其表面硬度。高频淬火须安排在齿形加工之后进行。由于零件形状简单，可不安排时效处理。

1.10.5 加工阶段的划分和工序的安排

加工阶段可根据所安排的热处理工序来划分。在调质以前为粗加工阶段，调质后至高频淬火前为半精加工和精加工（主要是拉花键孔）阶段，高频淬火后为精加工齿阶段。

其加工工艺路线可确定为：锻造→正火→粗车→调质→半精车→拉花键孔→精车→插齿→铣槽→高频淬火→磨齿。

在半精车后可安排检验工序，主要检验孔的尺寸精度，以保证拉花键孔工序能顺利进行。插内外齿时均以内花键定位，为确保其同轴度，花键心轴应取较紧一级的间隙配合，否则会因配合间隙过大而引起同轴度误差。

1.10.6 工艺文件的制订

对于中批生产，无论产品简单还是复杂，是否需制订机械加工工序卡片，须视具体情况和工厂习惯而定。齿轮类零件因加工工序尺寸较多，基准又经过多次转换，因此制订完整的工序卡片较为适宜。这时仍需制订工艺过程卡片，以便于零件加工的计划调度，内容可简明扼要，如表 1.22 所示。工序卡片中应填写得详细些，如表 1.23 所示（因篇幅有限，仅列一张）。表中未填切削用量和工时定额，当属大批大量生产或流水线生产时，则必须依次填写，不得省略。专用工艺装置包括：专机、工、夹、量、刀具、辅具和工位器具，在制订工艺文件时，若考虑必须设计时，需填写工艺装备设计任务书，再经审批后，安排设计和制造，表 1.24 为齿轮加工时需设计专用花键心轴的设计任务书。

表 1.22 齿轮的工艺过程卡片

	机械加工工艺过程卡片	产品型号	CA6140	零(部)件图号		共 1 页
		产品名称	卧式车床	零(部)件名称	主轴滑动齿轮	第 1 页

材料牌号	40Cr	毛坯种类	模 锻	毛坯外形尺寸	$\phi162\times105$	每毛坯件数	1	每台件数	1	备注	

工序号	工序名称	工 序 内 容	车间	工段	设 备	工 艺 装 备	工时 准终	工时 单件
	锻	锻、正火						
1	车	夹大端、粗车外圆、平面、钻孔			CA6140	三爪自定心卡盘		
	车	夹小端、粗车外圆、平面、台肩、粗车孔、车止口			CA6140	三爪自定心卡盘		
2	热	调质处理						
3	车	半精车、车平面、外圆、车槽、车孔			CA6140	三爪自定心卡盘		
	车	半精车、车平面、止口						
4	检	检验						
5	拉	拉内孔			L6140A 拉床	专用内孔拉力		
	拉	拉花键孔			L6140A 拉床	花键拉刀		
6	车	精车:平面、各外圆、车槽、车止口、倒角			CA6140	花键心轴 711		
7	插	插外齿			Y5140 插齿机	花键心轴 723		
	插	插内齿			Y5140 插齿机	花键心轴 723		
8	齿	外齿端倒弧、内齿端倒弧、去毛刺			齿端倒弧机	花键心轴 723		
9	铣	铣端面槽			X6132 万能铣	花键心轴 723		
10	检	检验						
11	热	内、外齿高频淬火						
12	磨	磨齿			磨齿机	花键心轴 724		
13	检	检验						

描 图

描 校

底图号

装订号

										编制(日期)	审核(日期)	会签(日期)	
标记	处数	更改文件号	签字	日期	标记	处数	更改文件号	签字	日期				

表 1.23 齿轮的加工工序卡片

机械加工工序卡片	产品型号	CA6140	零(部)件图号		共 1 页
	产品名称	卧式车床	零(部)件名称	主轴滑动齿轮	第 1 页

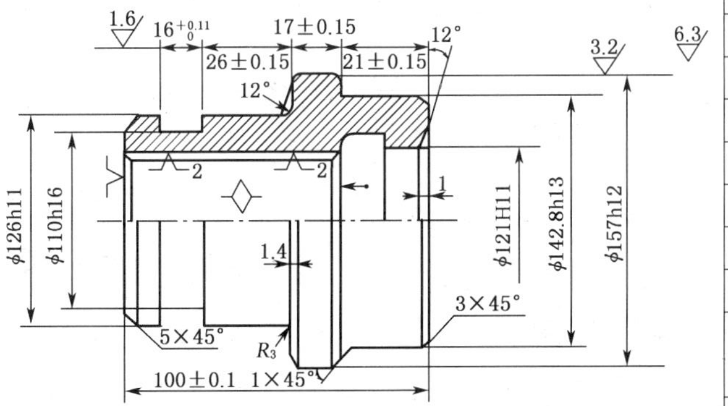

车间	工序号	工序名称	材料牌号
	9	精车	40Cr
毛坯种类	毛坯外形尺寸	每坯件数	每台件数
模 锻	ϕ162×105	1	1
设备名称	设备型号	设备编号	同时加工件数
普通车床	CA6140		

夹具编号	夹具名称	冷却液	
711	花键心轴		
		工序工时	
		准终	单件

工序号	工 序 内 容	工 艺 装 备	主轴转速 (r/min)	切削速度 (m/min)	进给量 (mm/r)	切削深度 (mm/r)	走刀次数	工时定额 机动	工时定额 辅助
1	车平面 100±0.1	长度卡规 810							
2	车外圆 ϕ157h12，ϕ142.8h13，倒角	轴用卡规 812							
3	车止口 ϕ121H11，倒 12°角	孔用塞规 811							
4	车外圆 ϕ126h11，倒角 5×45°，倒 12°角								
5	车槽								

										编制（日期）	审核（日期）	会签（日期）	
标记	处数	更改文件号	签字	日期	标记	处数	更改文件号	签字	日期				

描 图	
描 校	
底图号	
装 订 号	

表 1.24　专用工艺装备设计任务书

	专用工艺装备设计任务书	产品型号	CA6140	零件图号		每台件数	1
		产品名称	卧式车床	零件名称	主轴滑动齿轮	生产批量	中批

工序角图和技术要求

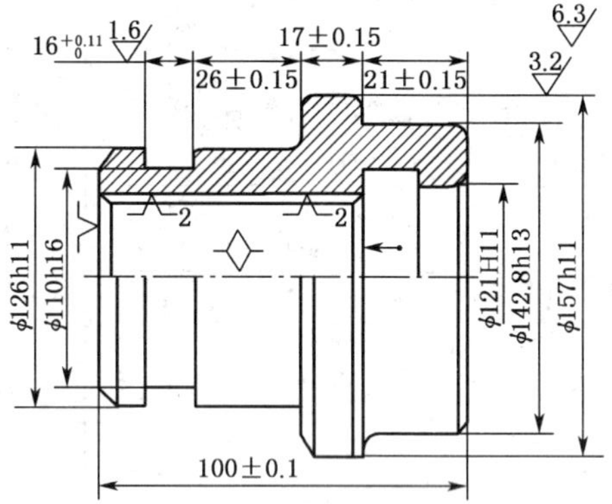

1. 径向间隙配合取 H7/g4
2. 10 个花键均匀留 3～4 个,其余铣去
3. 端部压紧要保证不影响止口车削

工装编号	711	使用车间	
工装名称	车用花键心轴	使用设备	CA6140 车床
制造数量	1	适用其它产品	
工装等级	精密	专用	
工序号	工序内容		
9	车平面、外表面、止口、倒角、车槽		
旧工装编号		库存数量	
设计理由		旧工装处理意见	
取一次安装下加工内、外表面,同轴度好,定心精度高,工序集中		报废	

制造日期		审核日期		批准日期		设计日期		

1.11 工艺过程技术经济分析

制订某一零件的机械加工工艺规程时，一般可以拟订出几种不同的方案，这些方案都能满足该零件规定的加工精度和表面质量要求。但通过技术经济分析，这些方案中必然有一个方案是在给定条件下最经济的方案。进行技术经济分析，就是比较不同方案的生产成本，选取技术上先进、经济上合理的最优方案，为工艺方案的确定提供科学依据。工艺方案的技术经济分析通常采用两种方法：一种是对不同方案进行工艺成本和投资指标的分析和比较；另一种是按某些相对技术经济指标进行比较，如每一生产工人的年产量，每台机床的年产量，每平方米生产面积的年产量、设备利用率、工艺装备系数和材料利用率等。

1.11.1 工艺成本的构成

工艺成本分为可变费用和不变费用两大部分。

可变费用是与年产量有关并与之成正比的费用，用“V”表示。包括：材料费($C_{材}$)、操作工人的工资($C_{资}$)、机床电费($C_{电}$)、通用机床折旧费($C_{通折}$)、通用机床修理费($C_{通修}$)、刀具费($C_{刀}$)、通用夹具费($C_{通夹}$)。

即
$$V = C_{材} + C_{资} + C_{电} + C_{通折} + C_{通修} + C_{刀} + C_{通夹}$$

不变费用是与年产量的变化没有直接关系的费用。当产量在一定范围内变化时，全年的费用基本上保持不变，用“S”表示。包括：调整工人的工资($C_{调}$)、专用机床折旧费($C_{专折}$)、专用机床修理费($C_{专修}$)、专用夹具费($C_{专夹}$)。

即
$$S = C_{调} + C_{专折} + C_{专修} + C_{专夹}$$

1.11.2 工艺成本的计算

1) 零件的全年工艺成本

$$E = V \cdot N + S$$

式中：E——零件(或零件的某工序)全年的工艺成本(元/年)；

V——可变费用(元/件或元/工序)；

N——年产量(件)；

S——不变费用。

由上述公式可见，全年工艺成本 E 和年产量 N 呈线性关系，如图 1.29 所示。它说明全年工艺成本的变化 ΔE 与年产量的变化 ΔN 成正比；又说明 S 为投资定值，不论生产多少，其值不变。

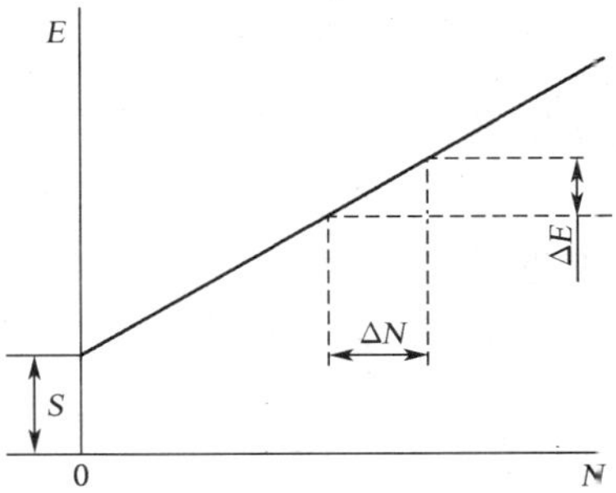

图 1.29 全年成本与年产量的关系

2) 零件的单件工艺成本

$$E_{单} = V + \frac{S}{N} \quad (元/件)$$

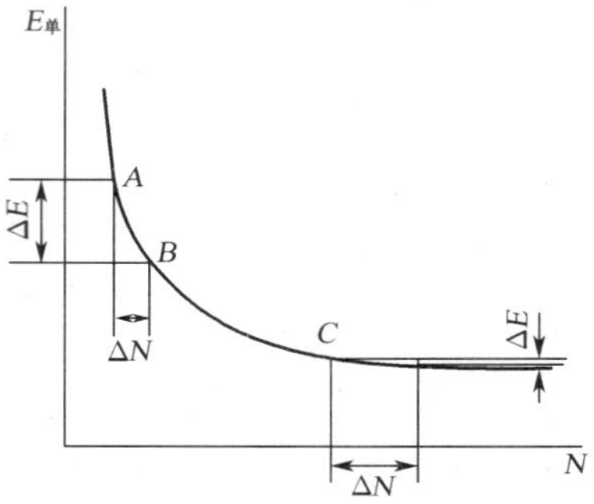

图 1.30　单件成本与年产量的关系

单件工艺成本 $E_单$ 与年产量 N 成双曲线关系，如图 1.30 所示。在曲线的 A 段，N 很小，设备负荷很低，即单件小批生产区。单件工艺成本 $E_单$ 就很高，此时若产量 N 稍有增加(ΔN)，将使单件成本迅速降低(ΔE)。在曲线 C 段，N 很大，即大批大量生产区。此时曲线渐趋水平，年产量虽有较大变化，而对单件工艺成本的影响却很小。这说明对于某一个工艺方案，当 S 值(主要是专用设备费用)一定时，就具有一个与此设备能力相适应的产量范围。产量小于这个范围时，由于 S/N 比值增大，工艺成本就增加。这时采用这种工艺方案显然是不经济的，应减少使用专用设备数，即减少 S 值来降低工艺成本。当产量超过这个范围时，由于 S/N 比值变小，这时就需要投资更大而生产率更高的设备，以便减少 V 而获得更好的经济效益。

1.11.3　不同工艺方案的经济性分析

对于一般零件，可以利用各种技术经济指标，结合实际生产经验，进行不同工艺方案的经济性分析，从而决定不同方案的取舍。但对年产量较大的主要零件的工艺方案，应通过工艺成本的计算来分析其经济性。

1) 当两种工艺方案的基本投资相近时

当两种工艺方案的基本投资相近时或在采用现有设备的条件下，工艺成本即可作为衡量这两种工艺方案经济性的依据。

(1) 当两种工艺方案有较多的工序不同时，须比较整个工艺过程的优劣，应以该零件的全年工艺成本进行比较。

全年工艺成本分别为：

$$E_1 = NV_1 + S_1$$
$$E_2 = NV_2 + S_2$$

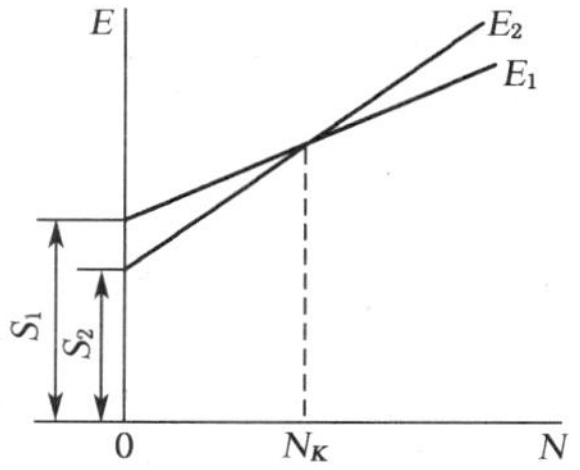

图 1.31　两种工艺方案全年工艺成本的比较

当产量 N 相同时，分别计算上式，若 $E_1 > E_2$，则第二方案的经济性好。产量 N 变化时，则应作图解进行比较，如图 1.31 所示。

(2) 当两种工艺方案只有少数工序不同，为了作出选择可通过计算零件的单件工艺成本进行比较。

单件工艺成本分别为：

$$E_{单1} = V_1 + \frac{S_1}{N}$$

$$E_{单2} = V_2 + \frac{S_2}{N}$$

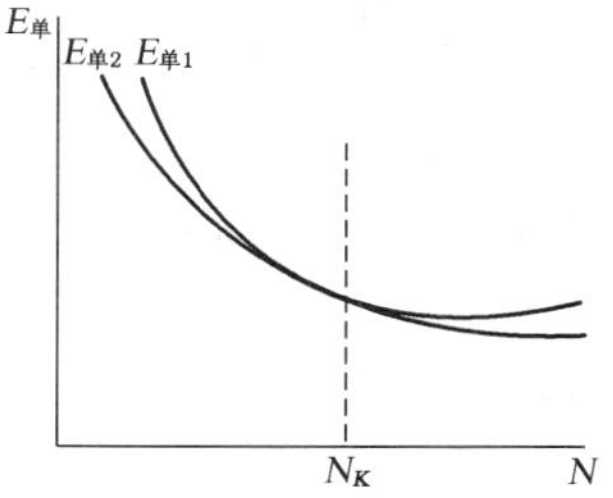

图 1.32　两种工艺方案单件工序成本的比较

当产量 N 相同时，分别计算上式得出各自的单件工艺成本 $E_{单1}$ 和 $E_{单2}$，单件工艺成本低的经济性好。产量 N 变化时，就必须画出各自的曲线进行比较，如图 1.32 所示。

由图 1.31 和图 1.32 可知，两种方案的优劣与加工零件的计划产量有密切的关系。两图中均有一个交点 N_K，该点表明在产量为 N_K 时，两种方案的工艺成本相等。N_K 称为临界年产量，其值为：

当 $E_1 = E_2$ 时，N 以 N_K 表示

则

$$N_K V_1 + S_1 = N_K V_2 + S_2$$

$$N_K = \frac{S_2 - S_1}{V_1 - V_2}$$

当 $E_{单1} = E_{单2}$ 时，可算出同样的结果。

2) 当两种工艺方案的基本投资相差较大时

例如第一种方案采用了高生产率的价格较贵的机床及工艺装备，所以基本投资较大，但工艺成本较低；第二种方案采用了生产率较低但价格便宜的机床及工艺装备，所以基本投资较小，但工艺成本较高。也就是说工艺成本的降低是以增加基本投资为代价的，这时单纯比较其工艺成本是难以全面评定其经济性的。必须同时考虑不同方案的基本投资差额的回收期限。差额回收期限是指第一方案比第二方案多花费的投资，需要多长的时间因工艺成本降低而收回来。

回收期限 τ 可用下式表示：

$$\tau = \frac{K_1 - K_2}{E_2 - E_1} = \frac{\Delta K}{\Delta E}$$

式中：τ——回收期限(年)；

ΔK——基本投资差额(元)；

ΔE——全年工艺成本差额(元/年)。

回收期限愈短，则经济效益愈好。一般回收期限必须满足以下要求：

(1) 应小于所采用的设备或工艺装备的使用年限；

(2) 应小于该产品由于结构性能及国家计划安排等因素所决定的稳定生产年限；

(3) 应小于国家所规定的年限。如新夹具的回收期一般为 2～3 年，新机床为 4～6 年。

习题与思考题

1.1 试述工序、安装、工位和工步的定义。

1.2 试述设计基准、工艺基准、定位基准、测量基准和装配基准的定义。

1.3 选择精基准有哪些原则？

1.4 在安排机械加工顺序时，通常应遵循哪些原则？

1.5 试确定图 1.33 所示轴的设计基准和在车床、铣床、磨床上加工时的定位基准。并列出其加工工艺路线(中批生产)。

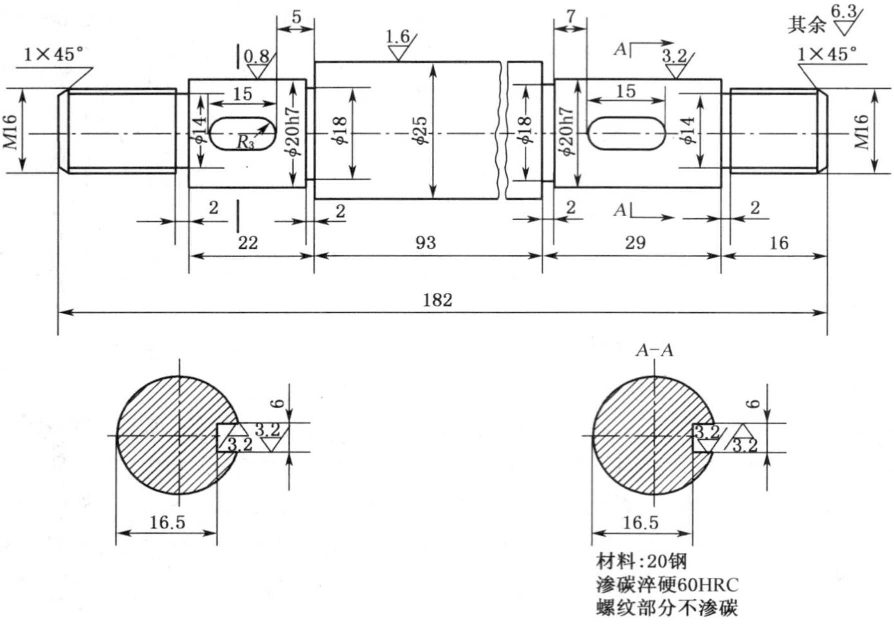

图 1.33 轴

1.6 试确定图 1.34 所示双联齿轮的设计基准和在车床、拉床、插齿、珩齿加工时的定位基准。并列出其加工工艺路线(大批生产)。

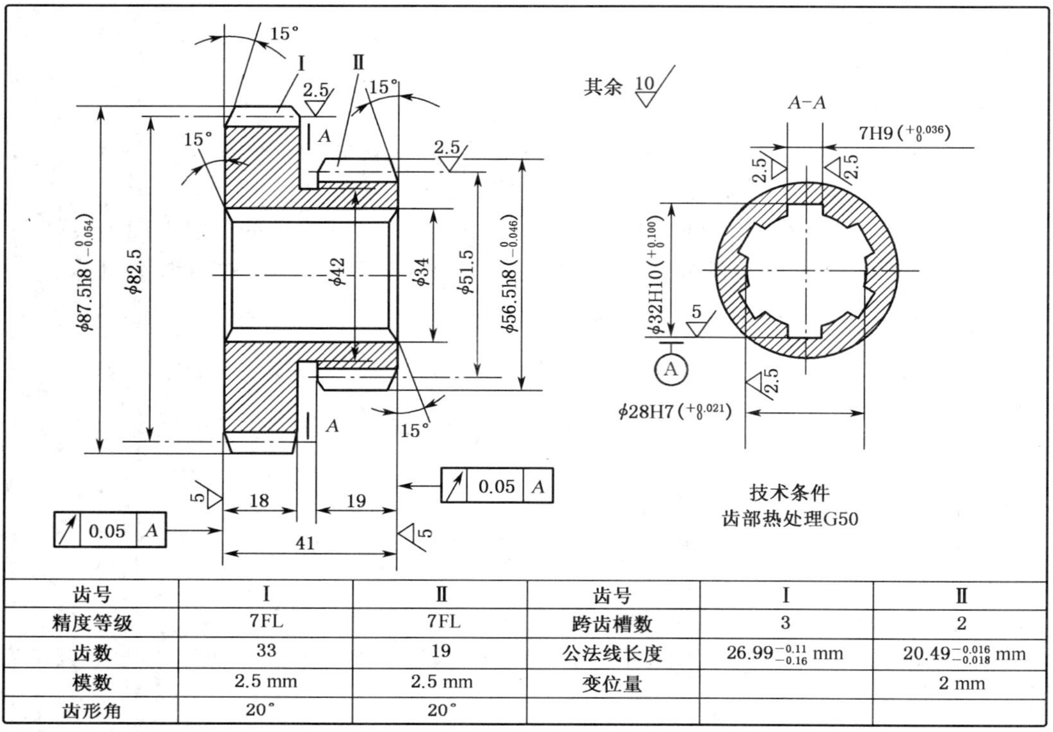

齿号	Ⅰ	Ⅱ	齿号	Ⅰ	Ⅱ
精度等级	7FL	7FL	跨齿槽数	3	2
齿数	33	19	公法线长度	$26.99_{-0.16}^{-0.11}$ mm	$20.49_{-0.018}^{-0.016}$ mm
模数	2.5 mm	2.5 mm	变位量		2 mm
齿形角	20°	20°			

图 1.34 双联齿轮

1.7 试制订图 1.35 所示阶台轴的加工工艺，并用查表法确定毛坯尺寸和各段外圆的车、磨工序中的工序尺寸(大批生产)。

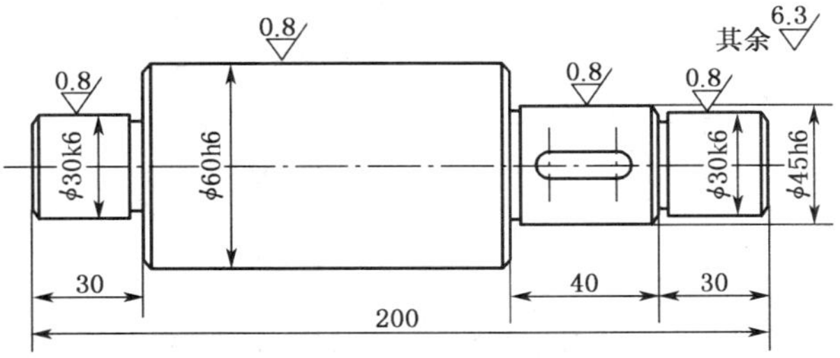

图 1.35 阶台轴简图

1.8 试制订图 1.36 所示固定套的加工工艺，并用查表法确定其毛坯尺寸和内孔、外圆的车、磨工序中的工序尺寸(中批生产)。

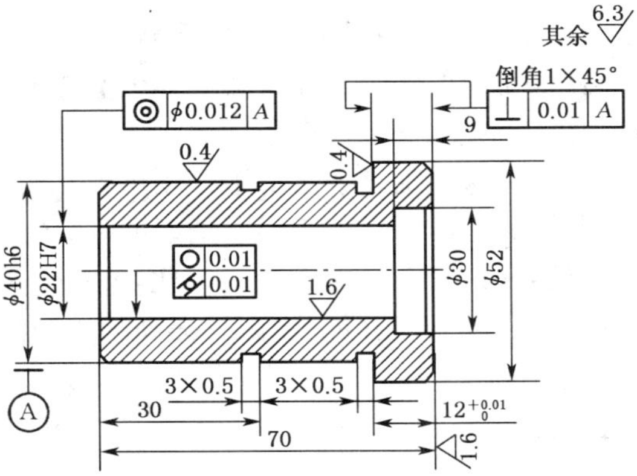

材料:45钢　淬硬59HRC

图 1.36 固定套

1.9 画出图 1.37 所示工件的尺寸链图，并计算 A、B 表面间的尺寸。

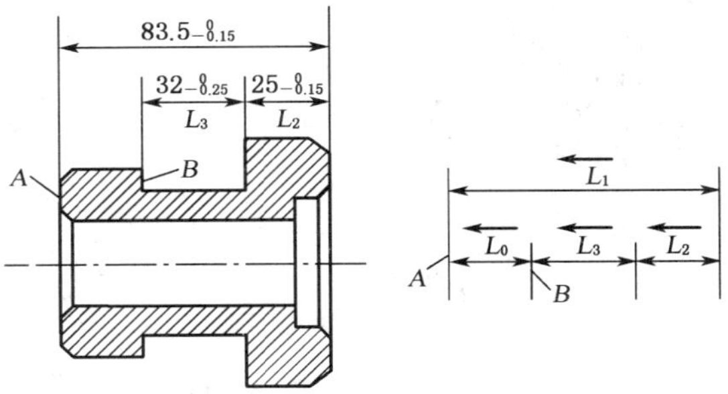

图 1.37 套

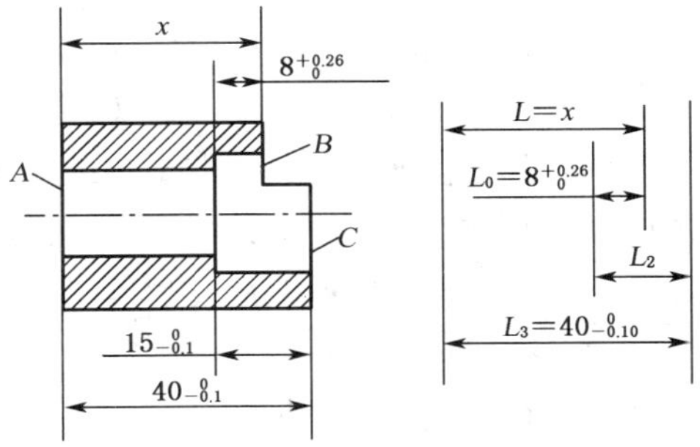

图 1.38 轴套

1.10 有一轴套，如图 1.38 所示。其外圆、内孔和两端面都已加工，现在轴套右端铣出台阶面，必须保证尺寸 $8^{+0.26}_{0}$。加工时以表面 A 为定位基准，试求刀具的调整尺寸 x。

机械加工质量

2.1 概述

每一种机械产品都是由许多互相关联的零件装配而成，产品的质量取决于零件的加工质量和装配质量。零件的加工质量是整台产品质量的基础。

机械零件的加工质量指标有两大类：加工精度和加工表面质量。

2.1.1 加工精度的基本概念

加工精度是指零件加工后的几何参数（尺寸、几何形状和表面相互位置）的实际值与理想值的符合程度。反之，零件加工后的实际几何参数与理想值的不符合程度称为加工误差。在生产实践中，都是用控制加工误差来保证加工精度的。

在生产实践过程中，任何一种机械加工方法都不可能将零件加工得绝对精确，因为在加工过程中存在着各种产生误差的因素，所以加工误差是不可避免的。从使用角度来看，也没有必要将零件加工得绝对精确，允许存在一定偏差。因此，要保证零件的加工精度，也就是设法将零件的加工误差控制在允许的偏差范围之内。提高加工精度，实际上也就是限制和降低加工误差。

2.1.2 加工表面质量的基本概论

加工表面质量是指零件加工后表面层的状态。机械加工后的零件表面并不是理想的光滑表面，而是存在着不同程度的表面粗糙度、波度、冷硬、裂纹等表面缺陷。虽然只是极薄的一层，但对机械零件的使用性能，如耐磨性、疲劳强度、配合性质、耐腐蚀性等都有很大的影响。加工表面质量的主要内容有：

1）表面的几何形状

（1）表面粗糙度　指表面微观的几何形状误差（图 2.1）；

（2）波度　波度是周期性的几何形状误差。如图 2.1 所示，A 表示波度的高度，它主要是由加工过程中工艺系统的振动所引起的。

2）表面层的物理力学性能

（1）表面层的冷作硬化；

（2）表面层的残余应力；

（3）表面层金相组织的变化。

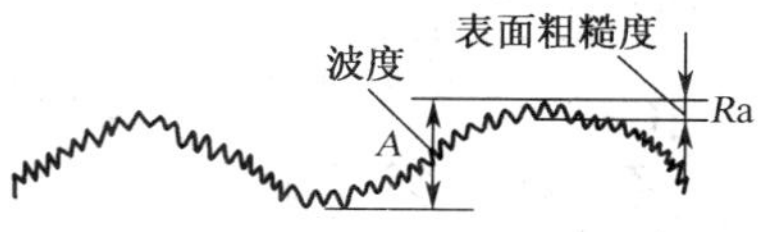

图 2.1　表面粗糙度与波度

2.1.3 影响加工误差的因素

在机械加工中，零件的尺寸、几何形状和表面间的相互位置的形成，取决于工件和刀具在切削运动过程中相互位置的关系。工件和刀具安装在夹具和机床上，并受到夹具和机床的约束。因此，在机械加工时，机床、夹具、刀具和工件构成一个系统，称为机械加工工艺系统。由于工艺系统受到多方面因素的影响，产生各种各样的误差，这种误差称为原始误差，即是工艺系统本身的误差。在不同的加工条件下，原始误差以不同程度反映到工件上，形成加工误差。加工过程中可能出现的各种原始误差见表 2.1。

表 2.1 各种原始误差

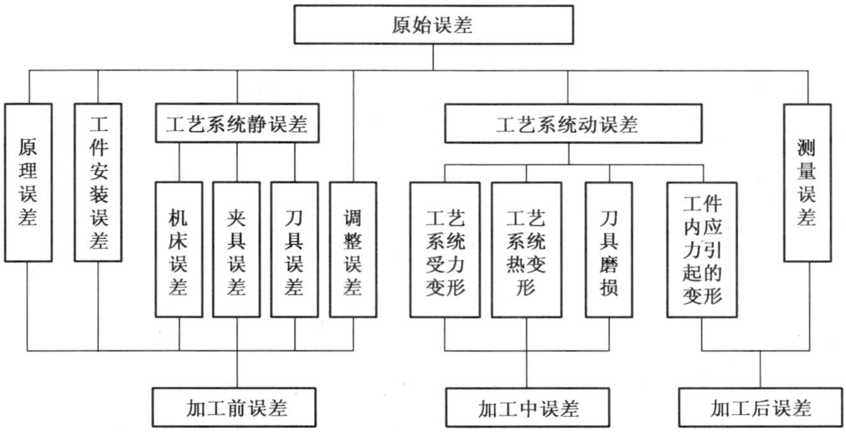

2.2 加工原理误差

加工原理误差是由于采用了近似的刀具轮廓、近似的成形运动轨迹和近似速比的成形运动加工零件而产生的原始误差。

2.2.1 近似的刀具轮廓引起的误差

用成形刀具加工复杂的曲线表面时，要使刀具刃口制成完全符合理论曲线的轮廓，有时非常困难，所以往往采用圆弧、直线等简单线型来近似代替。这种近似做法，对于简化机床和刀具的设计和制造，是十分必要的，但由此带来的原始误差必须控制在允许的范围内。

例如用模数铣刀加工齿轮，对于每种模数，只用一套(8～26 把)铣刀来分别加工在一定齿数范围内的所有齿轮。由于每把铣刀是按照一种模数的一种齿数设计制造的，因而在加工其他齿数的齿轮时，齿形就有了误差。

又如滚齿加工也存在着两种加工原理误差，一种是齿轮滚刀采用阿基米得蜗杆或法向直廓基本蜗杆来代替渐开线蜗杆；另一种是由于滚刀齿数有限，所切出的齿形并非光滑连续的渐开线，而是一条由若干刀齿痕迹包络而成的折线。

2.2.2 近似的成形运动轨迹引起的误差

例如用数控线切割机床加工曲线成形面，由计算机发出的指令，只能使工作台作纵向或横向进给的直线运动，当用直线去逼近所加工的曲线时，就产生了插补误差。

2.2.3 近似速比的成形运动引起的误差

例如在车床上车蜗杆时，或在米制丝杠的车床上车英制螺纹时，由于工件的导程都是无理数，只能配换出近似的传动比，因而使工件的导程产生误差。

采用近似的加工方法，虽然会引起加工原理误差，但由于可以简化工艺过程，简化机床、刀具或工装的结构，所以只要它的误差不超过允许的公差范围，往往比理论上准确的加工方案获得更好的经济效果。

2.3 工艺系统的几何误差

工艺系统的几何误差包括：机床、夹具、刀具的制造、安装和磨损所引起的误差、调整误差和工件的定位误差等。

2.3.1 机床的误差

机床误差包括机床本身的制造误差、安装误差和磨损所引起的几何误差等。对工件加工精度影响较大的有：主轴回转误差、导轨误差和传动链误差。

1）主轴回转误差

机床主轴是以其轴颈与主轴箱的前后轴承相配合而保持其空间回转轴线，因此使主轴产生回转误差的主要因素为主轴的精度、轴承的精度、主轴箱箱体和有关部分的精度。主轴的回转误差可以分为纯径向跳动、纯角度摆动和纯轴向窜动三种基本形式。

（1）主轴的精度

主轴与轴承相配合的轴颈如果圆度不好，当采用滚动轴承结构时，由于滚动轴承内环是一个薄壁零件，必然会使内环滚道发生变形，因而使主轴产生回转误差。

若主轴前后轴颈之间的同轴度误差较大，或主轴本身刚性较差，都会使轴承内外环滚道相对倾斜，从而引起主轴径向和轴向跳动。

（2）轴承的精度

机床所用的轴承有滑动轴承和滚动轴承两种类型。

在用滑动轴承结构中，主轴是以轴颈在轴承孔内旋转。对于工件回转的机床（如车床），主轴的受力方向是一定的，切削时受切削力的作用使主轴轴颈被压向轴承孔壁。因此主轴轴颈的圆度误差将传递给工件，而轴承孔的误差对加工精度的影响较小。对于刀具回转的机床（如镗床），作用在主轴上的切削力随镗刀旋转而旋转，因此轴承孔的误差将传递给工件，而轴颈的圆度误差影响不大，如图 2.2 所示。

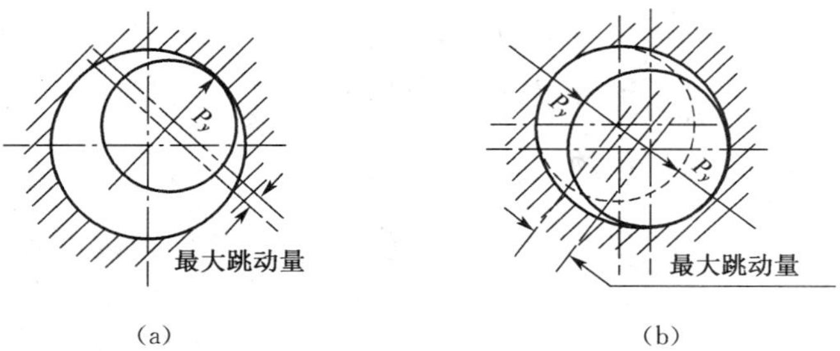

图 2.2 轴颈与轴承孔圆度误差引起的径向跳动

(a) 车床类机床 (b) 镗床类机床

在用滚动轴承的结构中，轴承内外环滚道的圆度误差对工件的影响与滑动轴承的情况相似，即对于工件回转类的机床，主要是轴承内环的外滚道圆度误差的影响；而对于刀具回转类机床，主要是轴承外环的内滚道圆度误差的影响。但因轴承的内外环均为薄壁件，滚道在载荷的作用下产生弹性变形会部分补偿某些误差，对工件的影响要比滑动轴承小。

滚动轴承滚动体的尺寸误差和圆度误差，也会产生主轴回转误差。当直径较大的滚动体进入承载区时，若承载区在轴承左侧，则主轴轴线会右移；当直径较小的滚动体进入承载区时，主轴轴线会左移，从而使主轴产生回转误差。由于轴承保持架的转速约是内环转速的一半，所以因滚动体尺寸误差而产生的主轴回转误差运动的频率约为主轴转速的一半，即具有双转跳动的特点。

滚动轴承的间隙对主轴回转精度有很大影响，如图 2.3 所示。除了使主轴在外力作用下产生静位移外，还会使主轴轴线产生复杂的周期运动。若承载区中心为 K，与 K 相邻的两滚动体存在的间隙为 Δ。当某一滚动体正处在承载区中心 K 时，主轴轴线处于极右位置；当滚动体向下滚动时，主轴轴线开始向左上方，继而向左下方移动；当两滚动体的中间位置正好处在中心 K 时，主轴轴线处于极左位置，直至下一个滚动体处于承载区中心时，主轴轴线又处于极右位置。这样便造成主轴回转轴线的跳动和漂移，直接影响机床的加工精度，因此在机床装配时，对主轴的滚动轴承常采取预加载荷的方法来消除其间隙。

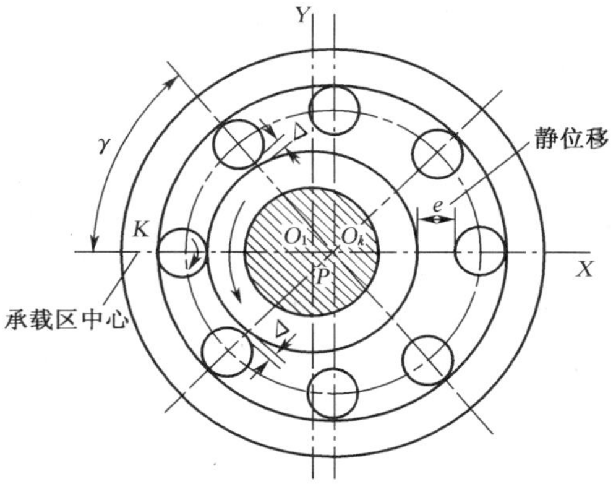

图 2.3 轴承间隙对主轴轴线位置的影响

滚动轴承滚道的端面跳动和推力轴承的端面跳动都会使主轴轴线产生轴向窜动。

(3) 主轴箱箱体和有关部分的精度

主轴箱箱体的前后轴承孔与轴承外圈的配合精度，前后轴承孔之间的同轴度误差，压紧滚动轴承的螺母、轴承内外隔圈和垫圈等零件的轴线与端面的垂直度误差、端面与端面间的平行度误差等，都会使滚动轴承内外环相对倾斜，从而使主轴产生径向和轴向跳动。

由上述分析可知，主轴的回转精度对加工精度的影响十分显著。为了提高主轴的回转精度，在滑动轴承方面，采用静压轴承、动静压轴承等结构。在滚动轴承方面，除了选用高精度的轴承，提高与轴承配合件（主轴轴颈、箱体上的轴承孔）的加工精度之外，对轴承装配工艺的改进，如对轴承进行选配，使误差能相互抵消、补偿；对角接触轴承采取预加负荷方法，来消除轴承的间隙和提高轴承的刚度等，都是行之有效的措施。

另外，使机床的回转误差不反映到工件上去，这是一种更为积极的措施，如外圆磨床磨外圆时工件用死顶尖支承，头架主轴和顶尖不转动，只起定心作用。又如高精度外圆磨床的头架主轴与滑动轴承采用圆锥配合，可提高主轴的回转精度，并用刻度盘调整其配合间隙，当将刻度盘转到“0”位时，能完全消除主轴与轴承的间隙，提高主轴的支承刚性，以达到高精度磨削的要求。

(4) 主轴回转精度的测量

常用测量主轴回转精度的方法是：将一根精密测量棒装入主轴锥孔中，在其圆周表面两处和端部用千分表测量,如图 2.4 所示。测量端部时,需在中心孔处用润滑脂粘结一钢珠,用平头千分表进行测量。这种方法简单方便,但不能反映主轴在工作转速下的回转精度;也不能把性质不同的误差区分出来。如测量主轴的径向跳动时,既包含主轴回转轴线的跳动,又含有主轴锥孔相对回转轴线的同轴度误差所引起的径向跳动。

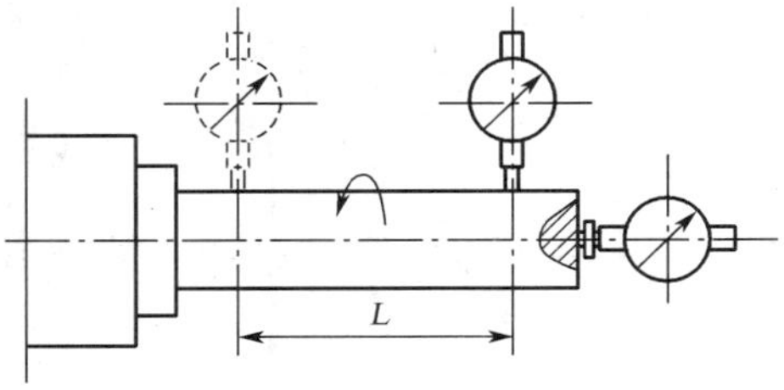

图 2.4　主轴回转精度的测量

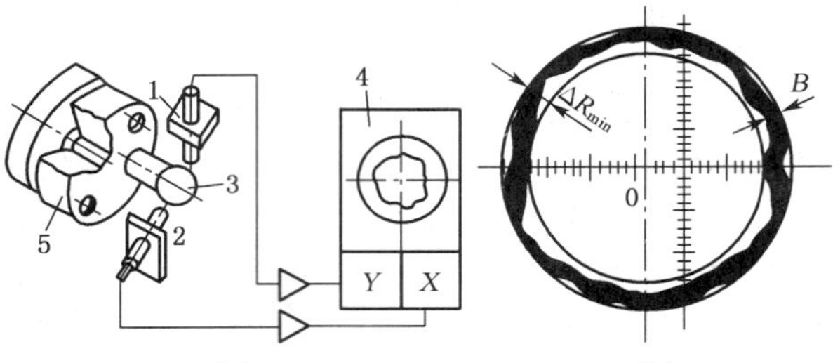

(a)　(b)

图 2.5　镗床主轴回转精度的测量

为了能真实地反映主轴工作状态下回转精度,可采用图 2.5(a)所示的测量方法。这种测量方法用于刀具回转型机床主轴回转精度的测量(如镗床)。在机床主轴上固定一调整盘 5,在盘上粘结一个精密的测量球 3,将测量球的中心调整到和主轴的回转轴线有一微小的偏心量 e。在测量球的相互垂直位置处安装两个位移传感器 1 和 2,传感器和测量球之间保持一定的间隙。当主轴旋转时,由于主轴轴心线的漂移引起测量间隙产生微小变化,两个传感器就发出信号,经放大后分别输入到示波器 4 的水平和垂直的偏置板上。假如测量球绝对圆,主轴也没有回转误差,示波器的荧光屏上将显示出一个以测量球偏心 e(经过放大后的值)为半径的真圆。如果主轴存在回转误差,则传感器输出的信号中,将这误差叠加到测量球所作的圆周运动上。这时荧光屏上的光点将描绘出一个相当于回转刀具加工出来的孔的李沙育图形,如图 2.5(b)所示。它是由主轴每转回转误差曲线叠加而成,包容该图形半径差为最小的两个同心圆的半径差 ΔR_{min},即为主轴轴线的漂移量,它影响工件的圆度。图形轮廓线宽度 B 表示随机径向漂移,它影响工件的表面粗糙度。

2) 导轨误差

导轨是机床中确定各主要部件相对位置的基准和运动基准,它的误差将直接影响被加工零件的精度。机床直线运动的导轨误差有:在水平面内的直线度误差、在垂直面内的直线度误差和两导轨的平行度。下面以磨床导轨误差为例,说明导轨误差对加工精度的影响。

(1) 导轨在水平面内的直线度误差

这种误差只产生于 V 形导轨,而对于平导轨就不会产生。图 2.6 为磨削外圆时,V 形

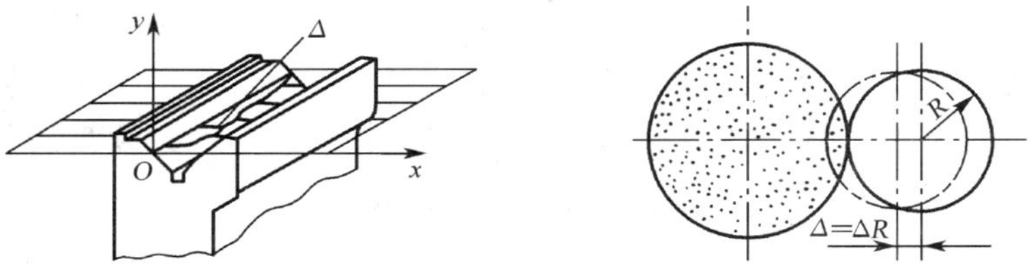

(a)　(b)

图 2.6　导轨在水平面内的直线度误差

导轨在水平面内的直线度误差，使工件在 x 方向产生位移 Δ，引起工件在半径方向的误差 ΔR。当磨削长工件时，刚性较差的工作台贴合在床身导轨上作往复运动，其运动轨迹受导轨直线度误差的影响，产生工件的圆柱度误差。在平面磨床上磨削工件平面时，这项误差对工件的加工精度没有影响。

(2) 导轨在垂直平面内的直线误差

这种误差在 V 形导轨和平导轨上都会产生，图 2.7 为磨削外圆时，V 形导轨在垂直面内的直线度误差，引起工件相对砂轮的切向位移 h，使工件在半径方向产生的误差 $\Delta R \approx h^2/2r$，这对工件的加工精度影响极小。但对于平面磨床、龙门刨床和铣床等，这项误差会引起工件相对砂轮(或刀具)的法向位移，直接影响工件的加工精度。

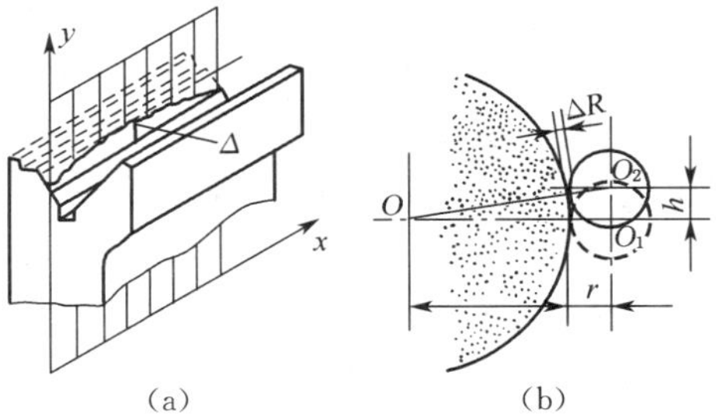

图 2.7 导轨在垂直面内的直线度误差

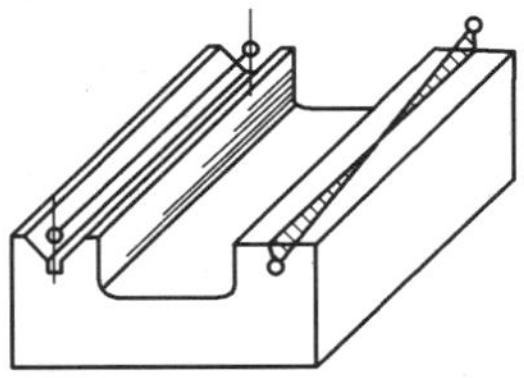

图 2.8 两导轨的平行度误差

(3) 两导轨的平行度误差

这种误差会使工作台移动时产生倾斜(图 2.8)，对工件的尺寸精度影响不大，主要造成形状误差。

3) 传动链误差

当加工螺纹、齿轮、蜗杆、蜗轮等零件时，要求刀具和工件间具有精确的传动比，这种传动比是由机床的传动链来保证的。若传动链存在误差，将会直接影响到工件的加工精度。

传动链误差是由于传动链中传动元件的制造误差和装配误差引起的，使用过程中的磨损，也会引起传动链误差。

为了减少传动链误差对加工精度的影响，可采取下列措施：

(1) 尽可能减少传动元件，缩短传动链；

(2) 提高各传动元件，特别是末端元件的制造和装配精度；

(3) 传动元件间存在的间隙，同样会产生传动链误差，因此要消除传动间隙；

(4) 采用误差校正机构来提高传动精度。

2.3.2 刀具和夹具的误差

1) 刀具误差

刀具误差对加工精度的影响，随刀具的种类不同而异。

(1) 定尺寸刀具(如钻头、铰刀、拉刀和键槽铣刀等)加工时，刀具的尺寸精度直接影响工件的尺寸精度。刀具的安装误差会使加工面的尺寸增大。

(2) 展成法刀具(如滚齿刀、插齿刀等)加工时，刀具的制造误差和安装误差，也会直接影响工件的加工精度。

(3) 成形刀具(如成形车刀、成形铣刀等)加工时,刀具的形状精度会直接影响工件的加工精度。

(4) 单刃刀具(如车刀、刨刀、单刃镗刀等)对加工精度没有直接影响。

刀具的磨损会影响刀具与工件被加工表面的相对位置,直接造成工件的尺寸误差和形状误差。

2) 夹具误差

夹具误差主要指定位元件、导向元件和夹具体等零件的加工和装配误差,这些误差对工件的加工精度影响较大。

夹具的磨损主要是定位元件和导向元件的磨损,它们都会增大加工误差。

为了减少夹具误差所造成的加工误差,夹具的制造误差必须小于工件的公差,一般常取工件公差的 1/3～1/2。对于容易磨损的定位元件和导向元件,除应采用耐磨性好的材料制造外,还应采用可拆卸结构,以便磨损到一定程度时可以及时更换。

2.4 工艺系统受力变形所引起的加工误差

2.4.1 刚度的基本概念

在机械加工过程中,工艺系统在切削力、夹紧力、传动力、重力、惯性力等外力作用下,会产生相应的变形和振动。这种变形和振动,将破坏工件和刀具之间的相对位置,影响切削加工的稳定性,从而产生各种加工误差,并使加工表面粗糙和产生波度。例如车细长轴时,由于轴的弯曲变形,车削后的轴就会产生中间粗两头细的鼓形误差,如图 2.9 所示。又如砂轮以切入式磨内孔时,由于内圆磨具主轴的弹性变形,磨出的孔会出现锥度误差,如图 2.10 所示。再如精磨外圆时,一般到磨削后期需进行“无进给磨削”,此时虽不再进给砂轮,但磨削火花继续存在,且先多后少,直至最后完全消失。这就是用无进给磨削来消除工艺系统的受力变形,以保证工件的加工精度和表面粗糙度。

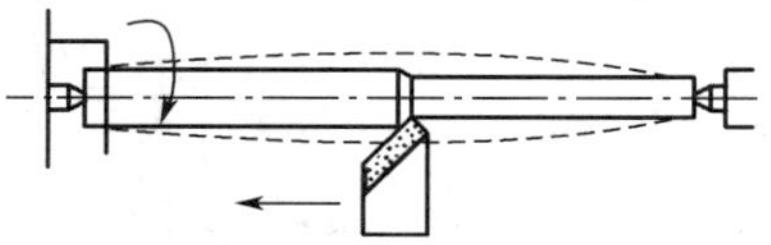

图 2.9 车削细长轴时的受力变形

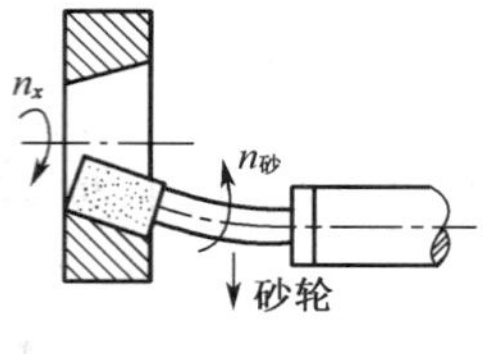

图 2.10 切入式磨内孔时砂轮主轴的受力变形

这种工艺系统在外力的作用下,会产生相应变形的现象,即是工艺系统刚度的概念。作用力 F 与其作用下产生的变形量 y 的比值 K 称为工艺系统的刚度。即工艺系统的刚度是使工艺系统产生单位变形所需的力,或是工艺系统抵抗外力欲使其变形的能力。可用下列公式表示:

$$K = \frac{F}{y} \quad (\mathrm{N/mm})$$

2.4.2 机床部件刚度

1) 测定刚度的方法

机床部件是由许多零件组成的，其受力变形情况比较复杂，不能用公式作近似计算，目前主要用实验方法来测定刚度值。图 2.11 所示为常用的单向测定车床刚度的方法，在车床两顶尖间安装一根刚性好的轴 1，在刀架上装加载器 5，在加载器与轴之间装测力环 4。旋转加载器的加载螺钉，刀架与轴之间便产生了作用力，力的大小由测力环中的指针表示出，在这个力的作用下，刀架、主轴箱和尾座的位移分别由千分表 6、2、3 测得。

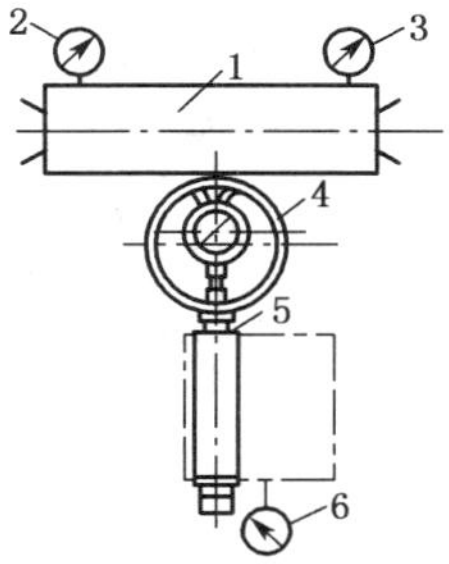

图 2.11 车床单向刚度测定

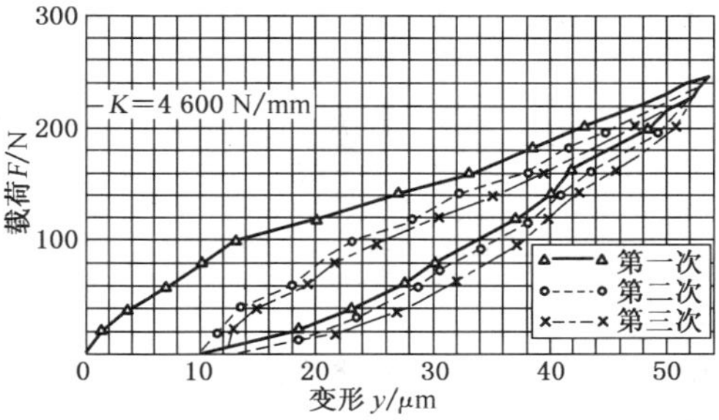

图 2.12 车床刀架的刚度曲线

图 2.12 为车床刀架部件的刚度曲线，实验时载荷逐渐加大，再逐渐减少，如此反复三次。图中所示是三次加载—卸载的曲线，它具有下列特点：

(1) 力和变形的关系 $F_y = f(y)$ 不是直线关系，曲线上各点所表示的刚度不同；

(2) 加载曲线与卸载曲线不重合，两曲线之间包含的面积表示在加载与卸载的循环中所损失的能量，该能量消耗在克服零件之间的摩擦力和接触表面间塑性变形所作的功；

(3) 当载荷去除后，变形恢复不到原点，这说明部件的变形不单纯是弹性变形，还产生塑性变形。第一次加载—卸载后的残余变形可达 10 μm 左右，在反复加载—卸载后，原点才重合，残余变形逐渐减少到零。

如果把曲线的两个端点连一直线，则此直线的斜率即为其平均刚度 $K_{平均}$，其数值为

$$K_{平均} = \frac{240}{0.052} = 4\,600\ \text{N/mm}$$

上式计算的结果，只相当于一个 30 mm×30 mm×200 mm 铸铁悬臂梁的刚度值，这比从刀架外形上按实体估计的要小得多。

2) 影响机床部件刚度的因素

(1) 联接表面间的接触变形的影响；

(2) 联接表面间摩擦力的影响；

(3) 联接件间间隙的影响；

(4) 部件中薄弱零件变形的影响。

2.4.3 工艺系统受力变形所引起的加工误差

1) 由切削力作用位置的变化引起的误差

当切削力作用在不同的部位时，工艺系统的刚度也随之而异，由此会使工件产生形状

误差。

例如在两顶尖间车削外圆，如果车床的刚度足够大，而工件的刚度很小（细长轴），则当车刀切削至中间位置时，工件的挠度最大，被切去的金属要比两端少，所以加工出来的工件呈腰鼓形，见图 2.13。

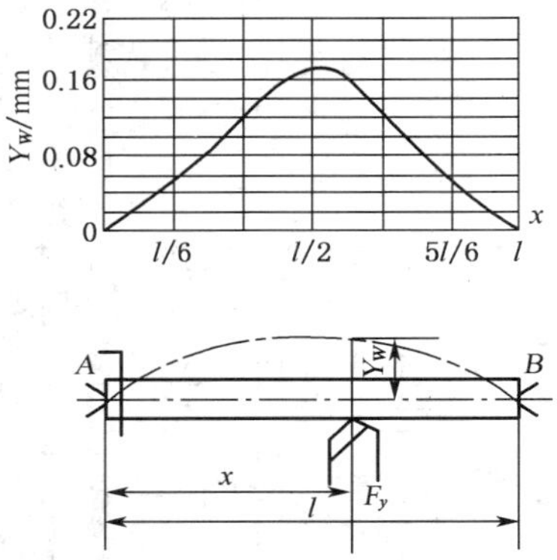

图 2.13　在两顶尖间车削外圆时的变形

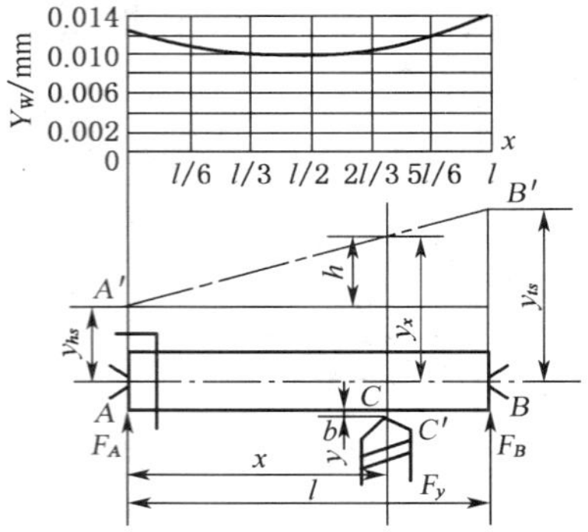

图 2.14　车床上加工轴时工艺系统的变形

如果工件的刚度足够大，而车床的刚度却较小，当车刀靠近尾座车削时，工艺系统的变形量主要为尾座和刀架；当车刀靠近主轴箱车削时，变形量主要为主轴箱和刀架；当车刀切削至中间位置时，工艺系统的变形量小于在两端时。因此加工出来的工件呈鞍形，见图 2.14。并且由于主轴箱的刚度总是大于尾座，所以靠近尾座一端的直径稍大于主轴箱处的直径。如果工件和机床的刚度都较差，则工件加工后的形状将是上述两种形状的综合。

2）由切削力大小的变化引起的误差

在加工过程中，由于工件毛坯加工余量或材料硬度的变化，引起切削力的大小的不断变化，工艺系统的变形也随之变化，从而产生工件的误差。

图 2.15 所示，为车削一个有椭圆度误差的毛坯，在工件每一转过程中，切削深度在 a_{p1} 与 a_{p2} 之间变化。因此，切削力 F_y 也将随切削深度 a_p 变化，由最大 F_{ymax} 变到 F_{ymin}。工艺系统将产生相应的变化，即由 y_1 变到 y_2，这样就使毛坯的椭圆度误差复映到加工后的工件表面。这种现象称为“误差复映”。误差复映的大小可用刚度计算公式求得：

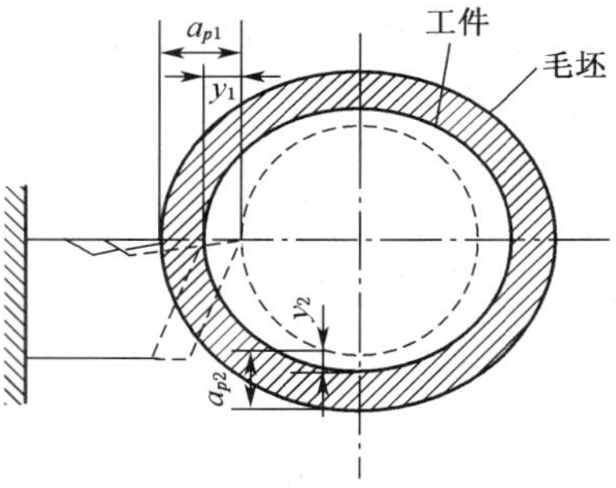

图 2.15　车削时的误差复映

毛坯上的最大误差　　$\Delta_m = a_{p1} - a_{p2}$

车削后工件上的最大误差　　$\Delta_\omega = y_1 - y_2$

而　　$y_1 = \dfrac{F_{ymax}}{K_{zt}}$，　$y_2 = \dfrac{F_{ymin}}{K_{zt}}$

式中：K_{zt}——工艺系统的刚度（N/mm）。

根据切削原理公式：

$$F_y = \lambda C_{Fy} a_p f^{0.75}$$

式中：$\lambda = F_y/F_z$，一般取 $\lambda = 0.4$；

C_{Fy}——与工件材料及刀具几何角度有关的系数，由切削用量手册查得。

所以

$$y_1 = \frac{\lambda C_{Fy} a_{p1} f^{0.75}}{K_{zt}}, \quad y_2 = \frac{\lambda C_{Fy} a_{p2} f^{0.75}}{K_{zt}}$$

代入得

$$\Delta_\omega = y_1 - y_2 = \frac{\lambda C_{Fy} f^{0.75}}{K_{zt}}(a_{p1} - a_{p2}) = \frac{\lambda C_{Fy} f^{0.75}}{K_{zt}}\Delta_m$$

令

$$\varepsilon = \frac{\Delta_\omega}{\Delta_m} = \frac{\lambda C_{Fy} f^{0.75}}{K_{zt}}$$

ε 表示加工误差与毛坯误差之间的比例关系，说明了“误差复映”的规律，故称为误差复映系数。

误差复映系数 ε 定量地反映了毛坯误差经加工后的减小程度。工艺系统的刚度愈高，ε 就愈小，也就是复映在工件上的误差愈小，一般 ε 总是小于 1。经过几次走刀后，ε 依次递减，加工误差也就逐步降低到允许范围内。由此可以理解，零件的加工为什么需要经过多次走刀和经过粗、精加工阶段才能取得较高的精度。

3）由夹紧力、惯性力、重力等引起的加工误差

（1）夹紧力引起的加工误差

对于刚性较差的工件，由于夹紧方法不当，常引起工件的形状误差，例如，将薄壁套筒夹在三爪自定心卡盘中车孔，如图 2.16 所示。在未夹紧前薄壁套筒的内外圆均为正圆形，夹紧后，夹持点处套筒向内变形（图 2.16(a)），相邻处则向外变形，使套筒外圆呈三角棱圆形。车孔后，内孔呈正圆形（图 2.16(b)）。当松开卡盘后，套筒弹性变形恢复，又使孔变为三角棱圆形（图 2.16(c)）。为了减少夹紧力造成的变形，可在工件外加装一个开槽的过渡环（图 2.16(d)），来增大夹持面积以减少夹紧变形。

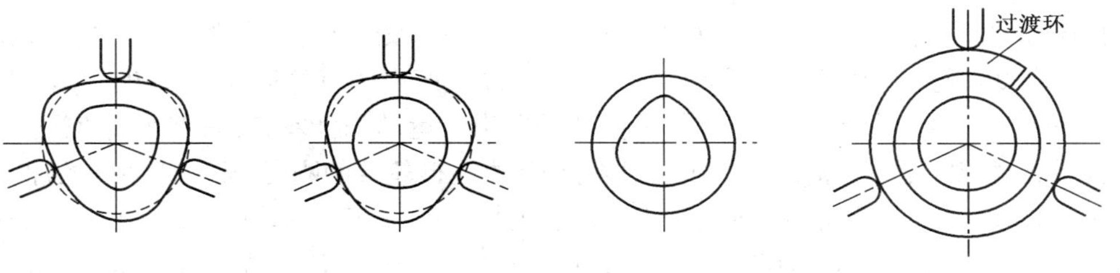

(a) 夹紧后　(b) 车孔后　(c) 松开后　(d) 加过渡环减少夹紧变形

图 2.16 薄壁套筒的夹紧变形误差

（2）惯性力引起的加工误差

在加工过程中，由于旋转的零部件（包括夹具、工件和刀具）的不平衡将产生离心力，使工艺系统受力变形发生变化，引起工件的加工误差。为了减少这种误差，在车削和磨削不平衡工件时必须加上配重。图 2.17 为在内圆磨床上磨削连杆孔时，所用的专用夹具上，在安

装连杆处的对面，必须加一配重块，其重量应使夹具和工件旋转时，可以消除不平衡现象。

(3) 重力引起的加工误差

在大型机床上，机床部件和工件本身的重量以及它们在移动中位置的变化，也会引起加工误差。

立车、龙门刨、龙门铣等大型机床上的横梁和刀架，其自重会引起导轨的变形，从而影响刀具进给运动的直线性。在制造和修理这些大型机床时，可先测量出导轨的变形量，有意识地将导轨制成中凸，以抵消其变形引起的加工误差。

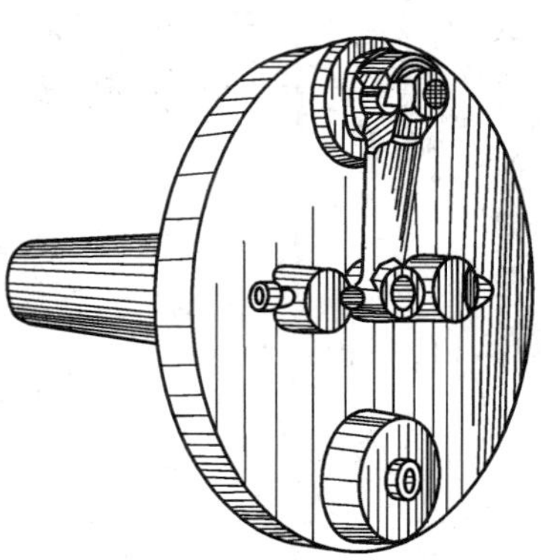

图 2.17 磨连杆内孔专用夹具及配重块

大型磨床（如大型外圆磨床、轧辊磨床）所磨削的工件的重量可达数十吨，如采用一般结构，将会使工作台和床身因重力的作用而引起较大的变形，严重影响工件的加工精度。因此采用工件固定（没有工作台，床身变成安装头架和尾座的平台），砂轮架作纵向进给和横向进给运动的结构。

2.4.4 减少工艺系统受力变形的措施

1) 提高联接表面的接触刚度

由于部件的刚度大大低于同外形尺寸的实体零件的刚度，所以提高部件内部联接表面的接触刚度是提高工艺系统刚度的关键。提高联接表面的几何形状精度、减细表面粗糙度、提高装配质量等，是提高接触刚度的有效措施。例如，提高机床导轨副的刮研质量或配磨精度，减少机床主轴与滑动轴承之间的间隙和尾座套筒与尾座孔之间的配合间隙，多次研磨加工精密零件用的中心孔等。

在接触表面之间施加一定的预加载荷，是提高接触刚度的另一措施。这样不仅可以消除配合面之间的间隙，并且能增加联接表面间的实际接触面积，减少受载后的变形。预加载荷常用于机床中各类轴承的调整，滚珠丝杠副装配时常采用预紧的方法，也可起同样的效果。

2) 提高机床部件的刚度

机床部件的刚度在工艺系统中往往占有很大的比重，改进机床部件的某些结构，来提高工艺系统的刚度，减少受力变形，是保证加工质量，提高生产率的有效途径。例如 MM7132 平面磨床采用十字导轨工作台，使工作台作纵向和横向进给运动，而砂轮架只需作垂直进给，减少了一般平面磨床砂轮架的横向进给机构，显著地提高了砂轮架的刚度，从而使磨床的加工精度提高一个等级，即由普通级提高为精密级。其加工精度（平行度）由 0.015 mm/1 000 mm 提高到 0.005 mm/1 000 mm；表面粗糙度值由 *R*a 0.32～0.63 μm 减细为 *R*a 0.04～0.10 μm。

又如外圆磨床砂轮主轴轴承由三块式动压轴承改进为静压轴承和动静压轴承，使砂轮主轴部件的刚度提高了 5 倍。即在 M1432A 外圆磨床（动压轴承）和 MG1432B 高精度外圆磨床（动静压轴承）的主轴上加 200 N 载荷，其变形量分别为 5 μm 和 1 μm。

3) 设置辅助支承提高工件或刀具刚度

由切削力引起的加工误差，往往是因为工件或刀具的刚度不足而产生的。例如，车削细长轴时，工件容易变形，采用中心架或跟刀架，缩短了切削力作用点与支承点之间的距离，从而提高了工件的刚度。镗孔时，若镗杆伸出过长，可采用导向套来提高镗杆的刚度。

4）合理安装工件减少夹紧变形

在磨削薄壁套筒时，可采用图 2.18 所示的夹具，用螺母作轴向夹紧工件的端面，这样就消除了用卡盘夹紧工件外圆所引起的变形。在磨削圆形薄片工件（如垫圈、摩擦片等）时，由于工件刚度差，散热困难，用平面磨床磨削很难达到其平行度要求。图 2.19 是在外圆磨床上用专用夹具安装磨薄片工件的方法。磨削时，垫圈空套在夹具凸出的小圆柱形阶台上，并紧靠端面 A，依靠摩擦力使夹具带动工件旋转，因而工件的弹性变形基本消失。用砂轮端面磨削，就能保证工件的平面度和平行度。为了减少磨削热引起工件的变形，将砂轮端面修整成极狭的一圈环形面参加磨削，减少了砂轮与工件的磨削接触面。也可将磨床头架转动 90°，利用砂轮的周边来磨削。

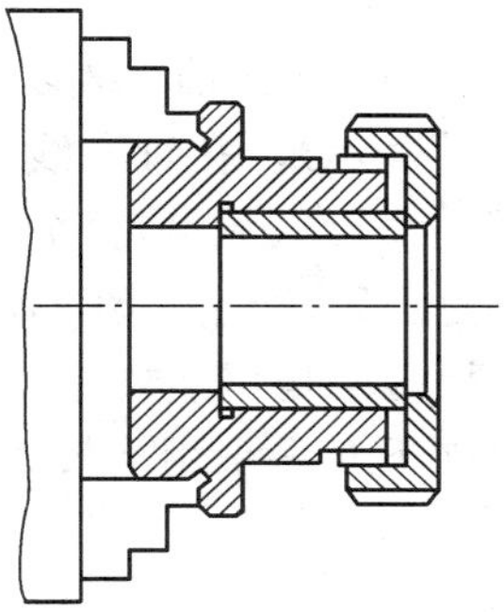

图 2.18 磨薄壁套筒的专用夹具

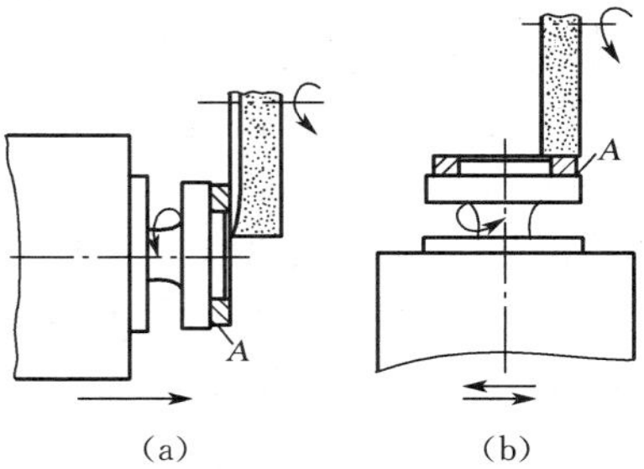

图 2.19 在外圆磨床上磨薄片工件

2.4.5 工件内应力引起的加工误差

当工件承受的外部载荷去除后，仍残留在工件内部的应力称为内应力。内应力是由于金属内部组织发生了不均匀的体积变化而产生的。产生内应力的外界因素来自热加工和冷加工。具有内应力的工件，其内部组织处于一种不稳定状态，即使在常温下其内部组织也在不断地发生变化，直到内应力完全消失为止。在此过程中，零件会发生变形，从而丧失其原有的加工精度。

1）热加工产生的内应力

在铸、锻、焊和热处理等热加工过程中，由于各部分金属热胀和冷缩的不均匀以及内部金相组织转变的体积变化，导致毛坯内部产生相当大的内应力。具有内应力的毛坯由于内应力处于相对平衡状态，在短时期内不会有什么变化。但当在毛坯表面加工去一层金属后，相对平衡被破坏，使内应力重新分布，零件就会明显地出现变形。

图 2.20 所示为机床床身的铸件，因铸造冷却时，外部表面冷却较快，产生收缩而受到压应力；中心部分因冷却缓慢而受到拉应力。当粗加工后，导轨表层被刨去一层，引起应力重新分布，产生弯曲变形，使床身导轨中部下凹。为了克服这种内应力重新分布而引起的变形，应在粗、精加工之间安排人工时效处理。

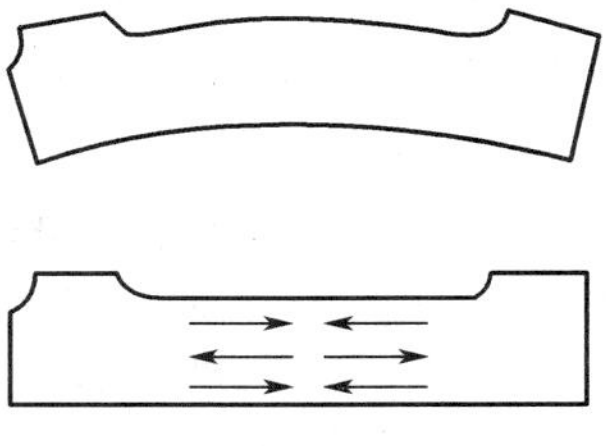

图 2.20 床身因内应力而引起的变形

2）冷校直产生的内应力

一些刚度较低的工件，如丝杠、液压油缸中的活塞杆，经车削加工后，棒料在轧制中产生的内应力要重新分布，因此产生弯曲变形。为了纠正这种变形，常采用冷校直的方法，即在原弯曲变形的相反方向施加外力 F，如图 2.21(a)所示。使工件向相反方向弯曲，产生塑性变形以达到校直的目的。

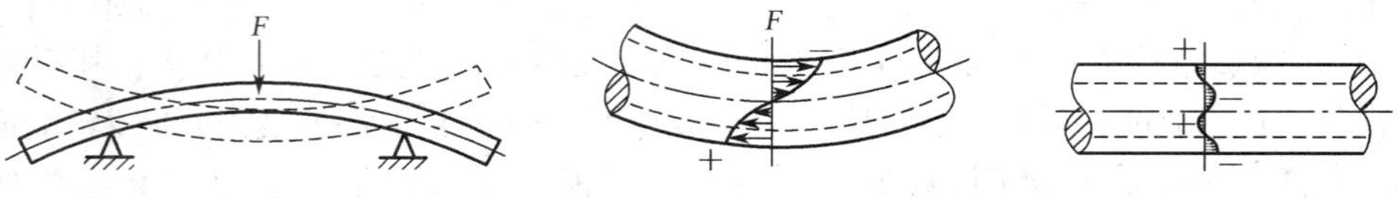

图 2.21　冷校直引起的内应力

在力 F 的作用下，工件内部的应力分布如图 2.21(b)所示，即在轴心线以上部分产生压应力(用"－"表示)；在轴心线以下部分产生拉应力(用"＋"表示)。在轴心线上下两条虚线之间是弹性变形区域，应力分布成直线；在虚线以外为塑性变形区域，应力分布呈曲线。当外力 F 去除后，弹性变形部分的恢复因受塑性变形部分的阻碍，产生了新的内应力平衡状态，如图 2.21(c)所示。所以冷校直的工件虽然减少了弯曲，但是仍然处于不稳定状态，若再次校直，也会产生新的弯曲变形。因此，对于高精度丝杠不允许采用冷校直工艺，而是采用多次人工时效的方法来消除内应力。

2.4.6　工艺系统热变形所引起的加工误差

机械加工过程中，工艺系统受到内部热源(切削热、摩擦热等)和外部热源(气温变化、阳光、供暖设备等)的影响，使工件、刀具和机床都会因温度升高而产生复杂的变形。这种热变形使工艺系统中各组成部分的相互位置发生变化，破坏工件与工具相对运动的准确性，引起工件体积变化而使切削深度发生变化，这些都最终导致了加工误差。

工艺系统的热变形所引起的误差，对精密零件加工和大件加工的影响特别大。例如，在螺纹磨床上磨削丝杠时，如果工件与机床母丝杠之间有 1℃温差，则一根 1 m 长的丝杠，仅热伸长一项，就可达到 11 μm，而 5 级精度的丝杠，1 m 内的螺距累积误差仅允许 9 μm。

1）工件热变形所引起的加工误差

工件在加工中产生的热变形，主要是切削热的作用。由于加工方式的不同，切削热传给工件的多少也不等。如车削时传给工件的热量一般为 30%，高速切削时只有 10%。对于铣削、刨削，传给工件的热量在 30%以上。钻削、镗削时，因大量切屑留在孔内，因而传给工件的热量在 50%以上。磨削时约有 84%的热量传给工件，其加工表面温度可达 800～1 000℃，这不仅影响工件的加工精度，而且还影响到表面质量。

另外，工件的受热均匀与否，对热变形的影响也很大。若工件单面受热，就会产生弯曲变形。同时由于工件受热体积(尺寸)的不同，即使传入同样的热量，温升和热变形也不一样，例如薄壁件和实心件的情况就不一样。

工件的受热可分为两种情况：一种是较均匀受热，例如车、磨外圆或镗孔时的受热；另一种是不均匀受热，例如铣、刨、磨平面时的受热。

(1) 工件受热均匀时的变形

如在车外圆时，若测得的工件温升为 Δt，则热伸长量 ΔL 可按下式计算：

$$\Delta L = \alpha L \Delta t$$

式中：L——工件尺寸(mm)；

α——工件材料的线膨胀系数(1/℃)；

Δt——温升(℃)。

当细长工件在两顶尖间车削或磨削时，切削热引起的工件伸长会使轴向力不断增加，致使工件产生弯曲，加工后的工件呈鼓形。磨床尾座顶尖靠弹簧的弹力支承工件，所以在磨细长轴时，应将弹簧的弹力调得松一些，可以减少工件的轴向力。而对于车床则需凭经验在车削时不断将尾座顶尖稍作后退，以补偿工件的伸长量。

(2) 工件受热不均匀时的变形

如磨削长 L、厚 H 的薄平面工件时，因工件单面受热，上下两表面间形成温差 Δt，从而导致弯曲变形，如图 2.22(a)所示。其热变形引起的平面度误差可作如下的近似计算(图 2.22(b))。

由于中心角 φ 很小，故中间层的弦长可近似为原长 L，作 $AE /\!/ CD$，BE 可近似等于 L 的伸长量 ΔL，则

$$BE \approx \Delta L = \alpha L \Delta t, \quad \varphi \approx \frac{BE}{H} \approx \frac{\alpha L \Delta t}{H}$$

$$\Delta H = \frac{1}{2} L \sin\frac{\varphi}{4} \approx L\frac{\varphi}{8} \approx \frac{\alpha L^2 \Delta t}{8H}$$

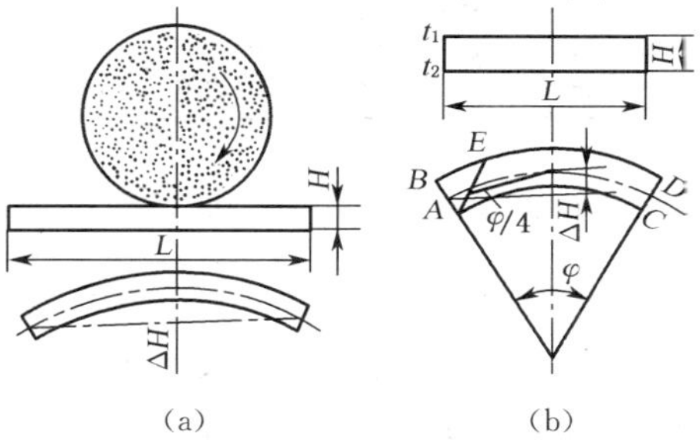

图 2.22 磨削平面时的热变形

(a) 单面受热弯曲 (b) 弯曲度的计算

由上式可以看出，由于 α、H、L 均为工件的常量，故欲控制热变形而引起的平面度误差 ΔH，就必须减少温差 Δt，即要减少切削热的传入。

当用导轨磨床磨削床身导轨时，若床身的高度为 600 mm，长度为 2 000 mm，当上、下表面的温度差为 2.4℃时，其热变形量可达 0.02 mm，即 0.01 mm/m。此值相当于机床导轨直线度的公差值。这时，因热变形使床身中部凸起，使该处被磨去的金属量较多，待床身冷却后，便出现中凹。

因此，在用碗形砂轮磨床身导轨面时(一般不加冷却液)，在粗磨之后，都要等待一段时间，或在导轨面上涂酒精，再用风扇进行人工冷却，然后再精磨。精磨后，也须等床身冷却后，才能进行测量。

2) 机床热变形所引起的加工误差

机床在加工过程中，在内外热源的影响下，各部件的温度都将发生变化。由于热源分布的不均匀和机床结构的复杂性，使机床各部件的温度不同，而且同一部件各处的温度分布也不均匀，因此将发生不同程度的热变形而影响机床原有的精度，导致刀具和工件的相对位置在加工过程中不断产生变化，从而降低了机床的加工精度。机床热变形对加工精度的影响，最主要的是主轴部件和床身导轨。

图 2.23 表示几种机床工作时热变形的情况。从图中可看出各类机床由于结构不同，热源也不同，所以引起机床变形的形式也不同。

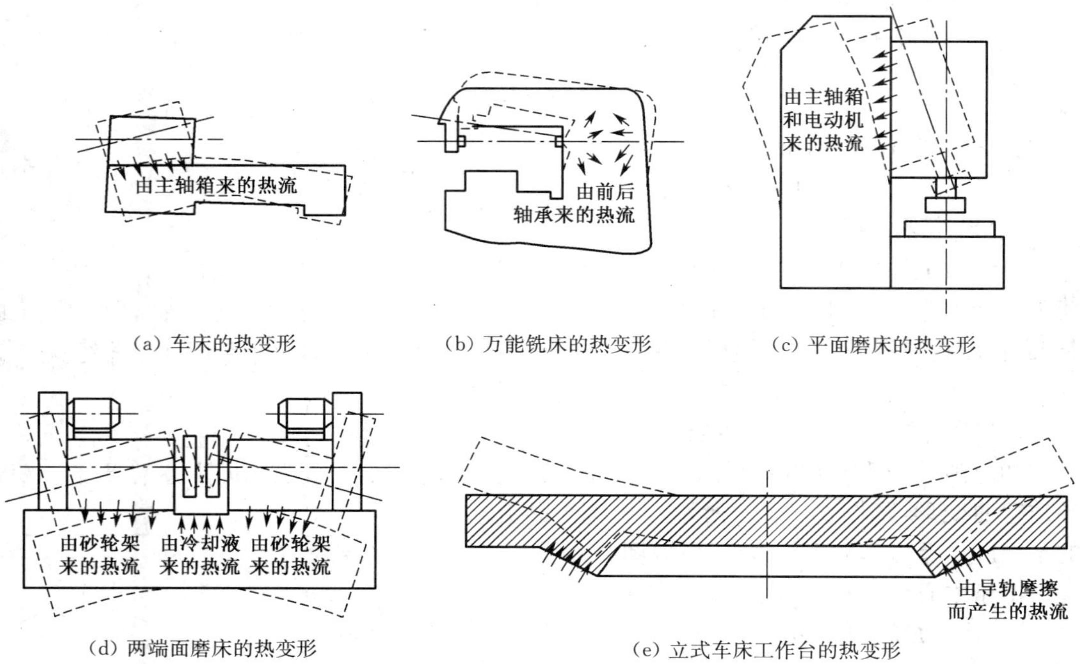

(a) 车床的热变形　(b) 万能铣床的热变形　(c) 平面磨床的热变形

(d) 两端面磨床的热变形　(e) 立式车床工作台的热变形

图 2.23　几种机床的热变形情况

对于车、铣、钻、镗等类机床，产生热变形的主要热源是主轴箱轴承的摩擦热及主轴箱中的油池的发热，使主轴及与它相联接部分的床身温度升高，C6140 型车床在主轴转速为 600 r/min，空转 6 h 后，温升最高处是主轴箱主轴前轴承处，可达 40℃。此时主轴轴线将向上倾斜并升高。

磨床的热源除了砂轮架外，还有机床的液压系统。砂轮主轴轴承的发热，将使主轴轴线升高并使砂轮架向工件方向趋近，使磨出的工件尺寸发生变化。液压系统的热量常引起床身导轨的变形，因而产生加工误差。

此外，外圆磨床头架比尾座发热多，因而使两顶尖连线与工作台导轨不平行，这样便造成工件的圆柱度误差。内圆磨床砂轮主轴轴线产生的热位移，使其与工件轴线不等高，在磨削锥孔时会产生几何形状误差，即孔的素线呈双曲线形。

对于大型机床，如导轨磨床、立式车床、龙门刨床、龙门铣床等，机床床身的热变形是影响加工精度的主要问题。由于这些机床的床身比较长，因此导轨面与底面稍有温度差，就能产生较大的弯曲变形。例如一台导轨磨床的床身长 12 m，高 0.8 m，导轨面与床身底面的温差为 1℃时，其导轨的变形量可达 0.22 mm。这时加工出的工件必然会产生直线性误差。

控制机床热变形的有效方法是热态测量。即在机床空运转一定时间后，或机床试切削工件后，进行测量机床精度。此时机床的热变形基本达到稳定状态，这种状态就是热平衡状态。根据测量结果进行调整，使机床的精度和工件的加工精度均控制在所要求的范围内。

3) *刀具热变形所引起的加工误差*

刀具热变形的热源是切削热。切削热中传给刀具的分量虽很小，但由于刀具的体积小，故仍有相当大的温升和热伸长。例如，用高速钢车刀车削时，切削刃的温度可达 700～800℃，刀具的热伸长量可达 0.03～0.05 mm。

图 2.24 表示车刀的热变形。曲线 A 表示车刀在连续切削工作状态下升温中的变形过程；曲线 B 表示切削结束后，刀具冷却时的变形过程；曲线 C 表示间断切削时，刀具有短暂的冷却时间，故其热变形曲线具有热胀冷缩双重特性。总的热变形量比连续切削时要小一些，最后保持在 Δ 的范围内变动。

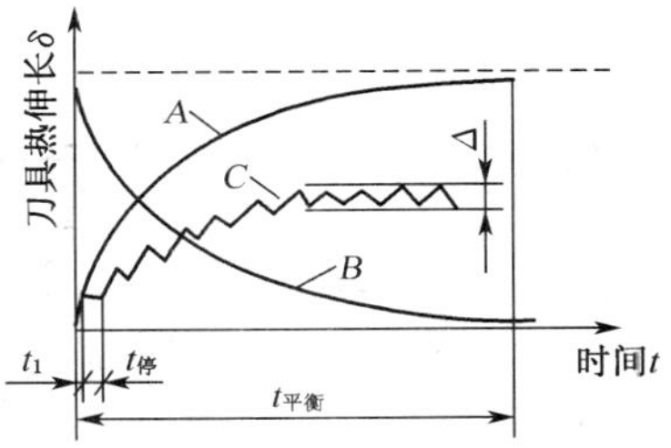

图 2.24 车刀的热变形

刀具热变形对加工精度的影响，常需要与其它的误差因素（如刀具磨损、工艺系统受力变形等）综合起来考虑。例如车长轴的外圆或在立车上加工大直径平面时，由于刀具在长时间的切削过程中的热伸长，会造成几何形状误差，前者造成锥度，后者造成平面度误差。但由于刀具的磨损能相对补偿一些，所以对加工精度的影响，有时就不太明显。

2.4.7 减少工艺系统热变形的方法

1）减少发热和分开热源

（1）减少切削热（或磨削热）

切削热主要对精加工时影响比较大，因此，在精加工时可通过合理选择切削用量和正确选择刀具的几何角度的方法，来减少切削热。采用涂层硬质合金（如涂 TiC、TiN）等，能有效地降低摩擦力和切削温度，并且因涂层硬度高、耐磨性好，能经常保持锋利，也有利于降低切削力和切削热。

平面磨床上采用大气孔砂轮，磨削时气孔产生的空气涡流，可以减少磨削热的产生。用开槽砂轮磨削刀具，也可以在无法使用冷却液的条件下，减少磨削热来避免刀具切削刃发生退火。

（2）分开热源

凡是可能从主机分离出去的热源，如电动机、变速箱、液压装置和油箱等尽可能移出，以减少它们对主机的影响。

如高精度车床将变速箱与主轴箱分开，使离合器、齿轮、轴承等产生的摩擦热，不会影响主轴的精度。

高精度外圆磨床头架采用可控硅直流无级调速，简化了头架的结构，由于产生的摩擦热少，减少了头架主轴的热变形，使主轴的回转精度保持稳定。

2）控制温度变化

环境温度的变化和室内各部分的温差都会使工艺系统产生热变形，从而影响工件的加工精度和测量精度。因此，精密零件的加工与测量、精密机床的装配与调试，都必须在恒温环境下进行。恒温室的标准温度为 20℃，一般控制在±1℃以内，可随季节温度的变化，控制在[(18～23)±1]℃范围内。

精密机床开车后，应空运转一段时间，待机床达到热平衡后再进行加工。这样就可以避开机床升温阶段产生热变形的影响。

对于大型螺纹磨床如 S7450 丝杠磨床，其母丝杠长 6.7 m(螺纹部分长 5.9 m)，温度每

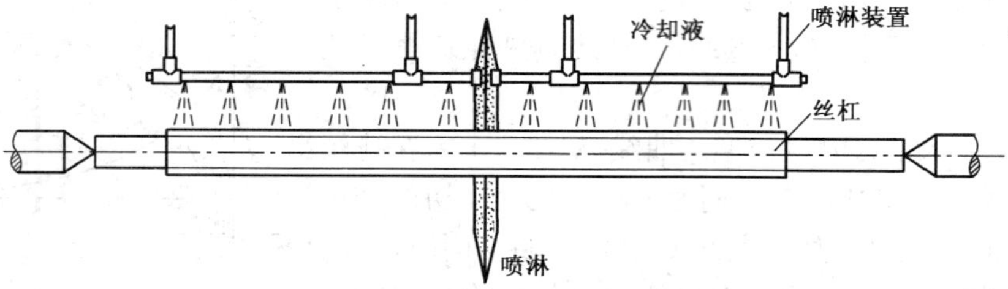

图 2.25 螺纹磨床的“喷淋”冷却装置

变化 1℃，母丝杠的长度变化就达 0.07 mm。工件丝杠因磨削热的影响更为严重，一般在精磨时，1 m 长的丝杠每磨削一次就要升高 3℃，约伸长 0.036 mm。由于母丝杠和工件丝杠的温度不同，相对的长度变化也不同，因而无法控制加工精度。S7450 丝杠磨床将母丝杠设计成空心的，中间通入恒温油，并可循环流动使母丝杠的温度分布均匀。工件丝杠磨削时，采用图 2.25 所示的“喷淋”冷却装置来冷却工件，通入的冷却液温度可以调节。这样可以控制母丝杠和工件丝杠的温差在±0.2℃以内，从而保证加工精度的稳定性。

3）均衡温度场

大型平面磨床（如 M7150A）的床身较长，工作台纵向运动速度较高，由于床身油池的温度升高和导轨的摩擦，使床身产生的热变形较大。经过改进将油池搬出床身成为独立的油箱，再在床身下采用热补偿油沟（图 2.26），利用回油的余热流经床身下部，使床身下部温度有所提高，以平衡床身上部的导轨摩擦热，并由油泵 B 使油流经导轨进行循环。同时，床身导轨采用静压导轨，减少摩擦热的产生。这样床身的温度均衡，上、下温差只有 1～2℃，导轨的变形量由原来的 0.265 mm 降为 0.052 mm，变形后呈中凹，使导轨的精度大为提高。

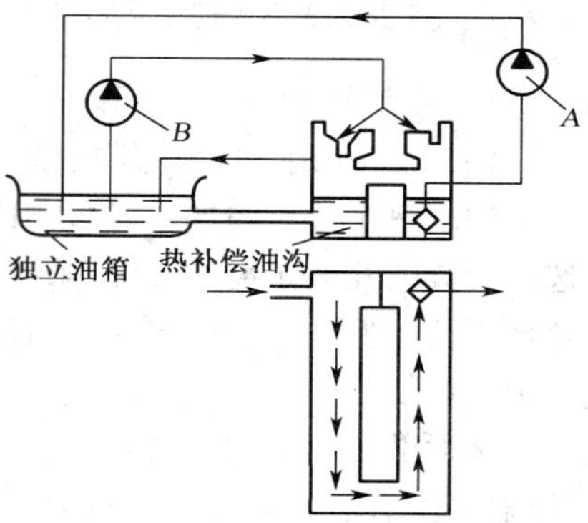

图 2.26 M7150A 平面磨床床身的热补偿油沟

2.5 提高加工精度的工艺措施

提高零件加工精度的最终目标是保证产品质量。提高加工精度的工艺措施有下列几个方面：

1）减少或消除误差法

这种方法是在查明产生加工误差的主要原因之后，有针对性地采取措施来减少或消除误差。这是保证和提高加工精度最基本的途径。

例如在车削细长轴时，采用图 2.27 所示的大进给量反向切削法，将车刀的进给方向由卡盘指向尾座，这样轴向切削力 F_x 对工件的作用是拉伸而不是压缩，同时采用弹性尾座顶尖，可消除热变形伸长而引起工件的弯曲变形。采用大进给量和大的主偏角车刀，增大了 F_x 力，使工件在较大的拉伸力作用下，还能消除径向的颤动，使切削进程平稳。

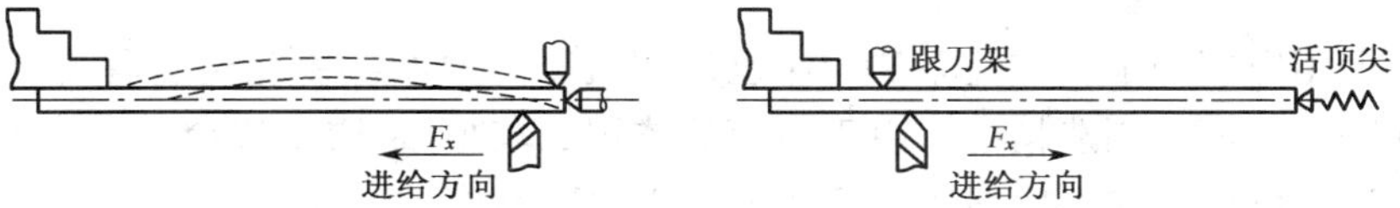

(a) (b)

图 2.27 顺向进给和反向进给车削细长轴的比较

(a) 顺向进给时 F_x 对细长轴起压缩作用 (b) 反向进给时 F_x 对细长轴起拉伸作用

2) 补偿或抵消误差法

当工艺系统出现的原始误差不能直接减少或消除时,可采用补偿或抵消误差的方法。

图 2.28 所示是用校正机构来提高螺纹磨床传动链精度的方法,这种方法就是应用误差抵消法来补偿传动链所带来的误差。磨削时,头架的旋转运动通过螺距挂轮转传给母丝杠,由于与母丝杠相配的螺母轴向固定在床身上,故母丝杠旋转时,带动工作台同校正尺一起作纵向移动。当需校正工件螺距累积误差时,将校正尺倾斜一个 β 角,校正尺移动时,触头在校正尺的工作表面移动,使螺母产生微量转动,工作台便获得一个附加运动,使工件螺距增大或减小。

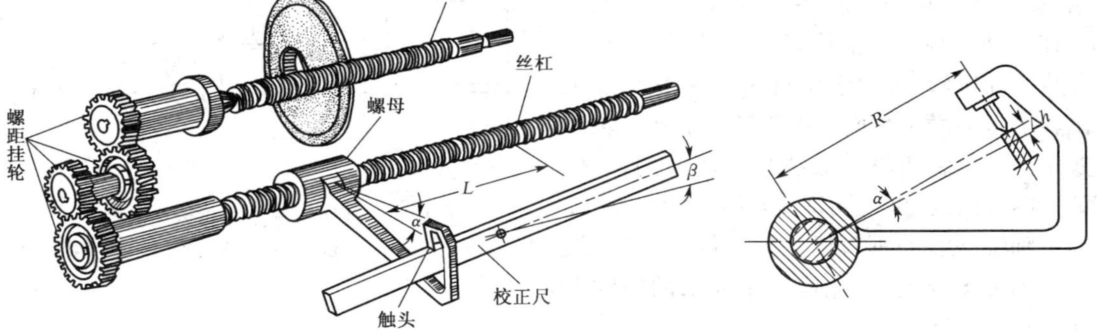

(a) (b)

图 2.28 螺纹磨床校正机构

校正工件螺距相邻误差时,校正尺工作表面根据相邻误差(按杠杆比)修锉成高低不平的曲线,工作台和校正尺移动时,杠杆时升时降,使螺母产生微量附加转动,来抵消工件螺距的相邻误差。

3) 转移误差法

这种方法是采取措施将误差因素转移到不影响加工精度的方面去。

例如,在大型龙门铣床上,铣头的自重会使横梁产生弯曲变形,造成加工误差。这时除了可以采取误差补偿的措施(在刮研横梁导轨时故意将导轨刮成"向上凸")之外,还可采取误差转移的方法。如图 2.29 所示,在横梁上加一根附加梁,使它承担铣头配重的重量,将横梁的弯曲变形转移到附加梁

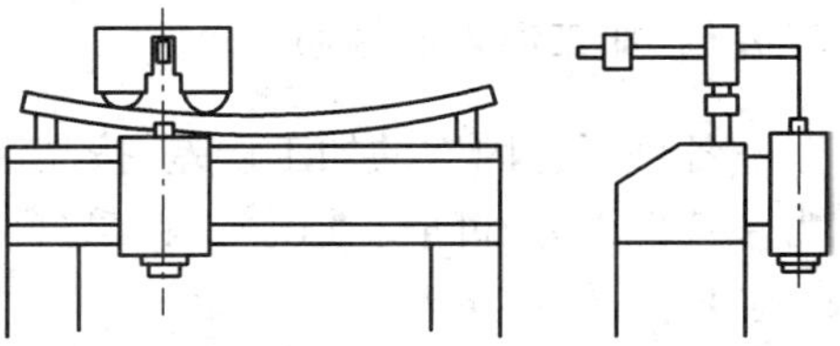

图 2.29 龙门铣床横梁变形的转移

上去。

在镗床上用镗模加工箱体孔系的方法也是把机床的原始误差完全转移，而工件的加工精度完全取决于镗模的制造精度。由于镗模的体积比较小，结构比整台机床简单得多，容易保证精度。这样就可以在一般精度的机床上加工出高精度的零件来。

4）就地加工法

在加工和装配中，有些精度问题牵涉到很多零部件的相互关系，如果仅仅从提高零部件本身的精度着手，有些精度指标不但不能达到，即使达到成本也很高。采用就地加工的方法，不但能保证装配后的最终精度，而且在零件的机械加工中也常常用来保证加工精度。

例如，在转塔车床的制造中，转塔上六个安装刀架的大孔的轴心线必须和机床主轴的轴心线重合，而六个平面又必须和主轴轴心线垂直。如果把转塔作为单独零件加工出这些孔和表面，要在装配时达到上述两项要求是非常困难的，因为其中包含了很复杂的尺寸链关系。采用就地加工的方法，既经济又方便地达到要求。

具体方法是：这些孔和表面在装配前不进行精加工，而是在装配到机床上以后，在主轴上装镗刀杆，使镗刀旋转，转塔作纵向进给，就可依次精镗出转塔上的六个孔。然后再在主轴上装一个能作径向进给的小刀架，刀具一面旋转，一面作径向进给，依次精加工出转塔上的六个平面。由于转塔上孔的轴心线是由刀具绕主轴轴心线加工而成的，故保证了两者的同轴度，同理，也保证了六个平面与主轴轴心线的垂直度。然后卸去刀架，换上心轴和千分表，就能检查所要求的同轴度和垂直度，见图 2.30。

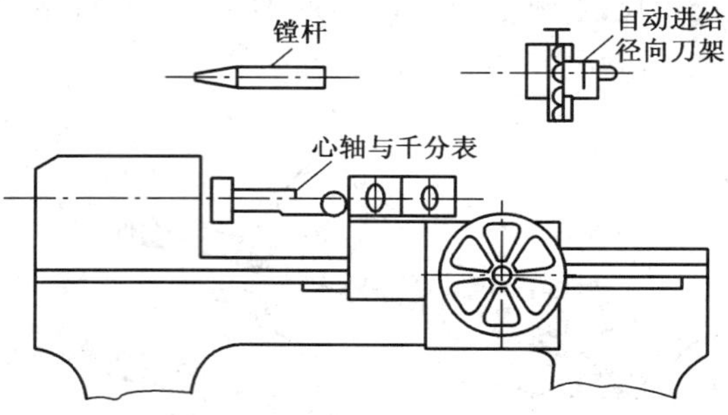

图 2.30　转塔车床上转塔六个孔和平面的加工与检验

2.6　加工误差的统计分析

前面已经对加工精度的各种因素进行分析，并提出解决问题的一些方法。但就其分析方法来说，还是属于局部的、单因素的性质。而在实际生产中，对加工精度的影响因素是很复杂的，很难用前述单因素的估算方法来分析其因果关系，而需要用概率统计方法进行综合分析，才能找出解决问题的途径。

2.6.1　加工误差的性质

各种工艺因素的加工误差，按其性质，即根据加工一批工件时误差出现的规律，可以分为系统性误差和随机性误差两大类。

1）系统性误差

在顺序加工一批工件时，若误差的大小和方向保持不变，或按一定规律变化，即为系统性误差。前者称为常值系统性误差；后者称为变值系统性误差。例如，量具的对零误差、铰孔时铰刀的直径误差等，属于常值系统性误差。工艺系统的热变形、刀具的磨损等引起的误差，属于变值系统性误差。

2）随机性误差

在顺序加工一批工件时，若误差的大小和方向呈无规律变化，这类误差称为随机性误差。毛坯误差的复映、定位误差、内应力引起的误差、多次调整的误差等，都属于随机性误差。

对于常值系统性误差，在掌握其大小和方向后，就可以通过调整或补偿等方法来消除。对于变值系统性误差，在掌握其变化规律后，则通过采取自动连续补偿或自动周期补偿来消除。而对于随机性误差，由于它没有明显的变化规律，所以只能通过数理统计方法找出其统计规律，采取措施减少影响。

2.6.2 分布曲线分析法

分布曲线分析法是从某一工序所加工出来的工件中，随机抽取足够数量的一批工件，对所要分析的精度指标（尺寸）进行测量，作出分组数据表和分布曲线，再运用数理统计学原理来推断该工序的加工精度状况。

1）实际分布曲线

从随机抽取的一批工件中，测量每个工件的加工尺寸，把测得的数据记录下来，按尺寸大小把整批工件进行分组，则每一组中的零件尺寸处在一定的间隔范围内。同一尺寸间隔内的零件数量称为频数，频数与该批零件总数之比称为频率。以零件尺寸作为横坐标，以频率作为纵坐标，便可得到实际分布曲线。

例如，检查一批精镗后的活塞销孔直径，图样所规定的尺寸为 $\phi28_{-0.015}^{\ 0}$，检查件数为 100 件，把测量所得的数据按尺寸分成 6 组，每组的尺寸间隔为 0.002 mm，然后填在表 2.2 中。表中 n 是测量的工件数，m 是每组的件数。

表 2.2 活塞销孔直径分布

组别	尺寸范围（mm）	中点尺寸 x（mm）	组内工件数 m	频率 m/n
1	27.992～27.994	27.993	4	4/100
2	>27.994～27.996	27.995	16	16/100
3	>27.996～27.998	27.997	32	32/100
4	>27.998～28.000	27.999	30	30/100
5	>28.000～28.002	28.001	16	16/100
6	>28.002～28.004	28.003	2	2/100

以工件中点尺寸 x 为横坐标，以频率 m/n 为纵坐标，便可画出实际分布曲线图（图 2.31）。图中虚线所示为理想分布位置，实线为实际分布位置。在图上再标出公差带及其中心、实际尺寸的分散范围及其中心，便可对加工质量进行分析。

$$公差带中心 = 28 - \frac{0.015}{2} = 27.992\,5(\text{mm})$$

$$分散范围 = 最大孔径 - 最小孔径 = 28.004 - 27.992 = 0.012(\text{mm})$$

$$分散范围中心 = \frac{\sum mx}{n}$$

$$= \frac{27.993 \times 4 + 27.995 \times 16 + 27.997 \times 32 + 27.999 \times 30 + 28.001 \times 16 + 28.003 \times 2}{100}$$

$$= 27.9979(\text{mm})$$

系统性误差 $\Delta_{系统} = 27.9979 - 27.9925 = 0.0054(\text{mm})$

分散范围与分散范围中心可表达这批工件的加工情况，现分析图 2.31 中的分布曲线：

(1) 分散范围小于公差带，即 0.012＜0.015，表明本工序能满足加工精度要求。

(2) 废品率占 18%(28～28.004)，其原因是尺寸分散范围中心与公差带中心不重合，存在系统性误差为 0.005 4 mm，所以只要把镗刀伸出量减少 0.005 4/2＝0.002 7 mm，使分散范围中心与公差带中心重合，即可解决这批工件的加工质量问题。

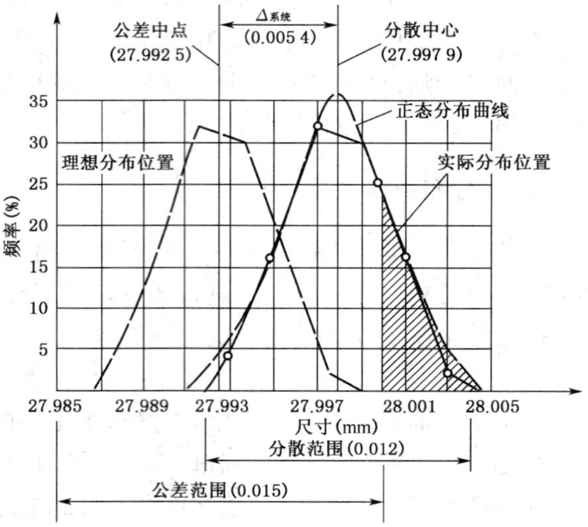

图 2.31 活塞销孔直径尺寸分布曲线

2) 正态分布曲线

在绘制一批工件的分布曲线图时，若所取的零件数量增多而尺寸间隔减小，则所绘出的图形非常接近光滑的曲线——理论分布曲线。

常用的理论分布曲线是正态分布曲线。这是因为在机床上用调整法加工时，如果加工过程中情况正常，则加工出的一批工件的尺寸分布曲线符合正态分布曲线。

正态分布曲线的方程式为

$$y = \frac{1}{\sigma\sqrt{2\pi}} e^{\frac{-(x-\overline{x})^2}{2\sigma^2}}$$

当采用正态分布曲线来代替加工尺寸的实际分布曲线时，式中的符号分别表示如下：

x——工件尺寸；

$\overline{x}$——工件平均尺寸(分散范围中心)；且有

$$\overline{x} = \sum_{i=1}^{n} \frac{x_i}{n}$$

n——一批工件的总数；

σ——标准差；且有

$$\sigma = \sqrt{\frac{\sum_{i=1}^{n}(x_i - \overline{x})^2}{n}}$$

正态分布曲线的图形如图 2.32(a)所示。从该图形上可看出下列特点：

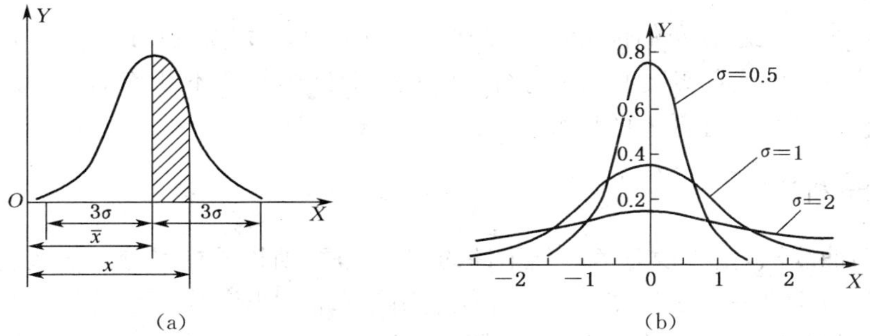

图 2.32 正态分布曲线的性质

(1) 曲线以 $x=\bar{x}$ 直线为轴左右对称，靠近 $\bar{x}$ 的工件尺寸出现概率较大；远离 $\bar{x}$ 的工件尺寸出现的概率较小。

(2) 工件尺寸对 $\bar{x}$ 的正偏差和负偏差的概率相等。

(3) 分布曲线与横坐标所围成的面积包括了全部零件数，故其面积等于 1；其中 $x-\bar{x}=\pm 3\sigma$（即在 $\bar{x}\pm 3\sigma$）范围内的面积占 99.73%。即有 99.73% 的工件尺寸在 $\pm 3\sigma$ 范围内，仅 0.27% 的工件在范围之外。因此，取正态分布曲线的分布范围为 $\pm 3\sigma$（或 6σ）。

$\pm 3\sigma$ 是一个很重要的概念，在研究加工误差时应用很广。通常用 6σ 的大小代表某一种加工方法在一定条件下所能达到的加工精度。所以，在一般情况下应使公差带的宽度 T 和所选择的加工方法的标准差之间具有下列关系：

$$6\sigma \leqslant T$$

但考虑到变值系统性误差及其它因素的影响，总是使公差带的宽度 T 大于 6σ，才能保证加工精度。

(4) 标准差 σ 是决定分布曲线形状和尺寸分散范围的参数，σ 越大曲线越平坦，尺寸越分散，也就是加工精度越低；σ 越小曲线越陡直，尺寸越集中，也就是加工精度越高，如图 2.23(b)所示。σ 的大小受随机误差的影响。

3) 非正态分布曲线

工件的实际分布状况，有时并不符合正态分布，常见的分布形状有：

(1) 双峰形

当将两次调整下加工出的工件混在一起测量时（混批），分布曲线将呈双峰形（图 2.33(a)）。它实质上是两组正态分布曲线的叠加，也就是在随机误差中混入了常值系统性误差——调整误差。

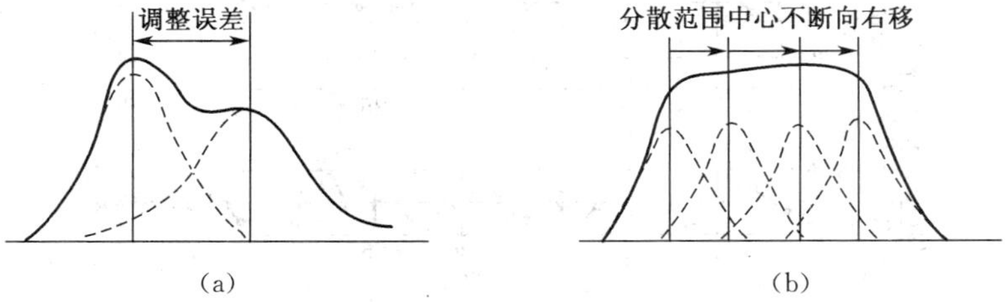

图 2.33 非正态分布曲线

(2) 平顶形

当存在一个非正态分布的优势误差因素时，例如，砂轮磨损较快时，尺寸分布曲线将呈平顶形(图 2.33(b))。它实质上是正态分布的尺寸分散中心在不断移动。这是一种在随机性误差中混有变值系统性误差的情况。

2.6.3 点图分析法

应用分布曲线法，由于没有考虑到工件的加工顺序，所以不能区分变值系统性误差和随机性误差。又由于是一批工件需加工后才能绘制分布曲线图，因此不能在加工过程中提供控制工艺过程的资料。为了弥补分布曲线法的上述缺点，在生产实际中采用点图分析法。点图有各种形式，应用最广的是 $\bar{x}$—R 点图。

1) $\bar{x}$—R 点图

以分组序号为横坐标，每组零件的平均尺寸 $\bar{x}$ 为纵坐标，即可绘出 $\bar{x}$ 点图。该点图可看出尺寸的变化趋势，突出变值系统性误差的影响。

再以分组序号为横坐标，以每组零件的极差 R(组内工件的最大尺寸与最小尺寸之差)为纵坐标，绘出的点图叫"极差 R 点图"，简称 R 图。该点图主要用来显示加工过程中尺寸分散范围的变化情况。

在分析问题时 $\bar{x}$ 图和 R 图常联合使用，因此称为 $\bar{x}$—R 点图，如图 2.34 所示。

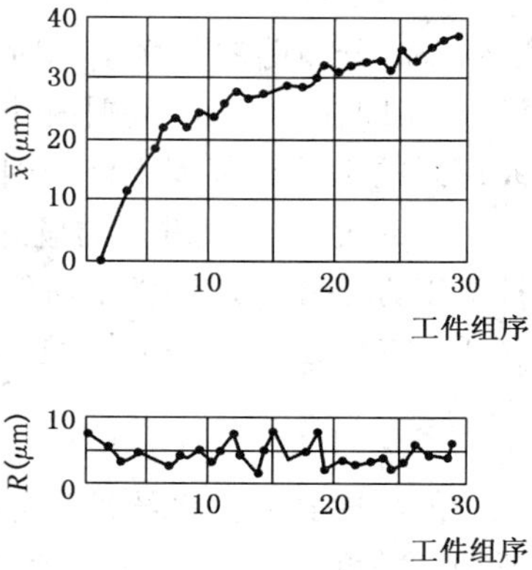

图 2.34 $\bar{x}$—R 点图

2) 点图法的应用

(1) 从图上可观察出变值系统性误差和随机性误差的大小及变化情况；

(2) 判断工艺过程的稳定性及工艺能力(提供工艺验证资料)；

(3) 提供控制工艺过程的资料，根据工件在加工过程中尺寸变化趋势，决定调整机床的时间，以实现产品的质量控制。

3) 验证工艺过程的稳定性

用 $\bar{x}$—R 点图验证工艺过程的稳定性时，需在 $\bar{x}$—R 图上画出其中心线及上下控制线，而控制线就是判定工艺稳定性的界限线。如图 2.35 所示，在 $\bar{x}$ 图中，中心线是 $\bar{x}$ 的平均数 $\bar{\bar{x}}$ 线，$\bar{x}_u$ 是上控制线；$\bar{x}_l$ 是下控制线。在 R 图中，一般只标上控制线 R_u，不标下控制线。

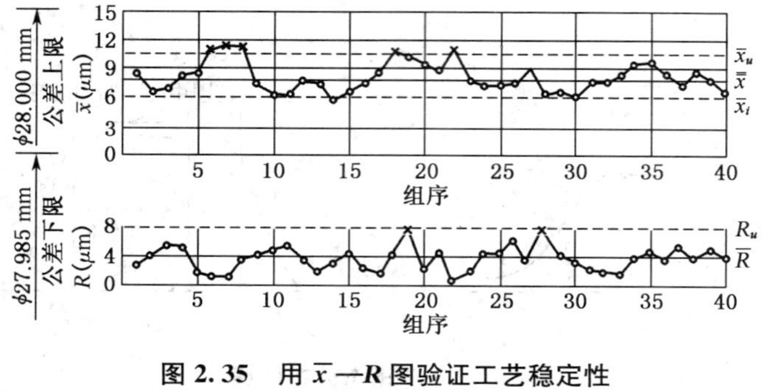

图 2.35 用 $\bar{x}$—R 图验证工艺稳定性

各线的位置分别按下列公式计算：

$\bar{x}$ 图的中心线 $$\bar{\bar{x}} = \frac{1}{j}\sum_{i=1}^{j}\bar{x}_i$$

R 图的中心线 $$\bar{R} = \frac{1}{j}\sum_{i=1}^{j}R_i$$

式中：j——组数；

$\bar{x}_i$——第 i 组的平均值；

R_i——第 i 组的极差。

$\bar{x}$ 图的上控制线 $$\bar{x}_u = \bar{\bar{x}} + A\bar{R}$$

$\bar{x}$ 图的下控制线 $$\bar{x}_i = \bar{\bar{x}} - A\bar{R}$$

R 图的上控制线 $$R_u = D\bar{R}$$

式中的系数 A 和 D 可按表 2.3 选取。一般情况下，每组件数 m 取 4 或 5。

表 2.3 A 与 D 系数表

每组件数 m	4	5	6	7	8	9	10
A	0.729	0.577	0.463	0.419	0.373	0.337	0.303
D	2.23	2.10	1.98	1.90	1.85	1.80	1.76

2.7 机械加工的表面质量

零件的机械加工质量是指零件加工后的微观几何特性和物理状态，即表面波度、表面粗糙度和表面物理力学性能，后者是指加工表面的冷作硬化，表面层金相组织变化和残余应力，下面就这几方面对零件的使用性能，包括耐磨性、接触刚度、配合性质、耐疲劳强度、耐腐蚀强度等作一分析。另外，对其改善措施提出了具体办法。

2.7.1 表面质量对零件使用性能的影响

1）表面质量对零件耐磨性的影响

零件的耐磨性主要决定于两摩擦零件的材料和润滑条件，当零件材料和润滑条件确定后，零件的表面质量对耐磨性又起着主导作用。当摩擦表面的粗糙度较粗时，实际上接触的是凸峰的顶部，压强就大，摩擦阻力大，由于挤压和剪切，引起严重磨损。但是粗糙度过细，不利于贮存润滑油，从而产生分子亲和力，磨损反而加剧。从耐磨性角度来看，表面粗糙度值在 Ra 0.8～0.4 μm 为宜。为了改善润滑条件，常用珩磨产生交叉网纹或经刮研使之具有均匀细浅的凹坑来改善贮油条件，以减轻零件的磨损。

2）表面质量对接触刚度的影响

接触表面越粗糙，其实际有效接触面积越小。尽管零件间承受的载荷不变，但压强增大，表面接触应力增大，引起表层变形增大，从而表面接触刚度变小，影响零件的工作精度和抗振性。

3）表面质量对配合性质的影响

表面粗糙度会影响配合性质的稳定性。对于间隙配合，因接触表面的峰顶在初期工作中很快磨损，使间隙增大。对于过盈配合，因装配表面被压平，将使有效过盈减小，降低联接强度。对于过渡配合，也会使配合变松。

4）对疲劳强度的影响

承受交变载荷的零件，表面粗糙、有划痕及微裂纹，则易引起应力集中，使零件疲劳损坏。为了提高零件的疲劳强度，对零件的轴肩、沟槽或拐角处等应力集中区，用精磨、抛光、滚压等减细表面粗糙度。

适度的表面层的冷作硬化，使零件表面硬度和耐磨性有所提高，且能阻止表面已有裂纹的扩展和防止疲劳裂纹的产生。所以，适度的冷作硬化能提高零件的疲劳强度。但是，冷作硬化程度与硬化层深度过大，容易产生微裂纹甚至剥落。

表面层的残余应力状态对零件的疲劳强度也有影响，如果是压应力，能抵消部分工作载荷引起的拉应力，延缓疲劳裂纹的产生和扩展。

5）表面质量对耐腐蚀性的影响

金属腐蚀是化学过程和电化学过程引起的。钢、铁生锈，铜表面变绿都是腐蚀的结果。

金属表面越粗糙，表面微小裂纹越多，腐蚀性气味或液体越容易积存在凹谷底部，特别是电化学作用，使腐蚀作用渗入金属内部。随着时间的推移，因腐蚀产生的裂纹将使零件发生突然的断裂。所以，经精磨、研磨、抛光后表面粗糙变细的零件表面，不易被腐蚀。

表面的残余压应力，使零件表面紧密，腐蚀性物质不易进入；残余拉应力则降低了零件的耐腐蚀性。

2.7.2 影响表面质量的因素

1）影响表面粗糙度的因素及改进措施

机械加工中，产生表面粗糙度的主要因素有几何因素和物理因素。

（1）切削加工中影响零件表面粗糙度的因素

产生表面粗糙度的几何因素是切削残留面积、刀刃的刃磨质量和刀刃的磨损。

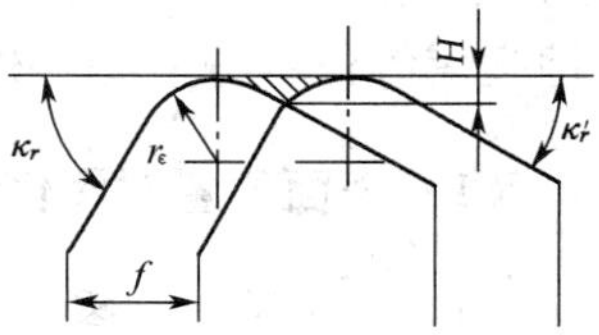

图 2.36 残留切削面积及残留高度

① 切削残留面积高度 H 是由刀具相对于工件表面的运动轨迹所形成，它与进给量 f、主偏角 κ_r、副偏角 κ_r'、刀尖圆弧半径 r_ε 有关，见下列公式：

当 $r_\varepsilon = 0$ 时，
$$H = \frac{f}{\cot\kappa_r + \cot\kappa_r'}$$

当 $r_\varepsilon > 0$ 时，
$$H = \frac{f^2}{8r_\varepsilon}$$

由于切削过程中各种因素的干扰和影响，实际粗糙度的最大值往往高于理论计算值，理论粗糙度仅占实际表面粗糙度中的极小成分。

② 刀具的刃磨与刃口磨损 二者对表面粗糙度的影响较大。图 2.37 中刀具副后刀面磨损产生了沟槽，引起已加工表面成锯齿状的凸出部分，使加工表面粗糙度值增大。

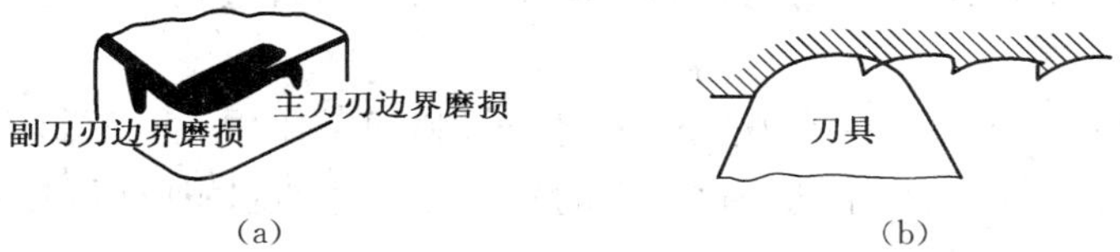

图 2.37 刀具副后刀面的磨损对粗糙度的影响

(a) 主、副刀刃磨损 (b) 粗糙度数值增大

产生表面粗糙度的物理因素是切削过程中的塑性变形、摩擦、积屑瘤、鳞刺及工艺系统中的振动。

③ 切削过程中的变形 切削铸铁等脆性材料时，形成崩碎状切屑，已加工表面出现麻点状痕迹，增大了表面粗糙度值。如图 2.38(b)。

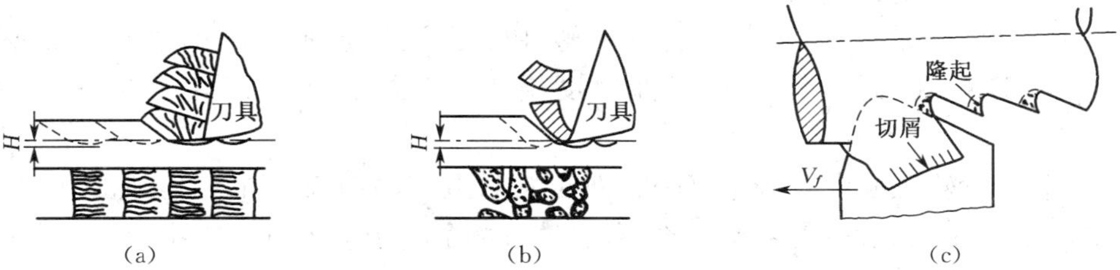

图 2.38 切削过程中的变形对表面粗糙度的影响

(a) 挤裂切屑 (b) 崩碎切屑 (c) 刀刃两端工件材料的隆起

切削塑性材料时，切屑在分离前的挤压变形及撕裂作用增大了已加工表面的粗糙度值。如图 2.38(a)、(c)。韧性越好，切削时的塑性变形程度越大，对表面粗糙度的影响也越严重。常采用大前角刀具、增大切削速度、对低碳钢进行正火处理等方法来减小表面粗糙度值。

④ 积屑瘤与鳞刺 在一定的切削速度范围内对塑性金属进行切削加工时容易产生积屑瘤或鳞刺。积屑瘤是不稳定的，自生自灭，反复生成与消失，留在已加工表面的一部分形成鳞片状毛刺，造成切削力的不稳定而引起振动，进一步使表面粗糙度变粗。另外，材料变形强化程度越大，与刀具间的摩擦越大，越易形成鳞刺。

⑤ 工艺系统的振动使切削加工时刀具与工件间的距离发生周期性变化，增大了表面粗糙度值。

(2) 降低表面粗糙度值的措施

① 选择合理的切削用量 用高速切削来加工塑性材料，当切削速度 $v > 100$ m/min 时，不会产生积屑瘤和鳞刺；选择小的进给量 f，可减少切削残留面积的高度 H。

② 合理选用刀具材料和几何参数 当工艺系统刚度足够时，采用较大的刀尖圆弧半径 r_ε，较小的副偏角 κ_r'，采用比进给量稍大一些的修光刃($\kappa_r' = 0$)；加工塑性材料时选用较大的前角 r_0；提高刀具的刃磨质量(前、后面的粗糙度值 $Ra < 1.6\ \mu$m)；选用与工件材料亲和力小的刀具材料；加工过程中限制刀具的磨损量等。

③ 使工件材料具有合适的金相组织 例如，加工中碳钢及中碳合金钢时进行调质处

理，以提高其硬度，降低塑性。对铸铁而言，应使铸铁中的石墨颗粒尺寸小些。以上措施均可降低表面粗糙度值。

④ 使用切削液　切削液在加工过程中起冷却和润滑作用，能降低切削区的温度，减少刀刃与工件的摩擦，从而减少了切削过程中的塑性变形并抑制积屑瘤和鳞刺的产生，对减细表面粗糙度有很大的作用。

(3) 磨削加工中影响零件表面粗糙度的因素

磨削零件时表面粗糙度是由分布在砂轮表面上的磨粒与被磨工件作相对运动产生的刻痕所组成的。单位面积上的刻痕越多、越细密均匀，则表面粗糙度越细。由于磨粒刃形和分布是不规则的，磨粒为负前角切削。因此，在磨削过程中磨粒在工件表面摩擦、挤压和刻划，使加工表面出现较大的塑性变形，随之，磨削区温度升高，更加剧塑性变形，使表面粗糙度进一步增粗。影响磨削表面粗糙度的工艺因素主要有：

① 磨削用量　砂轮速度 v_s 大，参与切削的磨粒数多，增加了工件单位面积上的刻痕数，同时，又因为是高速磨削，工件材料塑性变形不充分，所以切削速度 v_s 的提高，可降低表面粗糙度值，磨削深度与工件速度增大，使塑性变形加剧，表面粗糙度值也增加。

② 砂轮　砂轮粒度愈细，单位面积上的磨粒数愈多，加工表面的刻痕细密，加工表面粗糙度愈细。但是粒度过细，易堵塞砂轮，磨削时的摩擦、挤压就严重，加剧工件表面的塑性变形，粗糙度也变粗。

砂轮的硬度要适宜，保证磨粒钝化后能自行脱落，使新的磨粒露出而继续切削，即要有良好的“自砺性”。砂轮需及时修整，便于去除已钝化的磨粒，使砂轮具有等高微刃。等高微刃越多，磨出的粗糙度就越细。

③ 工件材料　工件材料的硬度、塑性、韧性和导热性对表面粗糙度的影响也较显著。材料太硬，磨粒易钝化；太软则易堵塞砂轮；韧性大、导热性差，又易使磨粒早期崩落，破坏了微刃的等高性，从而使粗糙度值增大。

④ 冷却润滑液和其它因素　磨削时的冷却润滑液对减小磨削力、磨削温度及砂轮的磨损有良好的效果。正确选用冷却润滑液并加大流量可减小表面粗糙度值。

磨削时工艺系统的刚度，主轴的回转精度、砂轮的平衡、工作台运动的平稳性等，都将影响砂轮与工件的瞬时接触状态，从而影响磨削表面的粗糙度值大小。

2) 影响加工表面物理力学性能的因素

(1) 加工表面的冷作硬化

由于机械加工时工件表层金属受到切削力的作用，产生强烈的塑性变形，使金属的晶格间剪切滑移，晶格严重扭曲、拉长，甚至被破坏，引起金属表面层硬度提高，塑性降低，物理力学性能发生变化。这种现象叫冷作硬化。切削力大，塑性变形大，硬化程度加强；塑性变形速度快，变形不充分，硬化程度弱。另外，机械加工中产生的切削热，提高了表面层的温度，使已强化的金属产生回复现象，使金属失去加工硬化中所得到的物理力学性能，这种现象称软化。切削温度高，持续时间长，回复作用也大。因此，机械加工时表面层的冷硬就是硬化和回复作用的综合结果。表 2.4 为常用机械加工方法加工钢件时形成的冷硬情况。

表 2.4 常用机械加工方法产生的冷硬层深度和硬化程度(加工钢件)

加工方法	硬化层深度 h(μm)		硬化程度 N(%)	
	平均值	最大值	平均值	最大值
车削	30～50	200	120～150	200
精细车	20～60	—	140～180	220
端铣	40～100	200	140～160	200
圆周铣	40～80	110	120～140	180
钻孔、扩孔	180～200	250	160～170	—
拉孔	20～75	—	150～200	—
滚齿、插齿	120～150	—	160～200	—
外圆磨低碳钢	30～60	—	160～200	250
外圆磨未淬硬中碳钢	30～60	—	140～160	200
外圆磨淬火钢	20～40	—	125～130	—
平面磨	16～35	—	150	—
研磨	3～7	—	112～117	—

影响加工表面冷作硬化的因素有：

① 刀具　刀具前角越大，切削层金属的塑性变形越小，硬化层深度越小；刀刃刃口圆弧半径越大，已加工表面在形成过程中受挤压越大，加工硬化也越大；随着刀具后刀面磨损量的增加，后刀面与已加工表面的摩擦也随之增加，硬化层深度也增大。

② 工件材料　工件材料的塑性越大，硬度越低，加工表面层的硬化越严重。例如，磨削低碳钢与磨削淬火钢相比，硬化层深度 h 由 30～60 μm 降至 20～40 μm，硬化程度 N 由 160%降低至 125%。

③ 切削条件　当进给量增大时，切削力增大，表层的金属塑性变形加剧，冷硬程度增加；当切削厚度较小时，表层金属冷硬程度不仅不会减小，反而会增大，这是由于刀具刃口圆弧对工件的挤压增加；切削速度增加时，塑性变形不充分，硬化层深度减小，且由于切削速度的增加，切削温度升高，回复作用增大，冷硬层随之减小。如果切削速度很高，导致回复来不及进行，则硬化层深度又有所增加。因此宜选用较高的切削速度。

磨削加工中，既有金属剧烈塑性变形引起的硬化；又有磨削热使磨削区温度急剧升高，导致表层金属软化，甚至发生相变；加上大量切削液使表面层金属冷却而硬化。

影响磨削加工表面硬化的因素：工件材料塑性好，导热性好，硬化倾向大；磨削深度增加，塑性变形加剧，表面冷硬层加深；纵向进给速度大，磨削力大，由于晶格畸变和晶粒间的应力增大，冷硬层增大；提高工件转速，表面冷硬增加；砂轮粒度大，冷硬小；冷却液充分，硬化为主，反之，回复为主，甚至产生相变，导致一定深度内出现回火软化。

综上所述，应使工件表面适度硬化，以提高其表面物理力学性能。

(2) 加工表面的残余应力

工件经机械加工后，其表面层都存在残余应力。残余应力会引起工件变形，失去原有精度。残余应力为拉应力时，使疲劳裂纹增加，耐蚀性下降；是压应力时，则使疲劳强度及耐磨性提高。产生残余应力的原因主要有以下几方面：

① 切削力引起的残余应力　在切削过程中，刀刃前方的工件材料受前刀面的挤压，使即将成为已加工表面层金属产生压缩变形（沿已加工表面方向），在切削后受基体里层未变形金属的牵制，因而在表层产生残余拉应力，里层产生压应力。同时，刀具的后刀面与已加工表面产生很大的挤压与摩擦，使表层金属受拉伸变形，刀具离开后，在里层金属的作用下，表层金属产生残余压应力。车削后以残余压应力为主。

② 热应力引起的残余应力　切削时的强烈塑性变形与摩擦，使已加工表面层比里层的温度高得多，因此，表面层金属产生热膨胀，由于受里层金属阻碍，使表层金属产生热应力，当应力超过材料屈服点时，将使表层金属产生压缩变形。切削后，表层金属比里层冷却快，收缩大，受里层金属的阻碍，使表层金属产生了残余拉应力。切削温度越高，残余拉应力也越大，甚至产生裂纹。所以磨削以残余拉应力为主。

③ 金相组织的变化引起体积变化而产生的残余应力　不同的金相组织有不同的密度。磨削时产生的高温可能使工件表面层的金相组织发生变化。以淬火钢磨削为例，淬火钢原来是马氏体组织，磨削后，表面层可能产生回火而变为屈氏体或索氏体，密度增大，体积减小，因受里层金属阻碍，故工件表面产生残余拉应力。

(3) 表面层金相组织变化与磨削烧伤

车削加工中，切削热大部分被切屑带走，表面温度升高不大，不可能达到相变温度。而磨削中，尤其在冷却液不充分或冷却液不能到达磨削区时，砂轮与工件接触处温升达到相变温度，甚至达 1 000℃，金相组织发生变化，硬度下降，出现细微裂纹，甚至彩色氧化膜，称之为烧伤。烧伤程度有不同，轻度烧伤表面无色，但金相组织已变化，耐磨性急剧下降，这对于淬火后需经磨削的重要表面是不允许的，所以磨削烧伤要尽量避免。如轴承内外环经精磨后，检验员用肉眼检查不出烧伤在何处，必须用专用检验液逐只检查发现其烧伤部位，以免存在隐患。

影响磨削烧伤的因素有：

① 磨削用量　引起烧伤最重要的因素是磨削深度过大，从而引起烧伤程度增大，尤其粗磨削时，磨削深度不能选得太大。工件纵向进给量越大，磨削烧伤越少，为了弥补增大粗糙度值的缺陷，可采用宽的砂轮磨削。工件速度增大，虽然发热量增大，但热作用时间减少，金相组织来不及变化，从而能减少烧伤。因此，用较宽砂轮磨削或提高砂轮线速度可以降低烧伤程度并可减细粗糙度。

② 工件材料　工件材料硬度越高，磨削热量越多，材料过软，易堵塞砂轮，使磨削温度上升；工件强度越高，磨削消耗功率越大，发热也越多；工件韧性越大，磨削力越大，发热越多，故材料强度、硬度越大，导热性越差的材料越容易产生磨削烧伤。

③ 砂轮选择及其修整　砂轮粒度细、硬度高、自砺性差，则磨削温度高。砂轮组织太紧密，砂轮易堵塞容易引起烧伤。

砂轮钝化时，在工件表面打滑，仅起挤压和摩擦作用，使磨削温度增高，也容易引起烧伤。

④ 冷却条件　冷却液可以带走磨削区的热量，避免烧伤。常见的冷却方法效果欠佳，因为高速旋转的砂轮会造成圆周表面的强气流，使切削液不易进入磨削区达到有效冷却。所以可改用开槽砂轮和内冷却砂轮磨削。

2.7.3 机械加工过程中的振动

机械加工时工艺系统的振动,会使工件表面留下振纹,降低工件的表面质量,也缩短刀具和机床的使用寿命,限制了生产率的提高,强烈的振动会引起刀刃崩裂或产生刺耳的噪声,噪声影响工人的健康。因此,工艺系统的振动是十分有害的。为了保证零件的表面质量和提高生产率,我们必须认真分析产生振动的原因,寻找消除和减小振动的途径。

1) 强迫振动

由外界持续的周期性干扰力激发和维持的振动称强迫振动。

(1) 强迫振动的特点

① 强迫振动本身不能改变干扰力,干扰力与切削过程无关。干扰力消除,振动就停止;

② 强迫振动的频率与外界周期性干扰力的频率相同或是它的整数倍;

③ 干扰力的频率与系统的固有频率相近或相等时,产生共振,振幅达最大值;

④ 强迫振动的振幅与干扰力、系统的刚度及阻尼有关。干扰力越大、刚度及阻尼越小,则振幅越大。

(2) 强迫振动的振源

① 机床上高速回转零件的不平衡引起周期性变化的离心力。如砂轮、卡盘、主轴和带轮等的不平衡运转;

② 机床传动零件的误差引起周期性变化的传动力。如齿轮的制造及装配误差、滚动轴承的滚动体尺寸误差、液压系统中的液压波动等;

③ 机床往复运动部件换向时的惯性冲击及切削过程的间隙特性引起的振动。如刨、铣、拉、冲压等加工;

④ 系统外部的周期性干扰力。如正在进行加工的机床附近有振源,经地基传入引起振动。

(3) 减小或消除强迫振动的途径

① 对高速回转的零件进行静平衡或动平衡。如磨床砂轮及高精度机床的驱动电机的平衡;

② 调整轴承间隙或导轨镶条的间隙;

③ 提高传动装置的稳定性。如提高齿轮制造和装配精度,以斜齿代替直齿圆柱齿轮的传动,主轴上安装飞轮,精密机床上用叶片泵或螺杆泵代替齿轮泵,在液压系统中采用缓冲装置等;

④ 隔离外部或内部振源。如高精度机床的动力源与机床本体分别安装在两个基础上,以隔离内部振源;在机床周围挖防振沟以隔离外部振源;

⑤ 提高接触刚度和增强工艺系统的刚度。如采用刮研接触面,提高接触刚度;调整镶条,减小零部件的配合间隙;采用中心架和跟刀架增强工艺系统的刚度等;

⑥ 减少切削力的波动改变切削用量及破坏干扰力的频率,以避开共振的可能性。

2) 自激振动

在机械加工中由切削过程自身激发产生交变的切削力所引起的不衰减振动。不受外界周期性干扰力的作用发生振动,切削过程终止,振动随之消失,这种振动称自激振动(颤振)。

自振系统是由一个固定能源(电机)、振动系统(工件、刀具、机床)和调节系统(动态的切削过程)所组成的封闭反馈自控系统。如图 2.39 所示。由固定能源提供能量,经调节系统——切削过程,产生交变力。交变力促进振动系统中的振动元件产生振动位移 Δy,这就是激振;振动元件又对调节系统产生反馈作用,再次产生交变力 ΔF。这样周而复始,不会衰减,除非切削本身停止。

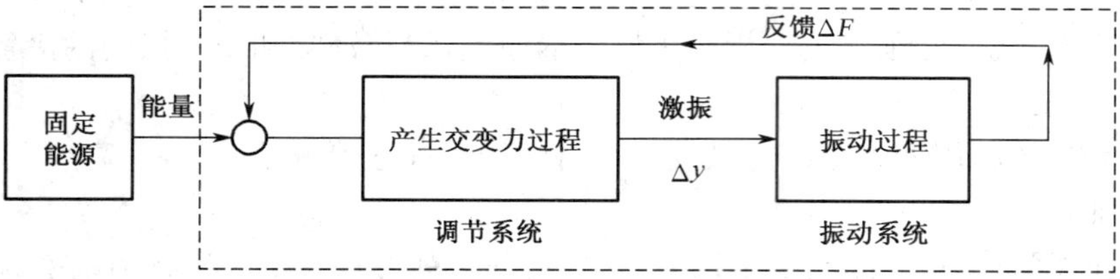

图 2.39 自振系统

(1) 自激振动的特点

① 自激振动是一种不衰减的振动,其能否产生及其振幅大小,决定于每个振动周期内系统所获得的能量与阻尼消耗能量的对比。能量可以由非交变特性的能源获得,获得的能量大于消耗的能量,则振动持续且振幅也增大;

② 由于维持振动的干扰力是由振动过程本身所激发,故振动中止,干扰力及能量补充过程也立即消失;

③ 自激振动的频率等于或接近于系统的固有频率,所以,完全由系统本身的参数决定。按其频率高低,可分高频(500～5 000 Hz)和低频(50～500 Hz)。

(2) 控制和消除自激振动的措施

① 提高振动系统的刚度　尤其是机床零件间的接触刚度;减少运动部件的间隙;提高工艺系统刚度即提高工件、长镗杆和尾座等薄弱环节的刚度;调整小刚度主轴的截面形状及方位,如采用削扁镗杆,外圆车削时车刀反装等措施;

② 合理选择刀具的几何参数　刀具几何参数中,对振动影响最大的是主偏角 κ_r 和前角 γ_0。用主偏角 $\kappa_r = 90°$ 的直角偏刀车削外圆,可减少切削力 F_y 对振动的影响;增大前角 γ_0,使切削力减少,振幅下降;适当减小刀具后角 α_0($\alpha_0 = 2° \sim 3°$),增加切削阻尼,也可在后刀面上磨出 $\alpha_0 = 0°$ 消振棱;钻孔时适当增大钻头的横刃,以稳定钻头定中心。在刀具安装方面,车削外圆时,使刀尖高于工件中心,镗内孔则刀尖低于工件中心,以获得小的工作后角;

③ 合理选择切削用量　避开临界切削速度以削减自振。切削 45 钢自振动的临界切削速度见表 2.5,在切断、车端面或用宽刃刀具、成形刀具和螺纹刀具时,切削速度 $v < v_{lim}$。纵车及切环形工件端面时,宜选择 $v > v_{lim}$。刀具出现高频自振,则可提高切削速度和切削深度。增大进给量 f 有利于减小自振。周期性地改变车床、磨床头架的主轴转速可消除再生自振;

表 2.5　切削 45 钢自振的临界速度

进给量 f(mm/r)	0.025	0.075	0.15	0.225
临界速度 v_{lim}(m/min)	110～130	75～95	45～55	30～40

④ 增大系统中的阻尼以增大能量消耗,达到减振消振目的。如选用阻尼比大的材料制

造零件；在零件上附加高内阻材料；提高结合面的摩擦阻尼；在机床振动系统上附加阻尼减振器，在精密机床上采用液体静压轴承、静压丝杠和静压导轨。

(3) 常见的减振装置

减振装置常附加在工艺系统中，用来吸收或消耗振动时的能量，但它不能提高工艺系统的刚度。按其工作原理不同可分为三种类型：

① 摩擦式减振器　它是利用因固体或液体摩擦来消耗振动的能量，如图 2.40；

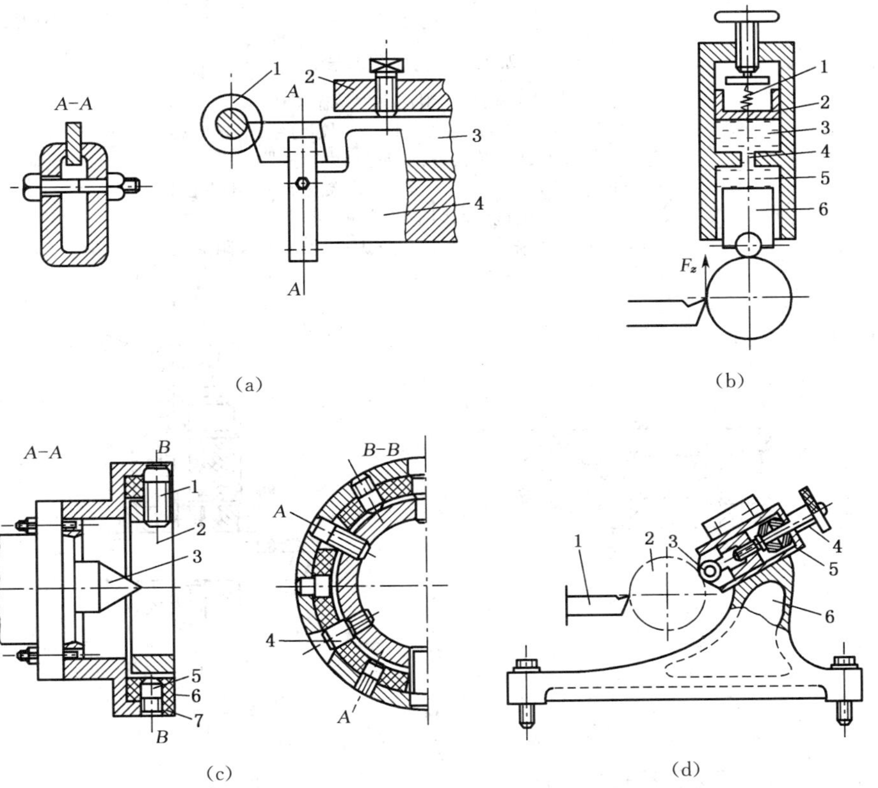

图 2.40　摩擦式减振器

(a) 切断刀用摩擦减振器

1—工件　2—刀架　3—切断刀　4—减振器

(b) 单柱塞液体摩擦减振器

1—弹簧　2—活塞　3—液压缸后腔　4—小孔　5—液压缸前腔　6—柱塞

(c) 拨盘式摩擦减振器

1—夹紧螺钉　2—支承环　3—顶尖　4，5—联接螺钉　6—橡皮减振元件　7—外壳

(d) 跟刀架式摩擦减振器

1—车刀　2—工件　3—滚子　4—调节螺钉　5—碟形弹簧　6—跟刀架

② 动力式减振器　它是因弹性元件把一个附加质量块联接到振动系统中，利用附加质量的动力作用，使弹性元件加在系统上的力与系统的激振力相抵消，如图 2.41；

③ 冲击式减振器　它是由一个与振动系统刚性联接的壳体和一个在壳体内自由冲击的质量块所组成。当系统振动时，由于自由质量块反复冲击壳体，消耗了振动能量，可显著减少振动，如图 2.42。

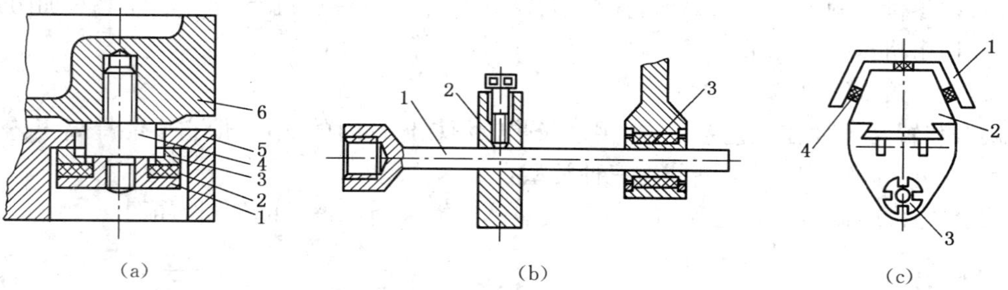

图 2.41　动力式减振器

(a) 滚齿机用阻尼动力减振器

1—螺母　2—弹性阻尼元件　3—垫圈　4—紧固螺钉　5—减振器　6—机架

(b) 用于铣床刀杆的阻尼动力减振器

1—杆(弹性元件)　2—重物　3—微孔橡皮垫圈(阻尼元件)

(c) 铣床用阻尼动力减振器

1—附加质量　2—铣床横梁　3—铣刀杆　4—弹性阻尼元件

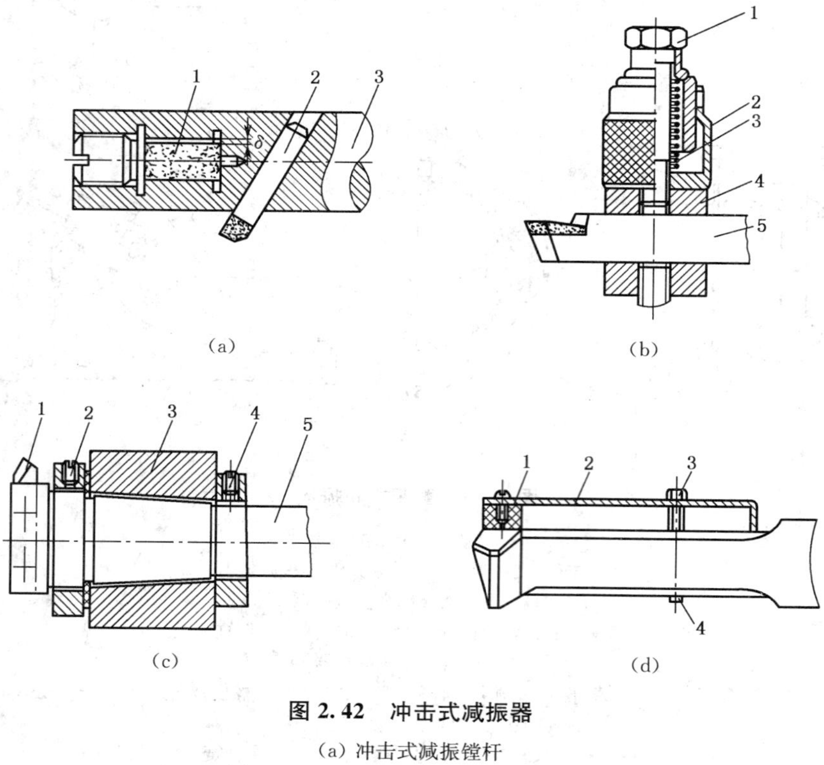

图 2.42　冲击式减振器

(a) 冲击式减振镗杆

1—冲击块　2—镗刀　3—镗杆　δ—间隙

(b) 冲击式减振车刀

1—调压螺钉　2—质量块　3—弹簧　4—减振器壳体　5—车刀

(c) 可调间隙冲击式减振器

1—镗刀　2，4—调节螺钉　3—冲击块　5—镗杆

(d) 簧片冲击式减振器

1—冲击块　2—弹簧片　3—调整弹力螺钉　4—顶丝

习题与思考题

2.1 在车床上车孔时，出现的三种形状误差（如图 2.43）各是什么原因？

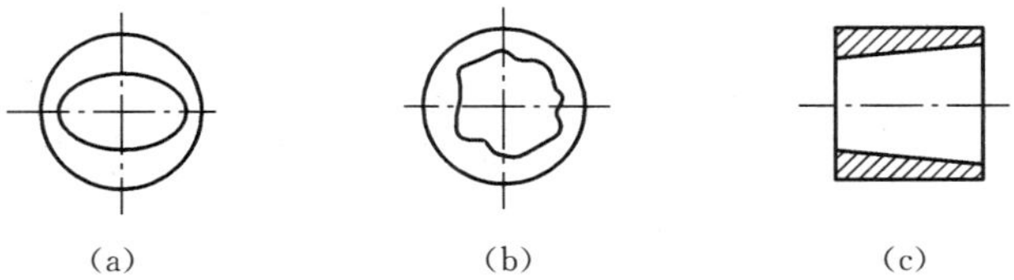

图 2.43 车孔出现的三种形状误差

2.2 在车床上用两顶尖安装工件，车削细长轴时，出现如图 2.44 所示的误差各是什么原因？并指出分别采用什么办法加以消除或减小。

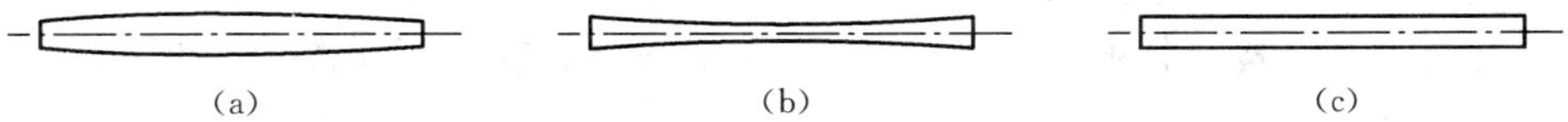

图 2.44 车细长轴出现的三种误差

2.3 在车床上加工一长度为 800 mm，直径为 60 mm 的 45 钢光轴。已知机床各部件的刚度分别为 $K_{tj} = 65\,000$ N/mm，$K_{wx} = 45\,000$ N/mm，$K_{dj} = 50\,000$ N/mm，加工时的切削力为 $F_x = 600$ N，$F_y = 0.4F_x$。试估算一次走刀后工件的轴向形状误差。

2.4 在车床上精车工件上的螺纹表面，工件总长为 2 650 mm，螺纹部分长度为 2 000 mm，工件材料与车床传动丝杠材料均为 45 钢。加工时的室温为 20℃，工件温升至 45℃，车床传动丝杠精度为 8 级（全长上螺距累积公差不超过 0.065 mm），且温升到 30℃。试计算加工后工件上的螺纹部分可能产生多大的螺距累积误差（45 钢线膨胀系数 $\alpha = 12 \times 10^{-6}$/℃）？

2.5 机械加工质量包括哪些内容？它对机械零件使用性能的哪些方面有影响？

2.6 切削加工中影响表面粗糙度的因素有哪些？降低表面粗糙度值的主要措施是什么？

2.7 工作表面产生冷作硬化的原因主要是哪些？

2.8 试述残余应力的由来。

2.9 振动分哪两种？常用哪些方法消除或减少振动？

3 轴类零件加工

3.1 概述

3.1.1 轴类零件的种类与结构

轴类零件是用来支承传动零件(如齿轮、带轮等)传递转矩和承受载荷,并保证装在轴上的零件具有一定的回转精度。

轴类零件的加工表面,通常有内外圆柱面、内外圆锥面和螺纹、花键、键槽、沟槽等。

轴类零件按其结构形状可分为光轴、阶台轴、花键轴、空心轴和曲轴等,如图 3.1 所示。

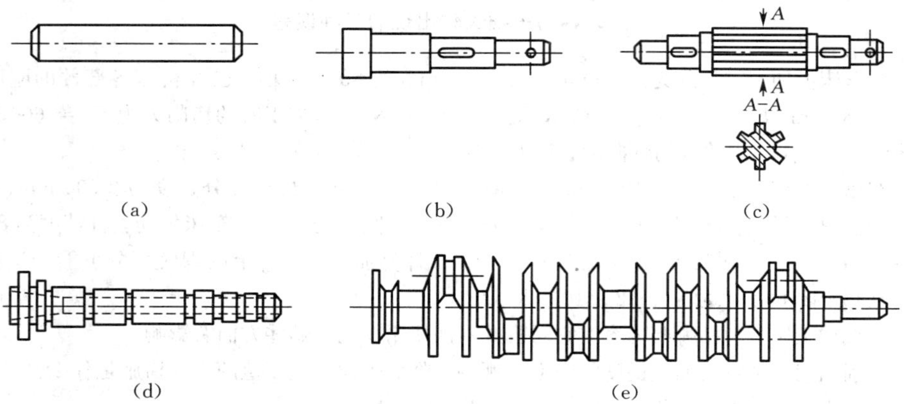

图 3.1 轴的种类

(a) 光轴 (b) 阶台轴 (c) 花键轴 (d) 空心轴 (e) 曲轴

3.1.2 轴类零件的技术要求

1) 加工精度

(1) 尺寸精度

主要是指轴的直径尺寸精度和长度尺寸精度。根据使用要求主要轴颈直径尺寸的公差等级通常为 IT6～IT9,特别精密的轴颈为 IT5。长度尺寸精度一般按未注公差尺寸的要求,阶台轴各阶台的长度要求较高时,其公差约为 0.05～0.2 mm。

(2) 几何形状精度

主要是指轴颈的几何形状精度(圆度、圆柱度),一般应限制在直径公差范围内。对几何形状精度要求较高时,可在零件图上标注出规定允许的偏差值。

(3) 相互位置精度

保证装配传动件的配合轴颈与装配轴承的支承轴颈的同轴度,是轴类零件相互位置精度的普遍要求。普通精度的轴，配合轴颈对支承轴颈的径向圆跳动一般为 0.01～0.03 mm；高精度轴为 0.001～0.005 mm。

2）表面粗糙度

配合轴颈的表面粗糙度值为 Ra 1.6～0.4 μm，支承轴颈的表面粗糙度值为 Ra 0.04～0.1 μm，一般非配合表面约为 Ra 6.3～1.6 μm。

3.1.3 轴类零件的材料和毛坯

1）轴类零件的材料

一般轴类零件的材料常用 45 钢，并根据不同的工作条件采用不同的热处理规范（如正火、调质、淬火、表面淬火等），以获得一定的强度、韧性和耐磨性。

对于中等精度而转速较高的轴类零件，可选用 40Cr、40MnVB 等中碳合金结构钢。这类钢经调质和表面淬火后，具有较高的综合力学性能。精度较高的轴，有时还用弹簧钢 65 Mn 和轴承钢 GCr15 等材料，通过调质和淬火（表面淬火）处理后，具有很高的耐磨性和耐疲劳性能。

对于在高转速、重载荷条件下工作的轴，可选用 20Cr，20MnVB，20CrMnTi 等低碳合金结构钢，经渗碳、淬火处理后，具有很高的表面硬度，耐冲击韧度和强度，但热处理时变形较大。特别重要的轴，可采用 38CrMoAlA 氮化钢，经调质和表面氮化处理后，表面硬度很高，有优良的耐磨性和耐疲劳性能，氮化处理时因温度低，又不需淬火，故热处理变形很小。但氮化钢的价格昂贵，氮化处理的时间很长，又需专用的氮化设备，这些都大大增加了零件的成本，所以应严格控制选用。

机床主轴常用材料及热处理方法见表 3.1。

表 3.1 机床主轴常用材料及热处理

机床主轴种类	材料	预备热处理方法	最终热处理方法	表面硬度(HRC)
车床、铣床、钻床主轴	45	正火或调质	局部淬火后回火	45～52
平面磨床主轴 外圆磨床砂轮架、头架主轴	9Mn2V	锻造后球化退火 调质	淬火后去应力回火	62
精密车床主轴	40Cr	调质	局部淬火后回火	52～56
齿轮磨床主轴	20CrMnTi	正火	渗碳淬火后回火	58～63
卧式镗床主轴 高精度外圆磨床砂轮架主轴	38CrMoAlA	调质 除应力处理	氮化	65 以上 (HV>900)

2）轴类零件的毛坯

轴类零件最常用的毛坯是圆棒料和锻件，只有某些大型或结构复杂的轴才采用铸钢件，曲轴常采用球墨铸铁铸件。

光轴或直径相差不多的阶台轴常用热轧或冷拉棒料。

由于毛坯经加热锻造后，能使金属内部纤维组织沿表面均匀分布，从而可以得到较高的抗拉、抗弯强度。所以一般比较重要的轴多采用锻件。

3.1.4 轴类零件外圆表面的加工路线

为了将轴类零件的外圆表面加工到所要求的精度和表面粗糙度，可以参考表 3.2 所示的加工路线。

表 3.2 轴类零件外圆表面的加工路线

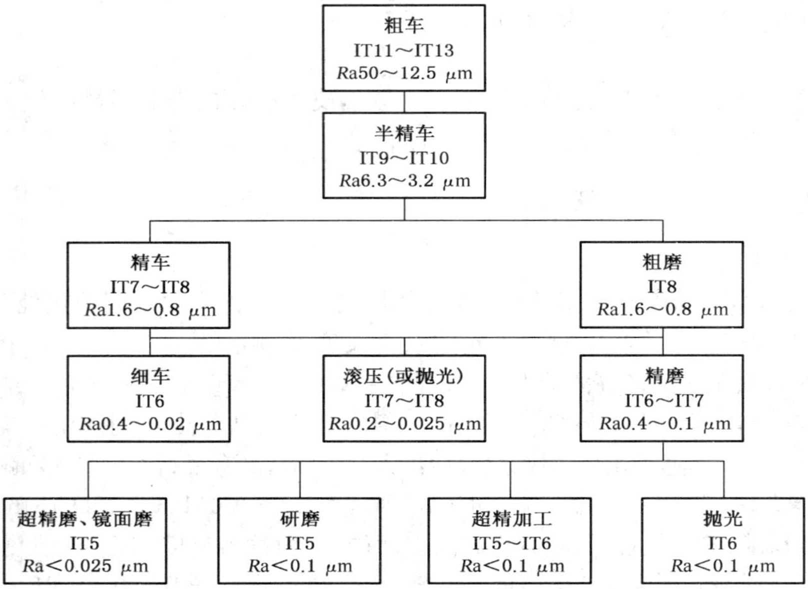

3.2 轴类零件的精密加工

3.2.1 高速精细车

高速精细车的特点是切削速度高($v_c=100\sim300$ m/min),切削深度小($a_p=0.1\sim0.3$ mm),进给量小($f=0.04\sim0.08$ mm/r),因为切削速度很高,而切削截面小,故切屑塑性变形小,切削力小,发热小,所以表面质量好。加工尺寸公差等级可达 IT5～IT7,表面粗糙度值为 Ra 0.8～0.1 μm。

高速精细车是加工小型有色金属零件的主要方法,比加工铸铁和钢料能获得较细的表面粗糙度(为 Ra 0.4～0.1 μm)。在加工大型精密外圆表面时,精细车常用以代替磨削加工。

高速精细车要求机床精度高,刚性好,传动平稳,能微量进给,无爬行现象。

高速精细车一般采用硬质合金刀具,当要求达到 Ra 值小于 0.05 μm 时,须使用金刚石刀具,通常称为镜面车削。金刚石车刀的切削刃形状,如图 3.2 所示,其几何角度如下:前角 $\gamma_0=-1°\sim+6°$,后角 $\alpha_0=6°\sim15°$,主偏角 $\kappa_r=5°\sim45°$,副偏角 $\kappa_r'=5°\sim12°$,刀尖圆弧半径 $r_\varepsilon=0.15\sim5$ mm,切削刃可制成直线形、圆弧形、多棱形等形式。由于金刚刀在 788℃ 时开始发生石墨化而变软,因此,在车削时,一定要对切削区进行强制冷却(一般采用酒精喷雾冷却)。金刚石车刀价格昂贵,并且需用高精

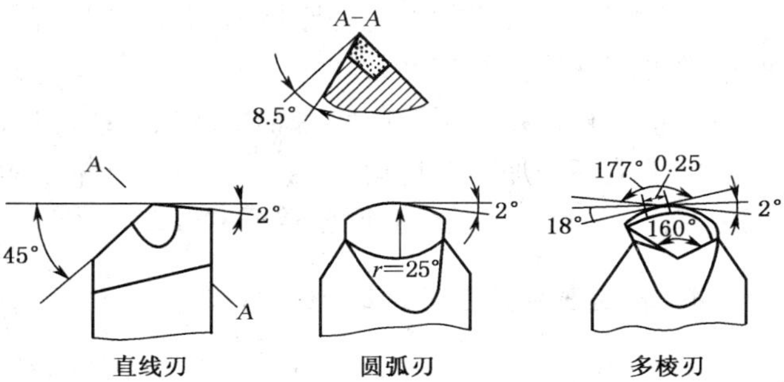

图 3.2 金刚石车刀切削刃形状

度车床才能进行镜面车削，所以一般轴类零件加工时无法考虑使用，目前只用于加工如计算机磁盘基片、录像机上的磁鼓以及复印机上的硒鼓等。因为这些零件一般用有色金属或不锈钢制成，用磨削方法一般无法达到其精度和表面粗糙度。

3.2.2 超精密磨削

磨削加工后，工件表面粗糙度值 $Ra \geqslant 0.1\ \mu m$ 的称为一般磨削；Ra 0.1～0.05 μm 称为精密磨削；Ra 0.025～0.012 μm 称为超精密磨削；$Ra<0.012\ \mu m$ 称为镜面磨削。

超精密磨削的实质在于砂轮磨粒的作用，经过精细修整后砂轮表面的磨粒形成许多微刃（图 3.3），这些微刃的等高性程度大大提高，磨削时参加磨削的切削刃就大为增加，能在工件表面切下微细的切屑，形成粗糙度较细的表面。随着磨削过程的继续进行，锐利的微刃逐渐磨损而变得稍钝，这就是半钝化状态（半钝化期）。这种半钝化的微刃虽然切削作用降低了，但是在一定压力下能产生摩擦抛光作用，可使工件获得更细的表面粗糙度，直至最后磨粒处于钝化期时，磨粒在被磨削的工件表面就起抛光作用了。

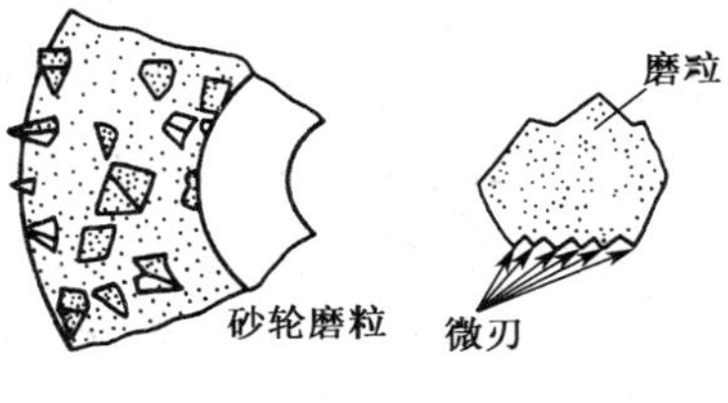

图 3.3 磨粒的微刃

砂轮的粒度和结合剂以及砂轮修整的质量对磨削的效果有着直接的影响。精密磨削时采用普通粒度（60# ～80# ）的砂轮，经过精细修整后，以较小的进给量（0.002～0.005 mm）经几次（1～3 次）光磨后就可达到。超精密磨削时采用较细粒度（60# ～320# ）的砂轮，经过更精细修整后，以更小的进给量（<0.002 5 mm），经过多次（4～6 次）光磨后才能达到。镜面磨削时需用细粒度（W14～W10）树脂结合剂砂轮，经过多次精细修整，以极小的进给量（<0.002 5 mm），经过很多次（20～30 次或更多）光磨后才能取得。

3.2.3 超精加工

超精加工是用细粒度的油石，以较低的压力和切削速度对工件表面进行精密加工。加工时有三种运动，如图 3.4 所示，即工件低速回转运动、磨头轴向进给运动、油石高速往复振动，这三种运动的合成使磨粒在工件表面上形成不重复的轨迹。超精加工的切削与磨削和研磨不同，当工件粗糙的表面磨平后，油石能自动停止切削。

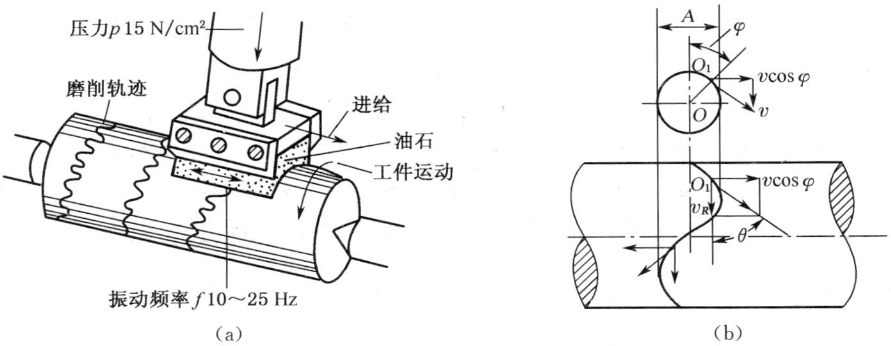

图 3.4 超精加工的运动

(a) 超精加工运动 (b) 超精加工轨迹

超精加工需在充足的切削液供应下进行。切削液的作用，在工作开始阶段是冲洗切屑和脱落的磨粒，以促进切削的进行；在工作后期是在油石与工件之间形成油膜，使磨粒由磨削过程逐步转入摩擦抛光的过程。常用的切削液成分是80%煤油和20%机油，切削液需要有精细的过滤装置。

超精加工的特点：

(1) 生产率高，特别是在加工镜面时，比镜面磨削的效率要高得多，并且对预加工表面的要求也不高(表面粗糙度值 Ra 0.4 μm)；

(2) 磨削力和磨削热都很小，所以加工表面几乎不产生表面烧伤、退火等变质层，并能消除预加工时留下的螺旋形、多边形、波纹等缺陷；

(3) 表面粗糙度值一般为 Ra 0.04 μm，最小可达 0.01 μm；

(4) 使用的设备简单，一般将旧车床改装后，即可进行超精加工；

(5) 纠正工件的形位误差能力差(只能微量减少某些形状误差，如圆度、波纹度)，所以工件的形状和位置精度须由预加工工序得到保证。

由于超精加工具有以上特点，所以广泛应用于加工内燃机的曲轴、凸轮轴、轧辊、轴承和精密量具等，并能加工外圆、内孔、平面和球面等各种表面。

3.2.4 研磨

研磨是一种简便而又可靠的精密加工方法。研磨时，将微粒磨料涂在工件表面与研具之间，研具在一定的压力下与工件表面作复杂的相对运动，对工件表面进行微量磨削。经过研磨的表面，尺寸与形状精度可达 1～3 μm，表面粗糙度值为 Ra 0.04～0.01 μm。

研磨方法可分为机械研磨和手工研磨两种。机械研磨在研磨机上进行，生产效率高，但只能加工形状简单的小型零件，如滚动轴承中的滚珠和滚柱。手工研磨生产率低，劳动强度大，可以研磨轴类零件。

研磨外圆时，所用的研具如图 3.5 所示。研磨套 2 开有直槽，与夹套为间隙配合，将研磨套装入夹套内孔后，在螺孔 3 内旋入螺钉，并对准凹坑 4，以防止研磨套受力后发生转动。工件可夹在车床卡盘上或用顶尖支承，作低速旋转，在工件外圆涂一层均匀的研磨膏，套入研磨套的内孔。转动螺钉 5 和 6，使夹套 1 和研磨套 2 产生弹性变形，工件即受到一定的研磨压力，用手握住手柄 7 推动研具往复运动，即可对工件外圆进行研磨。

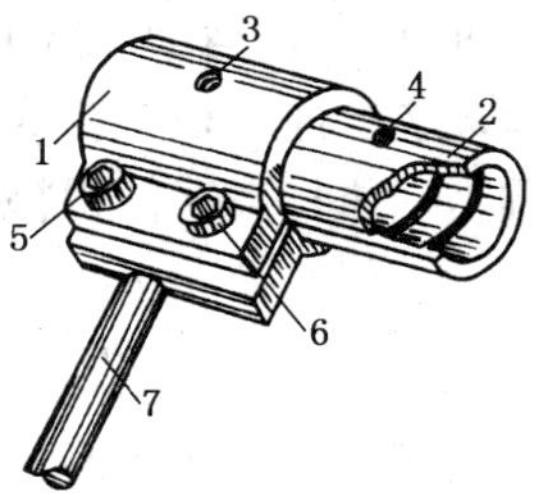

图 3.5 研磨外圆工具

研磨的质量在很大程度上取决于前道工序的加工质量，加工余量也不大，一般为 0.01～0.02 mm。

研磨广泛用于精密量具(如量块、千分尺)、轴承(如滚珠、滚柱)、油泵喷油嘴等的加工中，可以加工平面、内外圆柱面、圆锥面、球面、螺纹等。

3.2.5 滚压加工

滚压加工是利用金属产生塑性变形，从而达到改变工件的表面粗糙度、形状和尺寸精度的目的。

滚压加工是采用高硬度的滚珠或滚轮，对工件表面挤压产生塑性变形，使表面粗糙度值达到 $Ra\ 0.63 \sim 0.08\ \mu m$。塑性变形还使表面层产生冷作硬化和残余压应力，从而强化了表面层金属，强化层深度达 0.2～1.5 mm，表面硬度可提高20%～40%，因而使零件的抗疲劳强度、耐磨性和耐蚀性都有显著的提高。图 3.6 为滚压加工示意图，图 3.6(a)是用滚珠在弹簧的压力作用下对工件外圆进行滚压加工；图 3.6(b)是用滚轮对工件外圆和圆弧面进行滚压加工。

滚压加工是一种无切屑加工，所以工件的形状精度和相互位置精度要由前一道工序来保证。由于滚压加工的生产率高，当工件的形状和位置精度要求不太高的情况下，可以代替磨削和研磨加工。

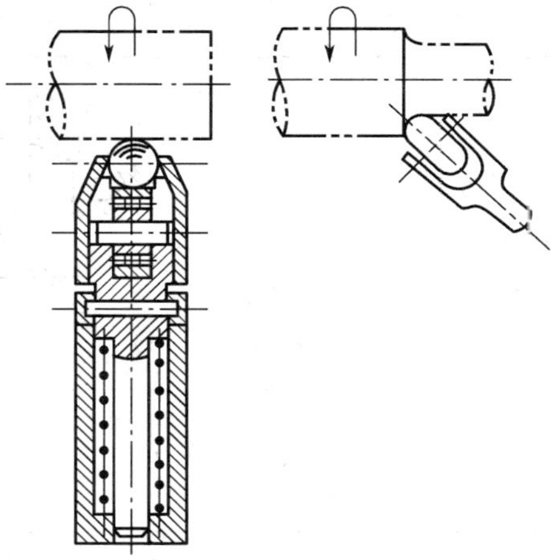

(a) (b)

图 3.6 滚压加工示意图

(a) 滚珠滚压 (b) 滚轮滚压

3.3 轴类零件的中心孔加工

中心孔是轴类零件加工时最常用的定位基准。60°圆锥孔的形状误差和其它缺陷，如圆度、圆锥度误差以及碰伤、拉毛、锈蚀等，都会直接影响工件的加工质量。

3.3.1 对中心孔的技术要求

(1) 圆锥孔的圆度要好，否则加工出的外圆表面也会产生同样的缺陷。

(2) 圆锥孔的表面粗糙度要细，不能有毛刺、划痕、锈斑等缺陷。

(3) 圆锥孔的角度要准确，两端的中心孔应在同一轴线上，否则会使中心孔与顶尖接触不良，如图 3.7(a)，(b)，(c)，容易使工件中心孔变形并很快磨损。

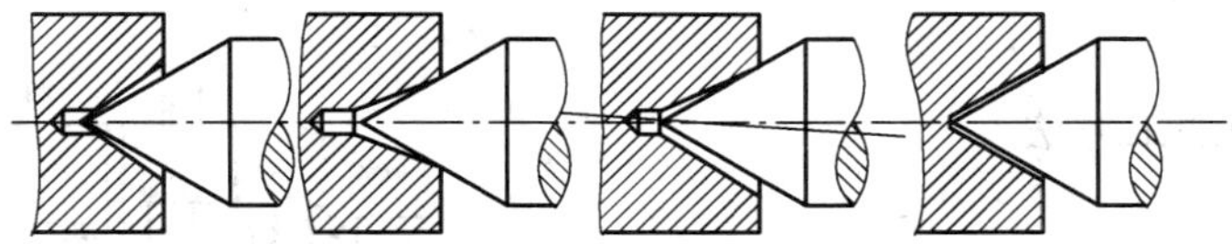

(a) (b) (c) (d)

图 3.7 工件中心孔与顶针接触不良

(a)，(b)圆锥孔角度不正确 (c) 中心孔轴线歪斜 (d) 圆柱孔太浅

(4) 中心孔前端的小圆柱孔不能太浅，否则会使顶尖顶住孔底，影响与圆锥孔的接触，如图 3.7(d)。

(5) 中心孔的尺寸应与工件的直径大小相适应，见表 3.3。以承受工件重量和加工时的切削力，否则会加速中心孔和顶尖的磨损。

表 3.3 中心孔尺寸 mm

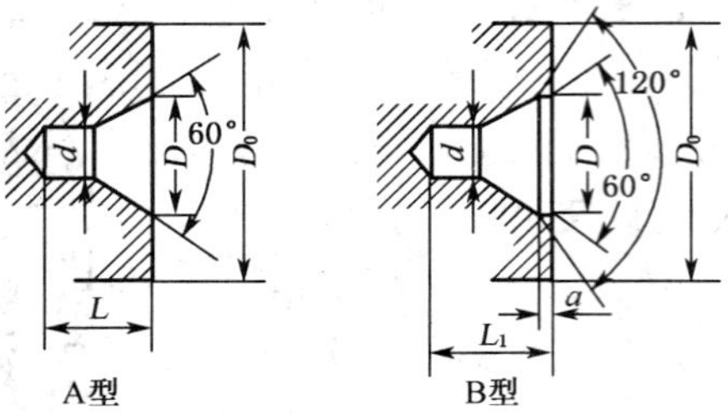

d	D 最大	L	L_1	a	选择中心孔的参考数据		
					原料端部最小直径 D_0	轴状原料最大直径 D_0	工件的最大重量(kg)
0.5	1	1	1.2	0.2	2	>2	—
0.7	2	2	2.3	0.3	3.5	>3.5	—
1	2.5	2.5	2.9	0.4	4	>4	—
1.5	4	4	4.6	0.6	6.5	>7	15
2	5	5	5.8	0.8	8	>10	120
2.5	6	6	6.8	0.8	10	>18	200
3	7.5	7.5	8.5	1	12	>30	500
4	10	10	11.2	1.2	15	>50	800
5	12.5	12.5	14	1.5	20	>80	1 000
6	15	15	16.8	1.8	25	>120	1 500
8	20	20	22	2	30	>180	2 000
12	30	30	32.5	2.5	42	>220	3 000
16	38	38	40.5	2.5	50	>260	5 000
20	45	45	48	3	60	>300	7 000
24	58	58	62	4	70	>360	10 000

注:1. 中心孔表面粗糙度,按用途自行规定。
2. 不要求保留中心孔的零件采用 A 型;要求保留中心孔的零件采用 B 型。

3.3.2 中心孔的加工方法

1) 钻中心孔

一般都以工件外圆作为粗基准,在车床上用卡盘装夹,先车端面,再钻中心孔。较长的工件可搭中心架支承,找正工件外圆后,再车端面,钻中心孔。

大型轴类工件无法在车床钻中心孔时,可采用划线法找出中心,然后在钻床上加工。

在大批、大量生产时,为提高生产率和加工精度,常采用卧式双面专用机床,可以同时铣削工件

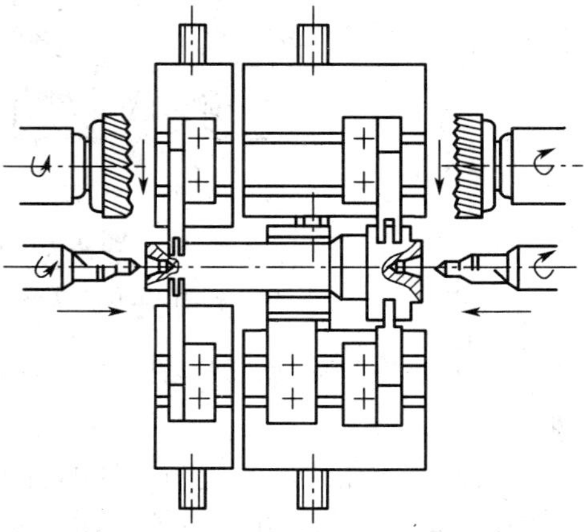

图 3.8 铣端面钻中心孔机床工作原理

的两端和钻中心孔。图 3.8 为该机床的工作原理,机床工作台两侧各有一个铣削头和钻中心孔的动力头。工件由夹具的左右两个 V 形块定位夹紧,随工作台作横向进给,同时铣削工件的两端面,铣削完毕后工作台停止进给,钻孔动力头进给,钻削两端中心孔。

2) 精加工中心孔

(1) 用硬质合金顶尖刮研中心孔

刮研用硬质合金顶尖的 60°圆锥面,应修磨成角锥形状,使圆锥面磨出四条(或三条)均匀分布宽度为 0.10~0.20 mm 的刃带(图 3.9(a))。刮研中心孔可在台式或立式钻床上进行。刮研时应在中心孔内加入少量用机油调好的氧化铬粉,可起研光作用。这种方法加工的中心孔圆度可达 1 μm,表面粗糙度值可达 Ra 0.8 μm。

图 3.9(b)是用钻床改装成的中心孔刮研机。四棱硬质合金顶尖 2 装在主轴 1 的锥孔中,顶尖座 4 上装有下顶尖 3,它与顶尖 2 在同一轴线上,顶尖座可沿着主柱 5 的导轨垂直移动,以适应工件长度的变化。刮研时,将工件顶在两顶尖间,并用手扶住。硬质合金顶尖由主轴带动作快速旋转(转速为 300 r/min 左右),同时在轴向紧压工件,刮研几次即可。一端中心孔刮研后,可调头刮研另一端。

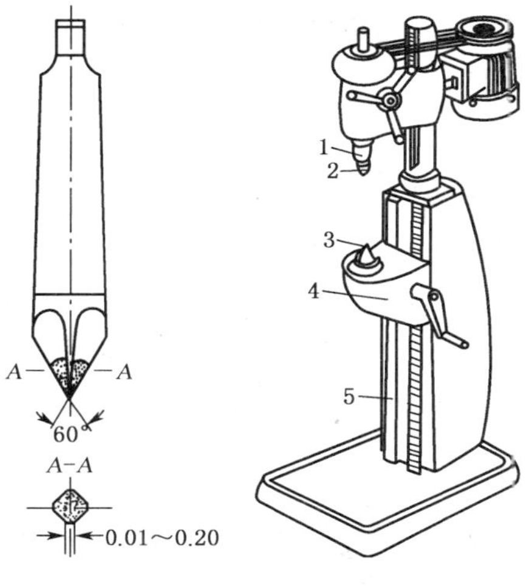

图 3.9 硬质合金顶尖和中心孔刮研机

(2) 用油石研磨中心孔

研磨时,先将圆柱形油石夹在车床卡盘上,用装在刀架上的金刚石将它的前端修整成 60°圆锥,将工件顶在油石顶尖和车床后顶尖之间,若工件较长,则需搭中心架支承在中间,如图 3.10 所示。再在油石上加少量润滑油,开动车床使油石转动,用手缓慢转动车床尾座手轮,使油石与工件之间保持一定的研磨压力。

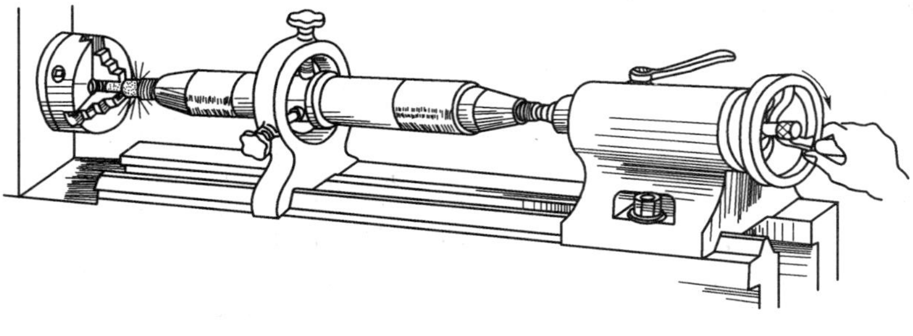

图 3.10 在车床上用油石研磨中心孔

采用这种方法研磨的中心孔质量较高,并且可以研磨尺寸较大的中心孔,常用于修正精度要求较高的中心孔,在生产中应用最广。

将上述方法中的油石换成铸铁顶尖,并加入研磨剂,也可研磨中心孔,它适用于研磨精度要求更高的中心孔。

(3) 用中心孔磨床修磨中心孔

修磨时工件夹持在机床上,砂轮作行星磨削运动,并沿与工件轴线成 30°方向作进给运动，如图 3.11 所示。由于中心孔磨床精度很高，砂轮又可作进给运动，可以避免因砂轮磨损而引起的形状误差，因此经磨削后的中心孔有极高的形状精度，其圆度可达0.8 μm。常用于修磨淬硬的精密零件的中心孔，如高精度机床主轴、精密心轴、精密丝杠等。

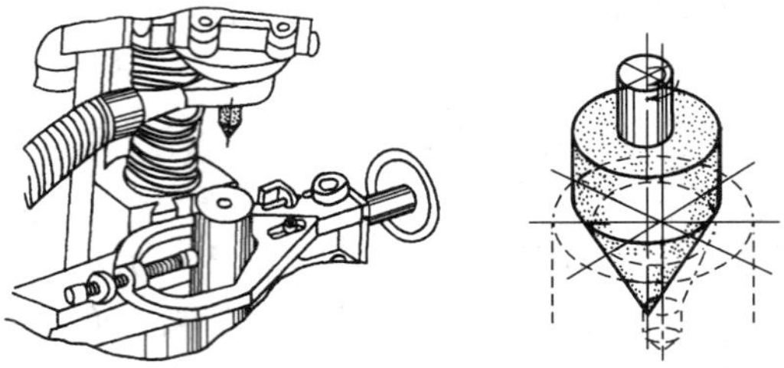

(a) (b)

图 3.11 中心孔磨床

3.3.3 提高中心孔定位精度的方法

用工件两端中心孔作为定位基准，在精磨和超精磨工件时，由于顶尖和中心孔本身的误差，以及顶尖与中心孔的接触误差，都会影响工件的加工精度。图 3.12 为用内顶尖和精密钢球顶住工件中心孔进行磨削加工。由于此时工件中心孔与顶尖并不接触，而是由淬硬的精密钢球接触支承工件，钢球与工件中心孔和内顶尖锥孔都为一个圆的线接触，因此能起自动调心作用，这样就可避免顶尖与中心孔的本身误差和接触误差，从而提高磨削精度。

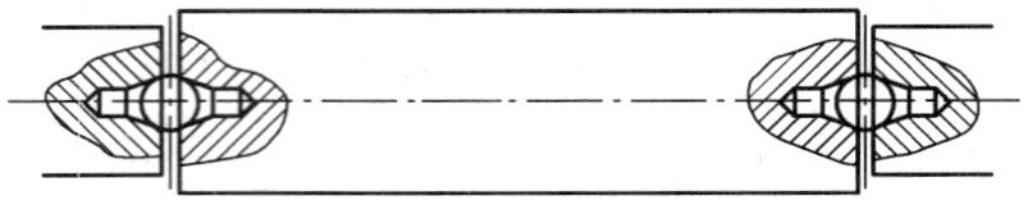

图 3.12 用精密钢球支承工件

3.4 典型轴类零件的加工工艺

3.4.1 花键轴的加工工艺

1) 花键轴的加工工艺

(1) 热处理工序的安排

图 3.13 花键轴中的技术条件为调质处理后硬度达 240 HBS。调质处理的工序，可安排在粗车前或粗车后，安排在粗车后进行调质比较合理，因为这样可消除粗车时产生的内应力。

(2) 定位基准的选择

该花键轴的各挡外圆尺寸精度要求都比较高，用精车或磨削的方法都能达到。因属中批生产，故虽然表面粗糙度要求不高，仍采用磨削来保证加工精度较为合适。在车削和磨削外圆时，均以两端中心孔作为精基准定位。而加工两端面和中心孔以及左端螺孔时，均以外圆作为粗基准。由于热处理时中心孔易产生变形或锈蚀，故最好能安排研中心孔工序，其次序放在车孔口倒 60°和 120°角之后，半精车外圆之前。

(3) 花键的加工

精度不高的花键轴可在铣床上用分度头在两顶尖中安装，用成形铣刀铣出。精度要求较高的花键轴须在专用的花键铣床上，用花键滚刀加工。若花键轴表面需经淬火处理，则需用花键磨床进行磨削。根据图中花键部分要求：键侧面对 $A—B$ 轴线的位移度均为 0.02 mm，必须采用花键滚刀滚切才能达到要求。由于工件两端阶台长度较短，为了保证花键滚刀越出行程长度，同时便于夹紧和加工时承受转矩，加长尺寸应由花键滚刀直径来决定，现确定将工件右端加长 28 mm，待精磨后车去。

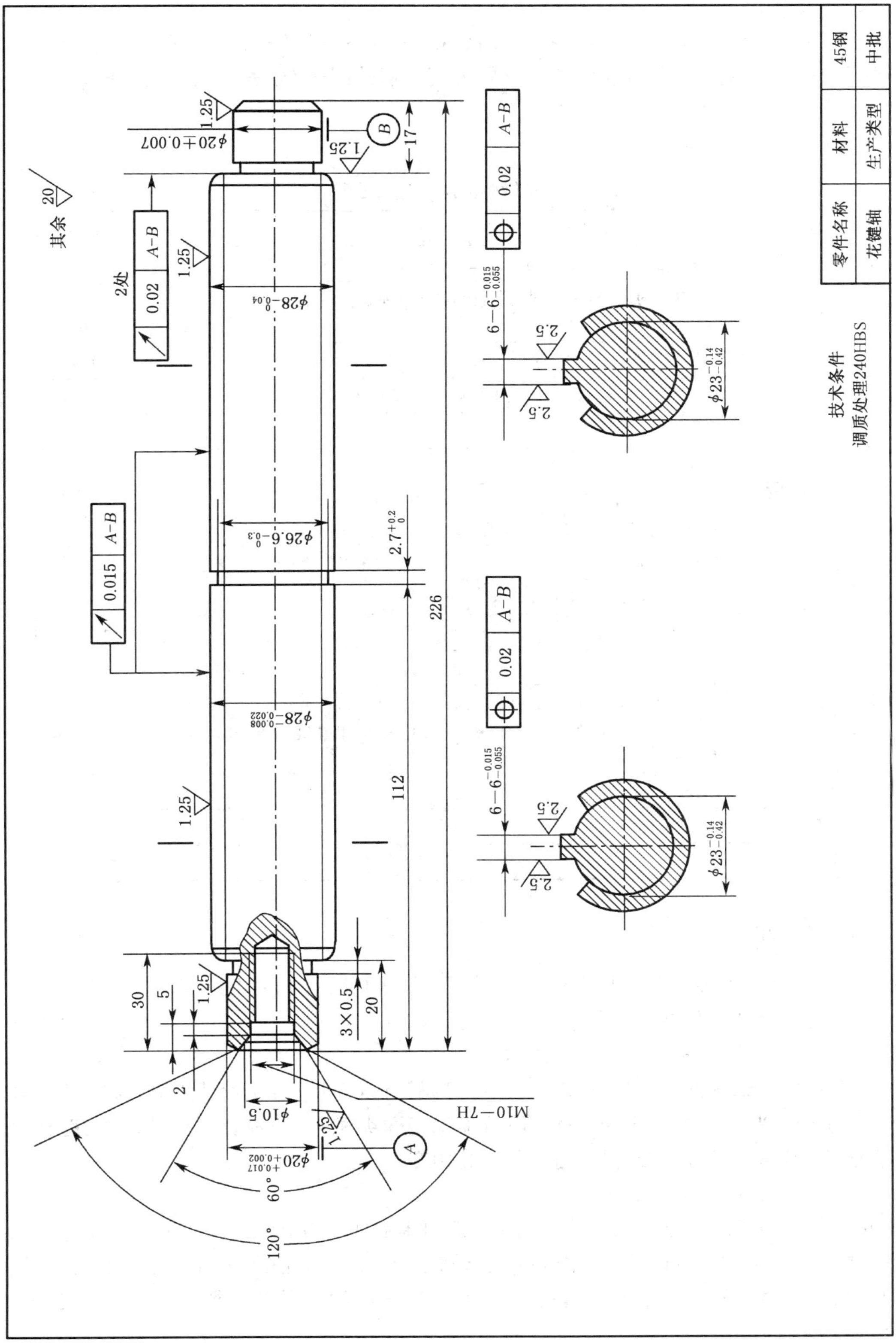
零件名称
花键轴
材料
45钢
生产类型
中批
技术条件
调质处理240HBS
其余
2处
M10—7H
226
112
120°
60°

图 3.13 花键轴

2）花键轴的加工工艺

花键轴的加工工艺路线为：备料→车端面、钻中心孔→粗车→钻孔（车床）→攻螺纹（钳工）→调质→精车→粗滚花键→精滚花键→修毛刺→磨外圆→车（去工艺夹头）→清洗→检验入库。

花键轴的加工工艺过程见表 3.4。

表 3.4 花键轴的加工工艺过程

工序号	工序名称	安装	工 序 内 容	定位及夹紧
1	备料		棒料，毛坯加长 28 mm，全长为 254 mm(28 mm 为工艺夹头)	
2	车	1 2	车工艺夹头 $\phi18$ mm×28 mm，在右端车端面，钻中心孔 调头，车另一端面，钻中心孔	外圆 外圆
	车		粗车各段外圆，留加工余量 2～2.5 mm	两端中心孔
	车		钻左端螺纹 M10—7H 孔至小径 $\phi8.5$ mm，车孔口 $\phi10.5$ mm	外圆
3	钳		攻螺纹 M10—7H	
4	热处理		调质硬度 240 HBS	
5	车	1	半精车左端外圆 $\phi20^{+0.017}_{+0.002}$ mm，留加工余量 0.2～0.3 mm，长度车至尺寸，孔口分别倒 60°和 120°棱，车退刀槽 3 mm×0.5 mm	外圆
	车		半精车各处外圆，留加工余量 0.2～0.3 mm，车退刀槽和中间挡圈槽	两端中心孔
6	铣		粗铣花键，两侧留加工余量 0.3 mm	两端中心孔
	铣		精铣花键至尺寸	两端中心孔
7	钳		去掉毛刺	
8	磨	1 2	磨花键外圆 $\phi28_{-0.04}^{0}$ mm 和端面、磨外圆 $\phi20\pm0.007$ mm 至图样要求 调头，磨另一端外圆 $\phi20^{+0.017}_{+0.002}$ mm 至图样要求，磨花键外圆 $\phi28^{-0.008}_{-0.022}$ mm 及端面至图样要求	两端中心孔 两端中心孔
9	车		车去工艺夹头部分	外圆
10	清洗			
11	检验			

3.4.2 钻床主轴的加工工艺

图 3.14 为钻床主轴的零件图，图 3.15 为钻床主轴部件的装配图（部分）。其材料为 40 Cr，生产类型为中批生产。

1）钻床主轴的结构分析

根据对钻床主轴零件图的分析，该零件的结构具有以下特点：从形状上看，该零件为多阶台结构的细长轴，且外圆直径相差较多；从加工表面类型看，外圆表面有光轴、花键和螺纹；内孔表面为锥孔，且有两径向腰形孔，与锥孔相交。

2）钻床主轴的技术条件分析

钻床主轴的技术条件是根据其功用和工作条件制订的。从图 3.14 钻床主轴零件图和图 3.15 主轴部件装配图可以看出，主轴的支承轴颈 A、B 是主轴部件的装配基准，因此技术条件中各项精度指标均是以支承轴颈 A、B 为基准确定的。现将主要加工表面的技术要求分析如下：

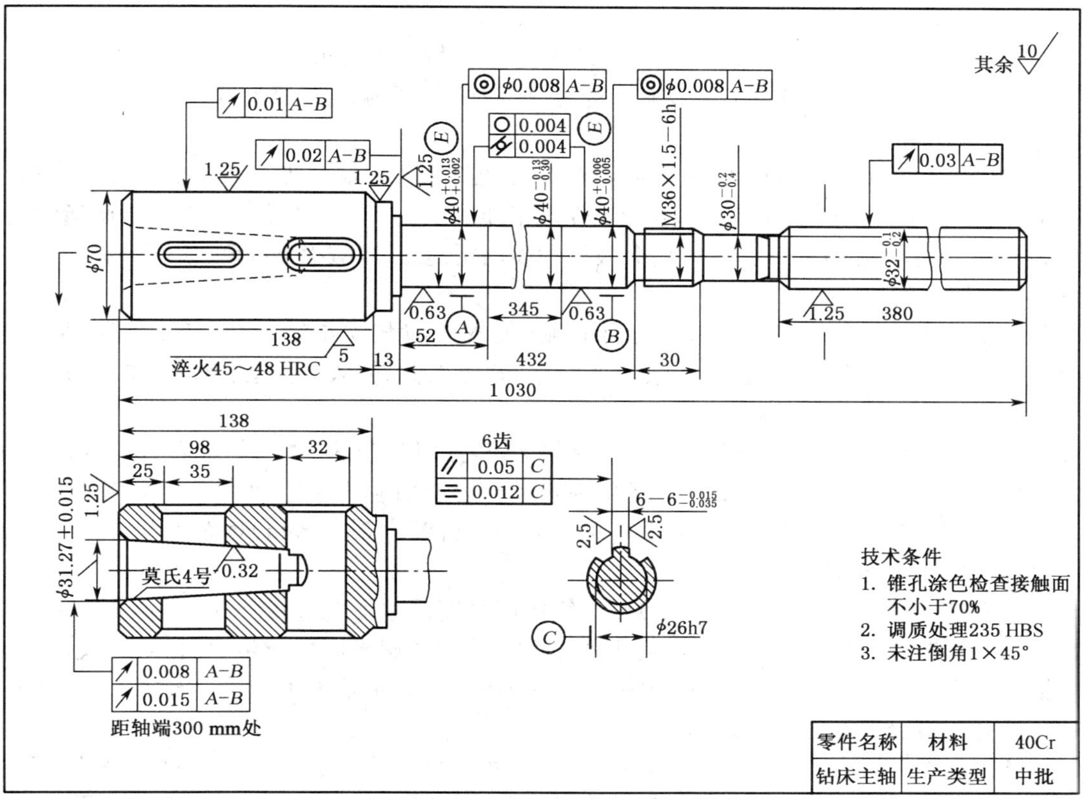

图 3.14 钻床主轴

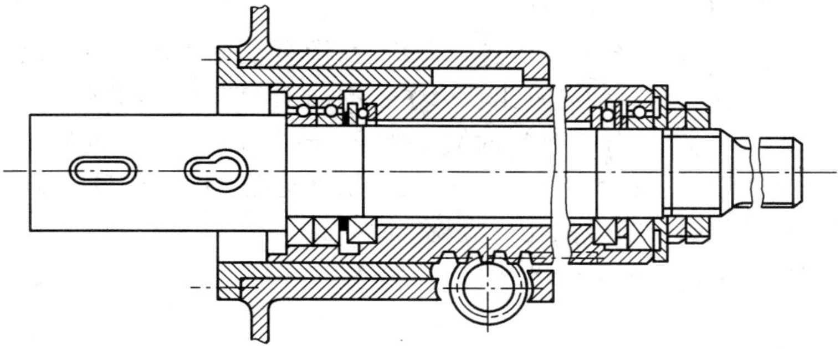

图 3.15 钻床主轴部件装配图

（1）支承轴颈的技术要求

主轴支承轴颈与两对角接触轴承相配合，前端 A 比后端 B 对主轴的回转精度影响大，故与轴承的配合 A 比 B 要紧些，其尺寸精度都按 IT5 级公差制造，都属过渡配合性质。A、B 的圆度和圆柱度要求都很高（0.004 mm），而表面粗糙度要求一般（Ra 0.63 μm），这也和装配滚动轴承有关。

由于主轴支承轴颈是主轴部件的装配基准，因而它的制造精度直接影响到主轴部件的回转精度。当支承轴颈有同轴度误差时，必将引起主轴的径向圆跳动，从而影响工件的加工质量，故 A、B 的同轴度要求很高（ϕ0.008 mm）。

(2) 锥孔的技术要求

主轴锥孔(莫氏4号)对支承轴颈 A、B 的跳动,在轴端处要求 0.008 mm;离轴端 300 mm 处要求 0.015 mm;锥孔涂色检查接触面不小于 70%;表面粗糙度值为 Ra 0.32 μm;硬度要求 45~48 HRC。

主轴锥孔是用来安装钻头、铰刀或钻夹头、锥度套的,其轴心线与两个支承轴颈的轴心线应尽量重合,否则将影响机床精度和工件加工质量。由于钻床工作时,需经常调换钻头、铰刀或工具,要求锥孔有一定的硬度和较细的表面粗糙度,以减少磨损和保持紧密接触。

(3) 轴肩的技术要求

主轴轴肩与角接触球轴承的端面相接触,要求轴肩与支承轴颈 A、B 的端面跳动在 0.02 mm 内,如果端面跳动量过大,会使轴承内圈轴心线倾斜,从而引起主轴的径向圆跳动。

(4) 花键的技术要求

主轴的花键部分是与传动主轴的 V 带轮花键孔相配合的,要求其轴心线与支承轴颈 A、B 的径向圆跳动在 0.03 mm 内,否则在传动时容易引起主轴振动。由于花键采用小径 C(ϕ26 h7)定心,故键侧面要求与基准 C 的轴心线平行度为 0.05 mm、对称度为 0.012 mm。

(5) 螺纹的技术要求

一般控制螺纹轴心线与支承轴颈轴心线的同轴度误差不超过 0.025 mm。若同轴度误差较大,螺纹轴心线产生歪斜时,会使主轴部件上的锁紧螺母同样产生歪斜,导致滚动轴承内圈轴心线倾斜,引起主轴的径向圆跳动。因此在加工主轴螺纹时,应与主轴颈在一次安装内同时加工,这样才能控制其同轴度。

通过以上分析可知:钻床主轴的主要加工表面是两个支承轴颈 A、B;莫氏4号锥孔;轴肩端面和花键部分。其中保证支承轴颈本身的尺寸精度、几何形状精度、两支承轴颈之间的同轴度、锥孔和支承轴颈的相互位置精度,是主轴加工的技术关键。

3) 钻床主轴的加工工艺过程

根据对主轴的结构特点、技术要求进行分析后,即可根据生产批量、设备条件等制订钻床主轴的加工工艺过程。制订前先列出钻床主轴的加工工艺路线:锻造→正火→车端面、钻中心孔→粗车→调质→半精车→划线(划腰形孔)→铣(腰形孔)→局部淬火→研中心孔→精车→粗铣花键→粗磨外圆→粗磨锥孔→车螺纹→精铣花键→时效处理→研中心孔→半精磨外圆→磨花键→精磨外圆→精磨锥孔→检验入库。

钻床主轴的加工工艺过程见表 3.5。

4) 钻床主轴的工艺过程分析

(1) 毛坯的选择

由于工件各段直径相差较大,若毛坯采用热轧圆钢,则必须按最大直径来选择,这样就会既浪费材料,又增加工时,提高零件的生产成本。而采用锻件只需锻成两段直径不同、形状简单的阶台轴,材料经锻造后又能提高零件的强度。

(2) 定位基准的选择

轴类零件的定位基准,一般都选择两端中心孔。因为轴类零件各外圆表面、锥孔、螺纹表面、花键表面的同轴度以及端面对旋转轴线的垂直度是其相互位置精度的主要项目,而这些表面的设计基准一般都是轴的中心线,如果用两端中心孔定位,就能符合基准重合的原则。而且,用中心孔作为定位基准,就能够最大限度地在一次安装中加工出多个外圆和端面,这也符合基准统一的原则。所以,应尽量采用中心孔作为轴加工的定位基准。

表 3.5 钻床主轴加工工艺过程

mm

序号	工序名称	工序内容	定位及夹紧
1		下料	
2	锻	自由锻	
3	热处理	正火	
4	车	车 $\phi70$ 端面,钻中心孔	夹 $\phi40^{+0.013}_{+0.002}$
		粗车大端外圆,留加工余量 5,车 $\phi30^{-0.2}_{-0.4}$ 至尺寸,备上中心架用	夹小端,顶大端
	车	车小端面,钻中心孔,总长留加工余量 2	夹大端,托 $\phi30^{-0.2}_{-0.4}$
		粗车小端各外圆,留加工余量 5,照顾大端长 138,留加工余量 2	夹大端,顶小端
5	热处理	调质 235 HBS 并校直	
6	车	车 $\phi40^{-0.13}_{-0.30}$ 至尺寸,备上中心架用	夹大端,顶小端
		半精车小端面,取总长留加工余量 0.5,修研中心孔	夹大端,托 $\phi30^{-0.2}_{-0.4}$
		半精车长 13 处外圆,留加工余量 0.8	夹大端,顶小端
	车	半精车 $\phi70$ 端面和外圆,总长留加工余量 0.2,外圆留加工余量 0.5,钻孔和粗车内锥孔	夹小端,托 $\phi30^{-0.13}_{-0.30}$
		半精车小端各外圆留加工余量 1.5	夹大端,顶小端
7	钳	划两腰形孔线	外圆,中心孔
8	铣	铣两腰形孔及倒角至图样要求	一夹、一顶、分度头
9	热处理	138 段淬火 45—48 HRC	
10	研磨	研中心孔	
11	车	精车小端各段外圆留磨量 0.8 精车 $\phi70$,留磨量 0.8	夹大端,顶小端 夹小端,顶大端
12	铣	粗铣花键,留加工余量 1	夹大端,顶小端
13	磨	粗磨各段外圆留磨量 0.4	一夹,一顶
	磨	粗磨锥孔,留磨量 0.3,装锥堵	夹小端,托大端
14	车	车螺纹 M36×1.5−6 h 至图样要求	两端中心孔
15	铣	半精铣花键,留磨量 0.3	夹大端,顶小端
16	热处理	时效处理	
17	研磨	修研两端中心孔	
18	磨	半精磨各段外圆,留磨量 0.2	两端中心孔
	磨	磨花键至图样要求	两端中心孔
	磨	精磨轴各段外圆至图样要求	两端中心孔
	磨	精磨锥孔莫氏 4 号和端面至图样要求	*A*、*B* 两基准轴颈
19	检验		

但在粗加工外圆时,为了提高生产率,常采用轴的外圆表面作为定位基准,用卡盘装夹,或以一端外圆和一端中心孔定位,那是一夹一顶安装。另外当主轴前端加工出锥孔后,中心孔已经消失。为了在精磨时仍能用中心孔作定位基准,必须采用带有中心孔的锥堵(闷头)或锥堵心轴。常用的锥堵有带螺纹和不带螺纹两种,如图 3.16 所示。图 3.16(a)为带螺纹的

锥堵，装于主轴右端，当加工结束后，用螺母旋在锥堵螺纹处，旋紧螺母与工件端面接触，即可将锥堵取出。主轴左端装图 3.16(b)的锥堵，其莫氏 4 号圆锥与主轴圆锥孔相配，另一端铣成两个平面，待加工结束后，用扳手转动锥堵即可取出。钻床主轴上装的锥堵就是这种形式。

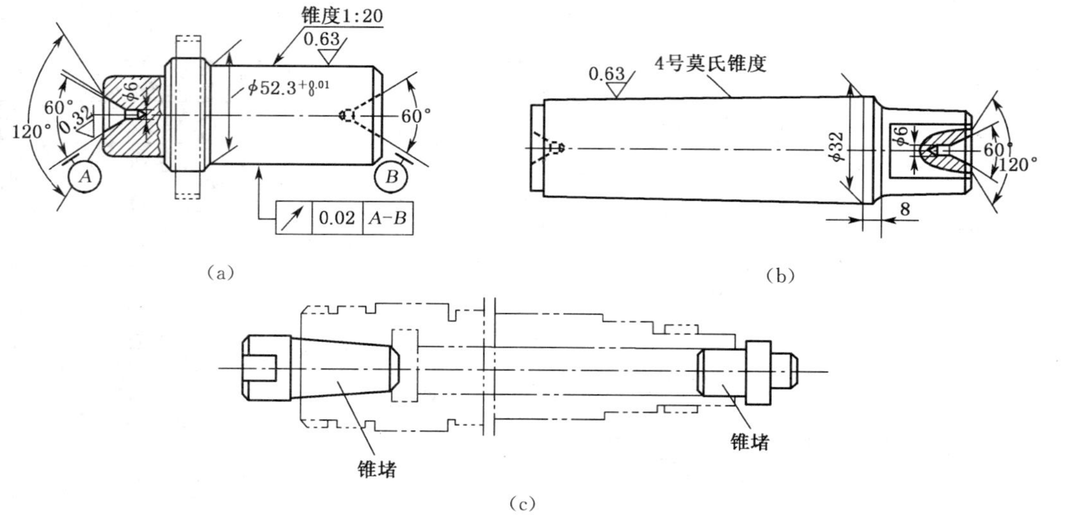

图 3.16 锥堵(闷头)

(a) 带螺纹的锥堵 (b) 不带螺纹的锥堵 (c) 在工件两端装入锥堵

当主轴的锥孔锥度较大(如铣床主轴)或圆柱孔时，可用带锥堵的拉杆心轴，简称锥堵心轴，如图 3.17 所示。

(3) 加工阶段的划分

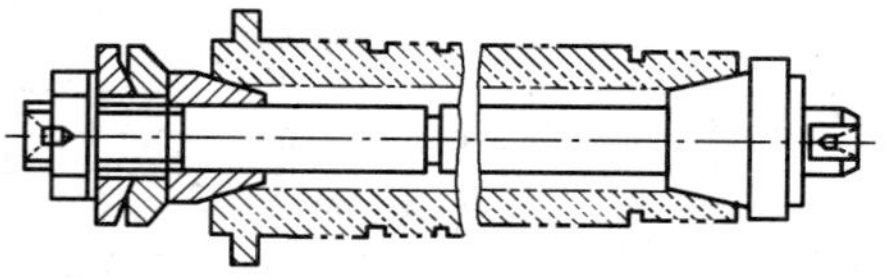

图 3.17 锥堵心轴

由于主轴精度要求高，又是多阶台带锥孔和腰形孔的零件，切除大量金属后会引起内应力重新分布而变形。因此，应将粗精加工分开，先完成表面的粗加工，再完成各表面的半精加工和精加工，而主要表面的精加工则放在最后进行。这样，主要表面的精度就不会受到其它表面加工或内应力重新分布的影响。

从表 3.5 钻床主轴加工的工艺过程可以看出其加工过程大致划分为三个阶段：调质以前的工序为粗加工阶段；调质以后至时效处理前的工序为半精加工阶段；时效处理后的工序为精加工阶段。要求较高的支承轴颈和莫氏 4 号锥孔的精加工，则放在最后进行。

(4) 热处理工序的安排

在主轴加工的整个工艺过程中，应安排足够的热处理工序，以保证主轴的力学性能及加工精度的要求，并可改善工件的切削加工性能。

在主轴毛坯锻造后，应安排正火处理，以消除锻造应力，改善金属组织，细化晶粒，改善切削加工性能。在粗加工后，安排调质处理，可获得均匀细致的回火索氏体组织，提高零件的综合力学性能。在半精车外圆和加工出莫氏 4 号锥孔以及两腰形孔后，安排局部淬火，以提高主轴端的硬度。在最后半精磨和精磨前，安排时效处理，目的是消除以前加工时产生的内应力，提高精磨后工件尺寸的稳定性。

(5) 主轴锥孔的磨削

因钻床主轴较长(1 030 mm),在一般万能外圆磨床上无法磨削锥孔,需在专用主轴孔磨床上用磨锥孔夹具才能磨削。该夹具如图 3.18 所示。夹具由底座、支承架和浮动夹头三部分组成,两个支承架固定在底座上,作为工件定位基准的两段支承轴颈放在支承架上的两个 V 形块上,V 形块镶有硬质合金,以提高其耐磨性,保持夹具的定位精度。工件的中心高应等于砂轮主轴的中心高,否则磨削后锥孔素线会形成双曲线形状,影响内锥孔的接触精度。后端的浮动夹头用锥柄装在磨床头架主轴的锥孔内,工件尾端插入弹性套内,由弹簧将浮动夹头连同工件向左拉,通过钢球压向镶有硬质合金的锥柄端面,限制工件的轴向窜动。采用这种联结方式,可以避免磨床头架主轴误差对工件定位精度的影响。

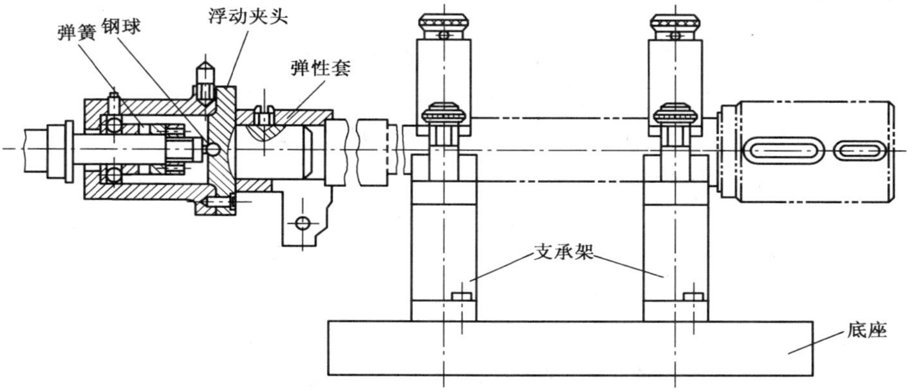

图 3.18 磨主轴锥孔夹具

在没有条件采用磨床磨削锥孔时,可用研磨来代替,此时须分粗、精研磨工序,因锥孔直径较小,研磨工作量不大,故一般采用手工研磨的方法。

3.5 典型丝杠的加工工艺

3.5.1 丝杠加工的工艺特点

1) 丝杠的精度等级

丝杠有淬火和不淬火两类,每类丝杠加工的工艺路线,因其精度高低、批量大小的不同而有所差异。丝杠的精度分为六级,即 4、5、6、7、8、9 级,其中 4 级最高;9 级最低。一般以 7 级和 7 级以上的丝杠属于精密丝杠;7 级以下的丝杠属于普通丝杠。

2) 丝杠加工的工艺特点

在制订丝杠加工的工艺过程时,应主要考虑如何防止丝杠的弯曲、减少内应力和提高螺距精度等问题,因此,要注意下列一些问题:

(1) 不淬硬丝杠一般采用车削工艺,外圆表面及螺纹分多次加工,逐步减少切削力和内应力;对于淬硬丝杠,则采用“先车后磨”或“全磨”两种不同的工艺方法,后者是从淬硬后的外圆表面,先直接用单片或多线砂轮粗磨出螺纹,然后用单片砂轮精磨螺纹,这种方法只能用于加工螺距较小的螺纹,而对于丝杠则大多采用“先车后磨”的方法。

(2) 在每次粗车外圆表面和螺纹后，都需安排时效处理，以进一步消除切削过程中所形成的内应力，避免以后产生变形。

(3) 在每次时效后都要修研中心孔，以消除时效时产生的变形和氧化皮，使下一道工序得以精确定位。

(4) 对于普通不淬硬丝杠，在工艺过程中允许安排冷校直工序；对于精密丝杠，则采用加大加工余量的方法，逐次加工去弯曲的部分，以达到所要求的精度。

(5) 在每次加工螺纹前，都需先加工丝杠外圆表面，然后以两端中心孔作为定位基准，以外圆表面作为辅助基准，用跟刀架或中心架增加工件的刚度来加工螺纹。

3.5.2 典型丝杠的加工工艺

1) 卧式车床丝杠的加工工艺

图 3.19 为卧式车床丝杠，其精度为 8 级，外圆和螺纹的表面粗糙度值为 Ra 0.8 μm，两端支承轴颈 A、B 轴心线的径向圆跳动为 0.02 mm；丝杠外圆对基准 A、B 的径向圆跳动为 0.01 mm。材料为 45 钢，需经调质处理，硬度为 235 HBS，属不淬硬丝杠。

该丝杠的加工工艺路线安排如下：

下料→正火→车端面、钻中心孔→粗车外圆→调质→冷校直→半精车外圆→冷校直→粗磨外圆→粗车螺纹→冷校直→精磨外圆→修研中心孔→精车轴颈→半精车螺纹→精车螺纹→检验。

具体工艺过程见表 3.6。

表 3.6 卧式车床丝杠的加工工艺过程 mm

工序号	工序名称	工序内容	定位基准
1		下料	
2	热处理	正火，校直(径向圆跳动≤1.5)	
3	车	车端面，钻中心孔	外圆表面
	车	粗车外圆	双顶尖孔
4	热处理	调质(径向圆跳动≤1)	
5		冷校直(径向圆跳动≤0.6)	
6	车	钻中心孔，取总长	外圆表面
	车	半精车两端及外圆	双顶尖孔
7		冷校直(径向圆跳动≤0.2)	
8	粗磨	无心粗磨外圆	外圆表面
9	车	旋风车螺纹	中心孔
10		冷校直，低温时效(t=170℃，12 h)(径向圆跳动≤0.1)	
11	精磨	无心精磨外圆	外圆表面
12	车	车两端面、修研中心孔	外圆表面
	车	精车轴颈	中心孔
	车	精车螺纹、车小径至尺寸	中心孔
	车	精车螺纹	中心孔
13		检验入库	

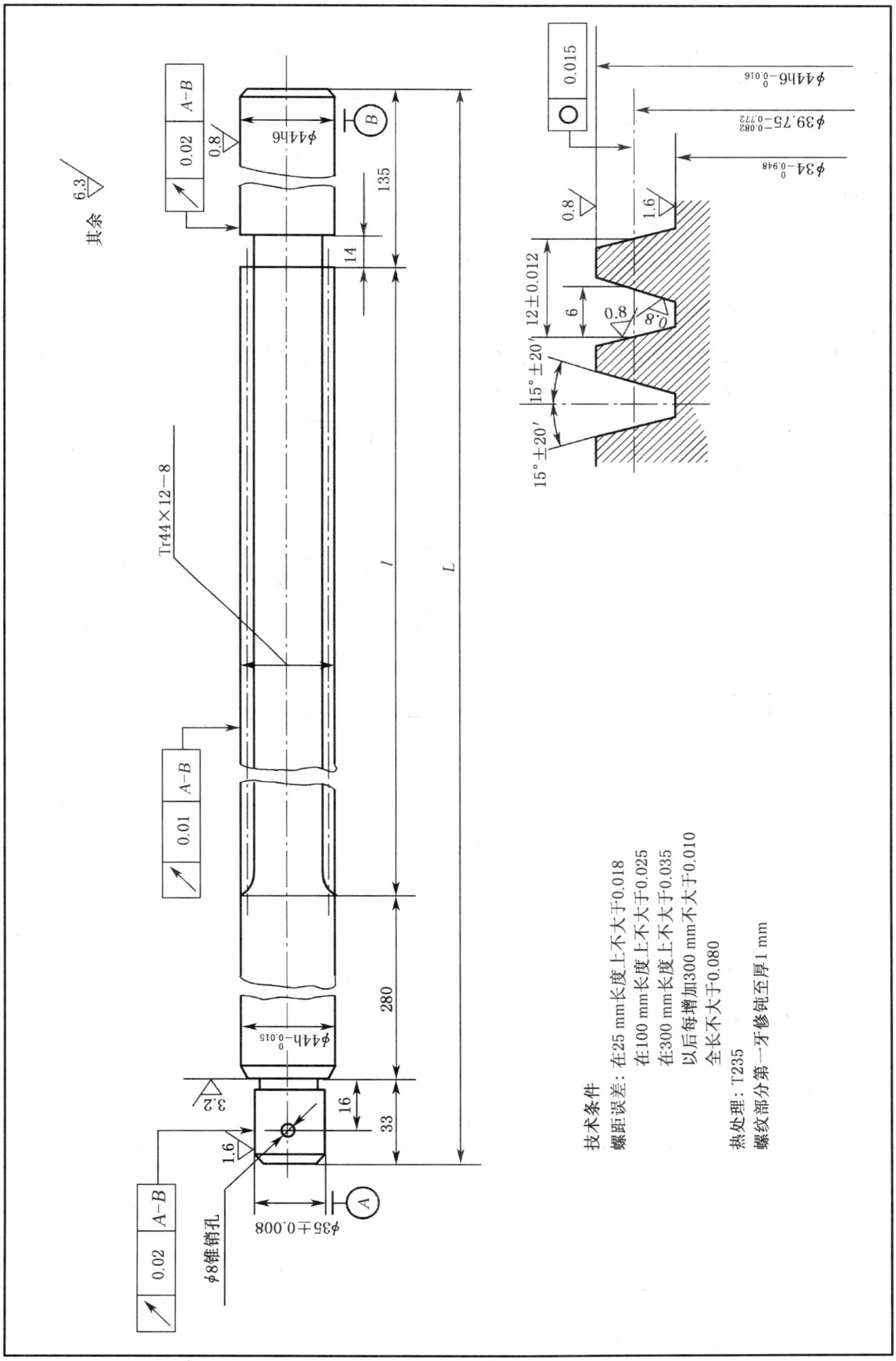
其余 6.3
0.02 A-B
0.8
ϕ44h6
B
135
14
Tr44×12−8
l
L
0.01 A-B
280
$\phi44h_{-0.015}^{0}$
3.2
16
33
1.6
0.02 A-B
ϕ8锥销孔
ϕ35±0.008
A
0.015
$\phi44h6_{-0.016}^{0}$
$\phi39.75_{-0.772}^{-0.082}$
$\phi34_{-0.948}^{0}$
0.8
1.6
12±0.012
6
0.8
0.8
15°±20′
15°±20′
技术条件
螺距误差：在25 mm长度上不大于0.018
在100 mm长度上不大于0.025
在300 mm长度上不大于0.035
以后每增加300 mm不大于0.010
全长不大于0.080
热处理：T235
螺纹部分第一牙修钝至厚1 mm

图 3.19 卧式车床丝杠

2）万能螺纹磨床丝杠的加工工艺

图 3.20 为万能螺纹磨床丝杠，其精度为 6 级，外圆和螺纹的表面粗糙度值为 Ra 0.1 μm，其设计基准为两端中心孔 A、B，支承轴颈 $\phi 45_{-0.015}^{-0.003}$、$\phi 35_{-0.015}^{-0.003}$ 对基准 A、B 的圆跳动为 0.005 mm，ϕ64.5 轴肩端面对基准 A、B 的端面圆跳动为 0.001 mm，螺纹中径的圆度为 0.003 mm，对支承轴颈 C 的径向圆跳动为 0.005 mm。材料为 9Mn2V，经淬火后硬度达 58～62 HRC。

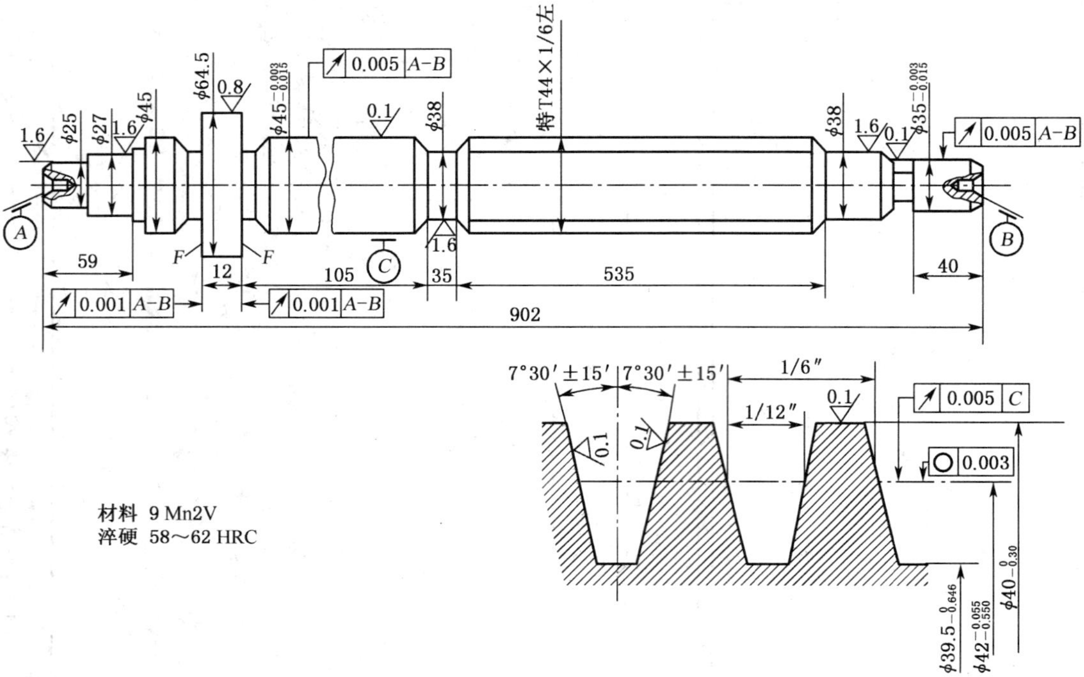

图 3.20 万能螺纹磨床丝杠零件简图

该丝杠的加工工艺路线安排如下：

下料→锻造→球化退火→车端面、钻中心孔→粗车外圆→高温时效→半精车外圆→粗磨外圆→淬火、中温回火→研中心孔→粗磨外圆→粗磨螺纹→低温时效→研中心孔→半精磨外圆→半精磨螺纹→低温时效→研中心孔→精磨外圆→精磨螺纹→研中心孔→终磨螺纹→终磨外圆→研磨止推端面→检验入库。

具体工艺过程见表 3.7。

表 3.7 万能螺纹磨床丝杠的加工工艺过程

工序号	工序名称	工 序 内 容	定位基准
1		下料	
2		锻造	
3	热处理	球化退火	
4	车	车端面钻中心孔	外圆表面
	车	粗车外圆	中心孔

续表 3.7

工序号	工序名称	工　序　内　容	定位基准
5	热处理	高温时效	
6	车	车端面钻中心孔	外圆表面
	车	半精车外圆	中心孔
7	磨	粗磨外圆	中心孔
8	热处理	淬火,中温回火	
9	研	研磨中心孔	
10	磨	粗磨外圆	中心孔
11	磨	粗磨出螺纹槽	中心孔
12		低温时效	
13	研	研磨中心孔	
14	磨	半精磨外圆	中心孔
15	磨	半精磨螺纹	中心孔
16		低温时效	
17	研	研磨中心孔	
18	磨	精磨外圆、检查	中心孔
19	磨	精磨螺纹(磨出小径)	中心孔
20	研	研磨中心孔	
21	磨	终磨螺纹,检查	中心孔
22	磨	终磨外圆,检查	中心孔
23	研	研磨止推端面 F,检查	中心孔
24		检验入库	

习题与思考题

3.1　轴类零件的主要技术要求有哪些?

3.2　中心孔在轴类零件加工中起什么作用?有哪些技术要求?在什么情况下需进行修研中心孔?有哪些修研方法?

3.3　轴类零件的常用材料有哪几种?对于不同的材料,应安排哪些热处理工序?

3.4　超精磨、超精加工、研磨和滚压加工各有什么特点?如何选择应用?

3.5　试分析钻床主轴加工工艺过程中,如何体现“基准统一”、“基准重合”和“互为基准”的原则?它们在保证主轴的加工精度中各起什么重要作用?

3.6　丝杠加工有哪些工艺特点?应注意哪些问题?

3.7　编制图 3.21 所示短轴的机械加工工艺过程。所用材料为 45 钢,生产规模为中批量生产。

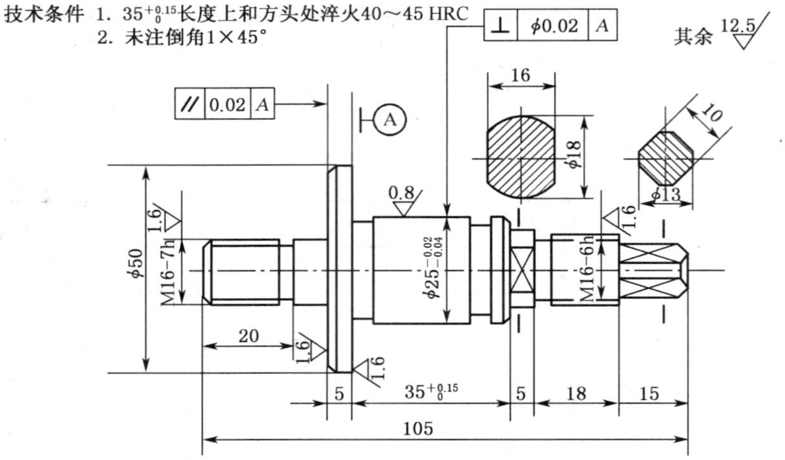

图 3.21 短轴

3.8 编制图 3.22 所示花键轴的机械加工工艺过程。所用材料为 40Cr，生产规模为小批量生产。

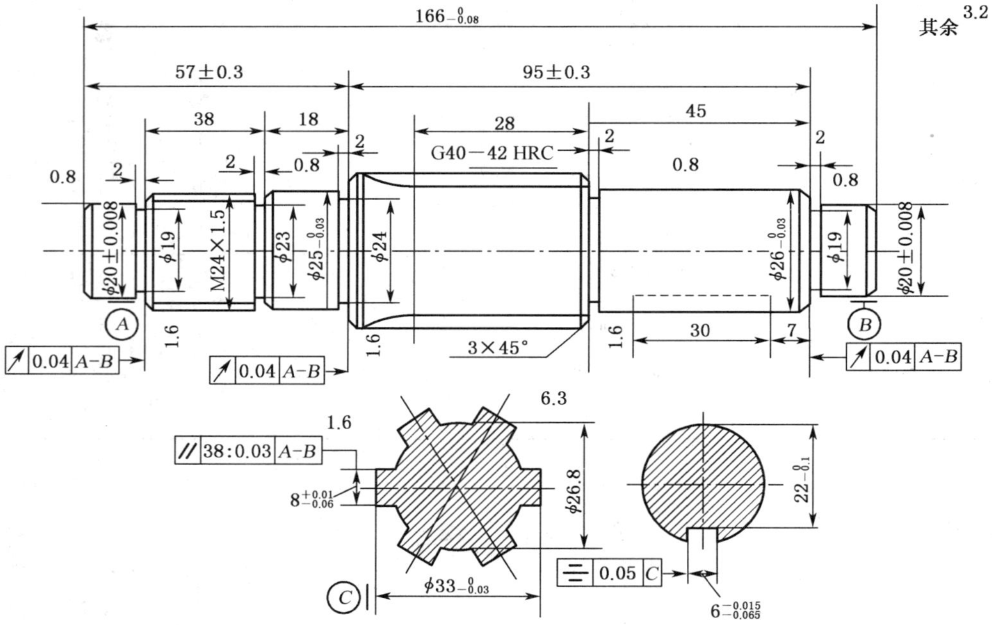

图 3.22 花键轴

4 套类零件加工

4.1 概述

4.1.1 套类零件的种类与结构

套类零件主要用来支承旋转轴和轴上零件，在工作时承受径向或轴向载荷，夹具上用的钻套和镗套可起导向作用。常见的套类零件形状，见图 4.1。

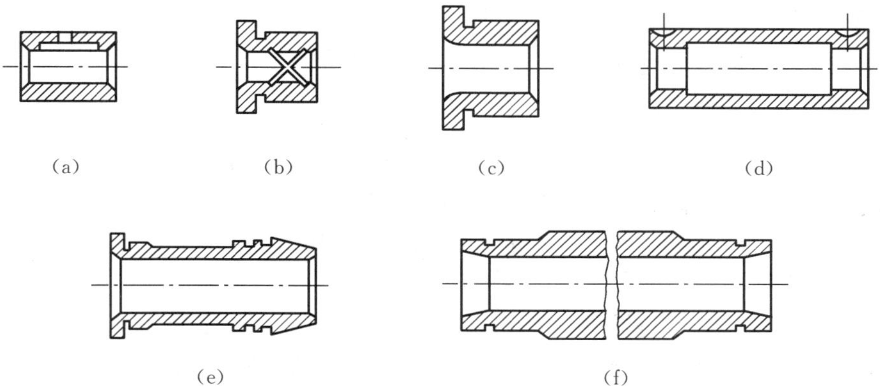

图 4.1 套筒类零件示例

(a)、(b) 滑动轴承 (c) 钻套 (d) 轴承衬套 (e) 气缸套 (f) 液压缸

套类零件按其结构特点可分整体式和剖开式(通常称为轴瓦)两种。由于套类零件的功用不同，其形状和结构尺寸也不同。但从结构上分析，它们仍有共同特点。如零件的主要表面均为同轴度要求较高的内外旋转表面；零件的端面和轴线有较高的垂直度要求；零件壁厚一般较薄易变形；零件的长度一般大于直径等。

4.1.2 套类零件的技术要求

套类零件的主要表面是内孔和外圆，其主要技术要求如下：

1) 内孔

内孔是套类零件起支承或导向作用最主要的表面，通常它与运动着的轴、刀具或活塞相配合。内孔直径的尺寸公差等级一般为 IT7，精密轴套有时取 IT6，液压缸的内孔一般取 IT8，若与其相配的活塞上有密封圈，则可降低为 IT9。

内孔的形状精度，应控制在孔径公差范围内。对于某些精密轴套的内孔可控制在孔径公差的 1/2～1/3 范围内。长套筒零件除了对孔的圆度和圆柱度要求外，还应注意孔轴线的直线度要求。

为了保证零件的功用和提高其耐磨性，内孔的表面粗糙度值一般为 *R*a 1.6～0.1 μm；要求高的内孔，表面粗糙度值可达 *R*a 0.04 μm。

2）外圆

外圆表面是套类零件本身的支承面，常以过盈配合或过渡配合与箱体或机架上的孔相联接。外径的公差等级通常为 IT6～IT7；形状精度控制在外径公差范围以内；表面粗糙度值为 *R*a 3.2～0.4 μm。对于长套筒零件，其外圆往往作为加工内孔时的辅助定位基准，因此对外圆提出较高的形状精度和等直径要求。

3）内外圆之间的同轴度

当内孔的最终加工是将套压入箱体或机座后进行时，套内外圆间的同轴度要求较低；若套的最终加工是在装配前完成时，内外圆的同轴度要求较高，一般为 0.01～0.05 mm.

4）孔轴线与端面的垂直度

套的端面在工作时若承受轴向载荷，或在加工中作为定位基准面时，端面与孔轴线的垂直度要求都较高，一般为 0.02～0.05 mm。

4.1.3 套类零件的材料与毛坯

1）套类零件的材料

套类零件一般用钢、铸铁、青铜或黄铜等材料制成。有些滑动轴承采用双金属结构，即用离心铸造法在钢制外套的内壁上浇注锡青铜、铅青铜或巴氏合金等轴承合金材料，这样既可节省贵重的有色金属，又能提高轴承的承载能力和使用寿命。

2）套类零件的毛坯

套类零件的毛坯选择，与零件的材料、结构、尺寸以及生产批量等有关。孔径较小的套筒（如直径小于 20 mm），一般选择热轧或冷拉棒料，也可采用实心铸件。孔径较大时，常采用带孔的铸件和锻件或无缝钢管。对某些薄壁轴瓦可用双金属板料弯曲而成。大量生产时，可采用冷挤压和粉末冶金等先进的制造工艺，既能提高生产率又可节约金属材料。

4.1.4 套类零件加工中的主要工艺问题

套类零件在机械加工中的主要工艺问题是：达到内孔的加工精度和表面粗糙度要求，保证内孔和外圆表面之间的相互位置精度。

套类零件的加工顺序有两种方案：第一种是把外圆作为终加工方案，先从外圆粗加工开始，再粗、精加工内孔，最后精加工外圆。这种方案适用于外圆表面是最重要表面的套类零件。第二种是把内孔作为终加工方案，先从内孔粗加工开始，再粗、精加工外圆，最后精加工内孔。这种方案适用于内孔表面是最重要的套类零件。

套类零件的外圆表面根据精度要求可选择车削和磨削。内孔表面的加工则比较复杂，可根据零件的结构特点、加工精度和表面粗糙度的要求，参考表 4.1 所示的加工路线来选择。

表 4.1 各种精度孔的加工路线

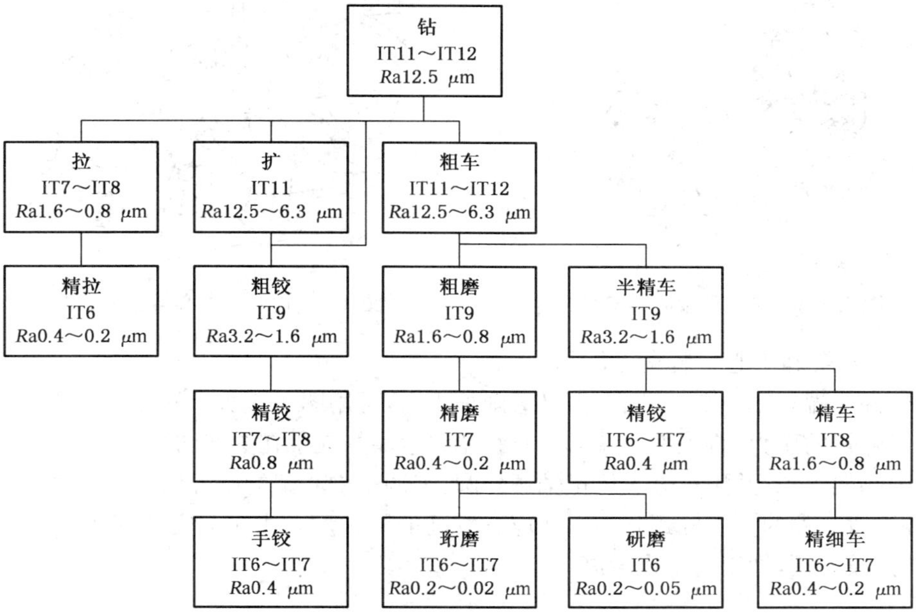

4.2 套类零件内孔的精密加工

4.2.1 孔的磨削加工

孔的精密加工主要是磨削。内圆磨削和外圆磨削一样，也分为一般磨削、精密磨削、超精密磨削和镜面磨削。但内圆磨削的工作条件较差，镜面磨削比较困难，所以很少采用。

精密套类零件磨削时的关键问题，是如何保证内孔和外圆的同轴度。一种方案是以外圆表面作为定位基准，来磨削内孔；另一种方案是以内孔表面作为定位基准，来磨削外圆。可根据工件的形状和大小，以及加工精度的不同，来选择不同的加工方案。

1）以外圆表面作为基准磨孔

(1) 用四爪单动卡盘装夹

较短的套可用四爪单动卡盘装夹，用百分表校正外圆和端面的圆跳动，调整卡盘使其跳动量在公差范围内，再磨削内孔。

(2) 用中心架支承

较长的套一端用四爪单动卡盘装夹，另一端须搭中心架支承(图 4.2)，才能保证磨削精度。但此时须用百分表分别校正工件在卡盘端和中心架处的圆跳动，调整四爪单动卡盘和中心架的位置，使工件外圆的轴心线与头架主轴的轴心线相重合，才能磨削内孔。

这类套也可用两只中心架来支承外圆，用百分表校正好中心架的位置，工件通过万向接头与磨床头架主轴相连(图 4.3)。这种安装方法不受磨床头架主轴误差的影响，故定位误差小，加工精度较高，但调整中心架很费时，质量也不稳定。

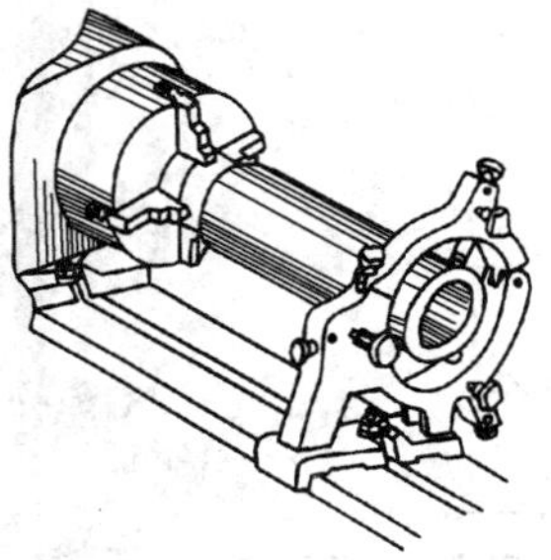

图 4.2 用卡盘和中心架安装工件

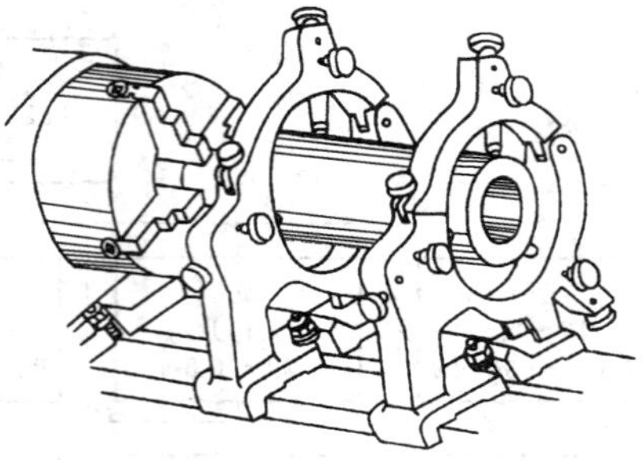

图 4.3 用两只中心架安装工件

(3) 用顶尖和中心架装夹工件

当工件一端有中心孔，外圆表面已磨削加工时，可用图 4.4 所示的方法来装夹工件。安装时由于弹簧的压力，将工件左端的中心孔始终紧靠并支承在头架的顶尖上，而右端的支承轴颈用中心架支承，并用百分表校正轴颈外圆，来调整中心架的中心位置。使用这种方法装夹时，要注意工件的支承轴颈与中心孔应有较高的同轴度。由于只需校正工件靠中心架一端，所以比较简便，加工精度也较高。

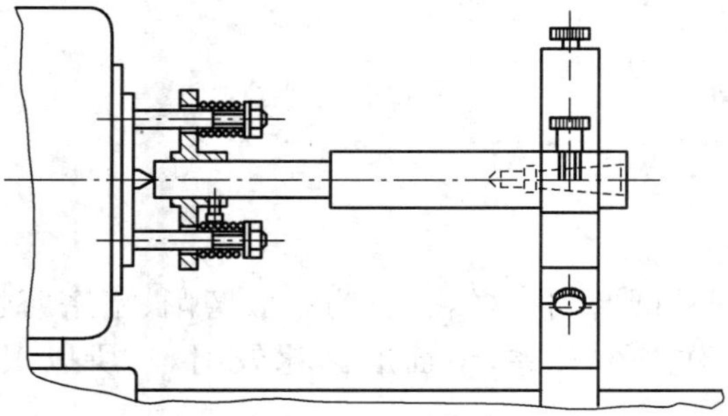

图 4.4 用顶尖和中心架装夹工件

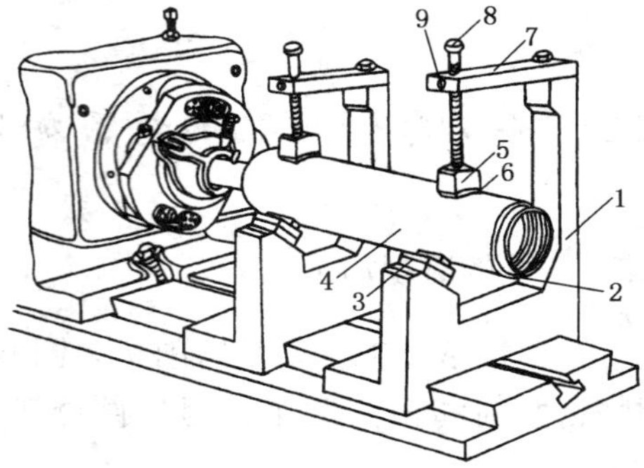

图 4.5 用 V 形夹具装夹工件

(4) 用 V 形夹具装夹工件

工件在 V 形夹具上装夹方法如图 4.5 所示。V 形夹具的支承架 1，以侧面紧靠工作台并用螺钉固定，工件 4 安放在四块镶有硬质合金块 2 的 V 形架 3 上，上方有压板 7 通过螺杆 8 将装有羊毛毡 6 的压块 5 压住工件外圆，调整合适后用螺钉 9 紧固。磨削时，为了防止划伤工件表面，需在羊毛毡上注入少量润滑油。

V 形夹具与磨床头架主轴间的传动夹头要能浮动，既能达到传递动力的目的，又能保证工件在 V 形架上转动自如。

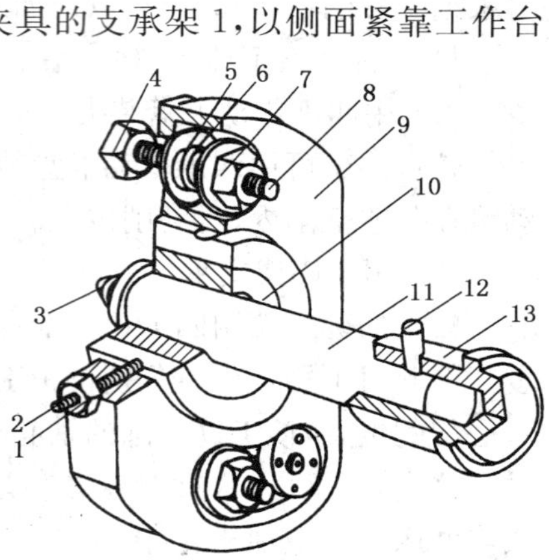

图 4.6 传动夹头

传动夹头的结构如图 4.6 所示。传动轴 11 穿过浮动套 10(轴和套有很大间隙)，拧紧螺母 7 压缩弹簧 6，并通过垫圈 5 使浮动套 10 紧靠在传动轴的端面上，迫使传动轴 11 向左顶。传动轴 11 经圆锥销 12 联接在套 13 上，套用螺纹与工件相联接，于是工件经传动轴上的钢球 3 顶在平头前顶尖前端的平面上，从而消除了工件的轴向窜动。

浮动套 10 空套在传动夹头本体 9 内，外圆上有两只对称的凹坑，与两只螺钉 2 的圆头相配，螺钉 2 可调节浮动套与本体内孔间的间隙，并用螺母 1 紧固。这样使浮动套在任何方向都能浮动。

螺钉 8 用螺母 4 固定在头架拨盘上，当拨盘转动时，通过螺钉 8 带动本体 9 转动，然后通过装在传动轴 11 上的鸡心夹头，使传动轴转动，从而带动工件转动。

用 V 形夹具装夹磨削工件，可使内孔与外圆的同轴度稳定在 0.005 mm 内，最高可达 0.002 mm。而前面几种用卡盘或顶尖和中心架装夹工件，磨削后的同轴度由百分表校正时的调整精度而定，一般只能达到 0.01 mm。

2）以内孔表面作为基准磨外圆

以外圆表面作为基准磨孔时，除用夹具装夹外，其它方法效率都不高，只能用于单件或小批量生产，并且加工精度也不高。所以在大批量生产或要求孔与外圆同轴度较高的情况下，都采用以内孔表面作为基准来磨削外圆。

（1）用阶台式心轴装夹工件

阶台式心轴如图 4.7 所示。它利用工件的内孔和端面定位，用螺母拧紧即可。这类心轴的外圆定位通常按 g5 级公差制造，阶台端面与圆柱面的垂直度误差要小于 0.01 mm。这类心轴也可以做得较长，可以同时装夹几个工件一起磨外圆，如图 4.8 所示的心轴同时装夹了 5 个工件，为了防止螺母拧紧时，因工件端面与心轴轴线不垂直而产生歪斜，可在工件和螺母间加一个十字垫圈，即可保证安装精度。

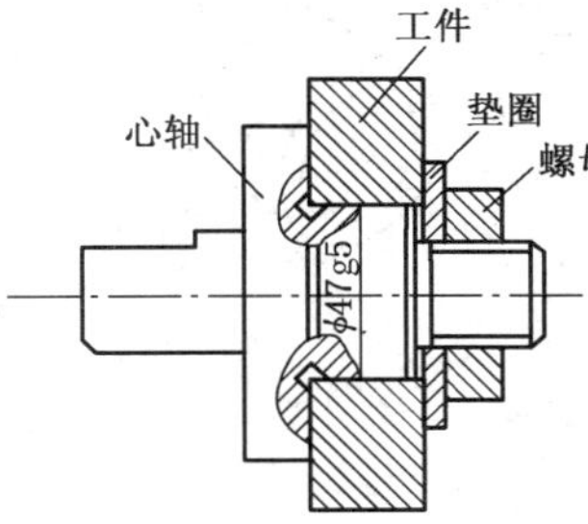

图 4.7 阶台式心轴

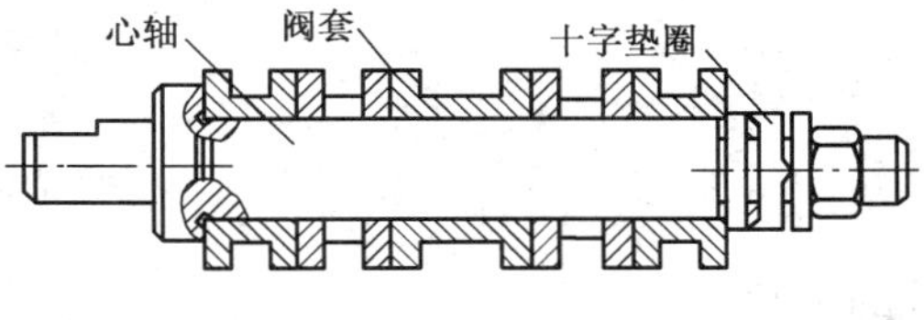

图 4.8 带十字垫圈的阶台心轴

（2）用微锥心轴装夹工件

微锥心轴的锥度在 1/5 000～1/7 000 之间，如图 4.9 所示。由于心轴的定位面锥度极小，因此当工件内孔与心轴配合时，有很大的接触面，从而获得很高的定位精度。

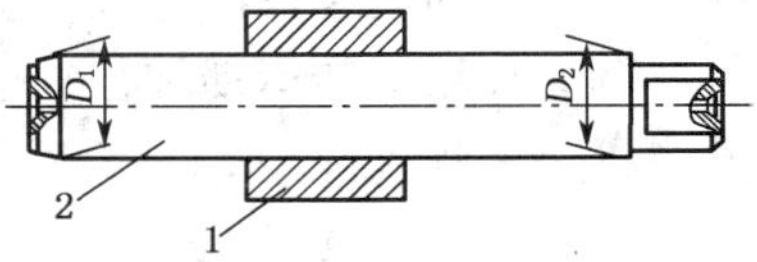

图 4.9 微锥心轴

1—工件；2—心轴

（3）用专用心轴装夹工件

专用心轴有很多种类，根据工件内孔的形状和长度而制成不同形式。图 4.10 所示为顶尖式心轴，这种心轴带有两个 60°锥套，像顶尖一样支承在工件孔口 60°倒角上。装拆工件时，一端的锥套可以从心轴上卸下。

图 4.11 为磨钻床主轴套筒外圆的专用心轴。它是以工件两端 $\phi40^{+0.014}_{-0.011}$孔定位，心轴的两段 $\phi40$ mm 外圆略带锥度，其小端直径为 $\phi39.985$ mm；大端直径为 $\phi40.020$ mm，以保证与工件内孔紧密接触。右端套有孔与心轴精密配合，其配合间隙为 0.002 mm，用这种心轴装夹磨钻床主轴套筒，其内孔与外圆的同轴度可控制在 0.01 mm 内。

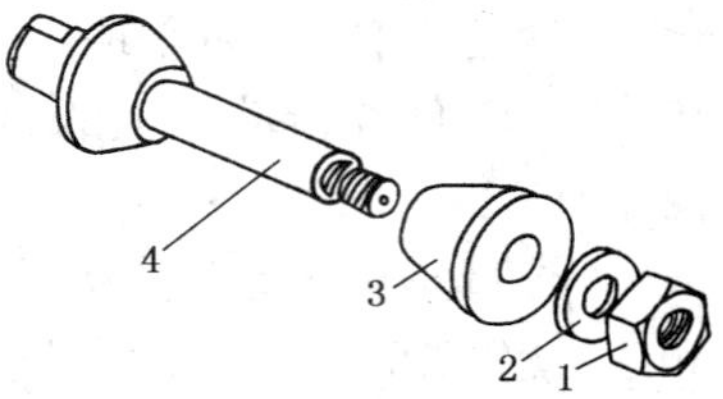

图 4.10 顶尖式心轴

1—螺母 2—垫圈；
3—60°锥套 4—心轴体

若套类零件有更高的精度和同轴度要求（如同轴度要求在 0.005 mm 内），则可采用密珠心轴。密珠心轴所用的密珠套和密珠心轴的工作状况如图 4.12 所示。密珠套可以制造滚珠尺寸稍有差异的几套，以供选择配用，但每套滚珠的尺寸必须相同。密珠套上孔中心连线制成螺旋形，以便装入时可慢慢旋入。要求滚珠与工件孔径和心轴直径尺寸间有 0.002 mm 的过盈，并对滚珠的圆度和直径等都有很高的要求，以保证加工后工件的内外圆达到很高的同轴度。

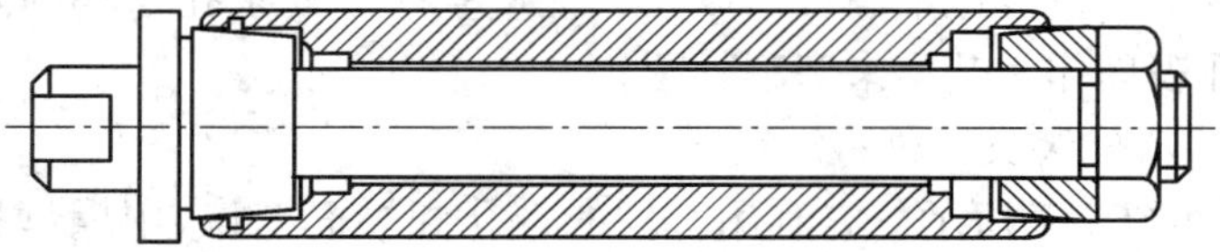

图 4.11 用专用心轴磨套筒外圆

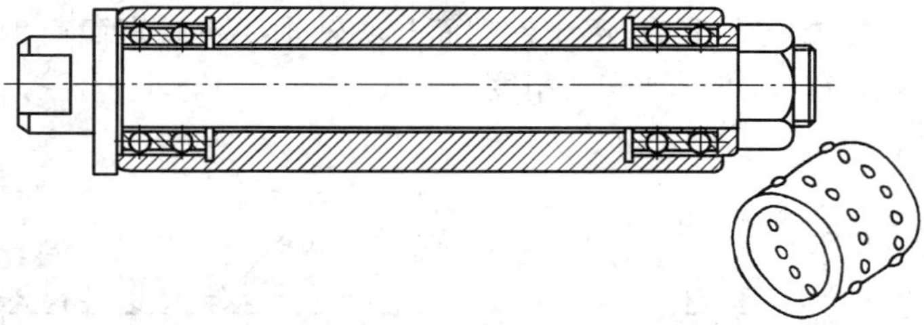

图 4.12 密珠心轴

4.2.2 孔的珩磨

珩磨是低速大面积接触的磨削加工，是磨削加工的一种特殊形式。它不仅能切除较大的加工余量，而且是一种提高工件尺寸精度、形状精度和获得较细表面粗糙度的有效加工方法。

1) 珩磨的加工原理

珩磨是采用细粒度砂条（油石）组成的珩磨头作回转和往复运动，以实现对工件孔进行低速微量磨削和摩擦抛光加工。

珩磨头的回转运动和往复运动（图 4.13(a)）使砂条上的磨粒在工件孔的表面上的切削轨迹成交叉网纹（图 4.13(c)），因而容易获得粗糙度较细的加工表面。

径向加压运动是通过珩磨头的中间推杆，当推杆向下时，前端两个圆锥使顶销将砂条向外胀开，以一定压力压向工件孔壁。图 4.13(b) 为珩磨机的简图。

珩磨头与珩磨机主轴采用浮动联接，珩磨头以工件孔壁导向，可以保证余量均匀。由于砂条很长，珩磨时工件表面的凸出部分先与砂条接触，接触压力较大，使凸出部分很快被磨去，

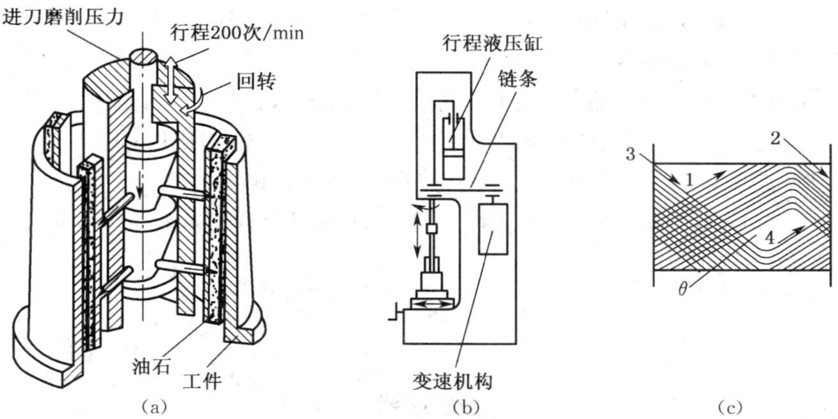

图 4.13 珩磨的加工原理

(a) 珩磨原理 (b) 珩磨机 (c) 切削轨迹

直至修正到工件表面与砂条全部接触。由于接触面积不断增大,砂条的磨削作用不断减弱,摩擦抛光作用不断增强,被加工孔的圆度和圆柱度逐步提高,最后完成孔表面的加工要求。

2) 珩磨加工的特点

(1) 加工精度高

珩磨能获得很高的尺寸精度和形状精度,尺寸公差等级可达 IT6,圆度和圆柱度可达 0.003～0.005 mm。但珩磨不能修正被加工孔的位置偏差,孔的位置精度和轴心线的直线度应由前道工序保证。

(2) 表面质量高

由于珩磨速度低(一般在 100 m/min 以下,仅为磨削的 1/30～1/100),而且砂条与孔壁是面接触,因此每一颗砂粒的平均磨削压力很小,工件发热少,孔的表面不会烧伤,变形层也极薄,从而可以获得表面质量很高的孔。

珩磨后的表面有交叉网纹,有利于润滑油的贮存及油膜的保持,从而延长了零件的使用寿命。珩磨后孔的表面粗糙度值一般为 Ra 0.2～0.4 μm,最高可达 0.02 μm。

(3) 生产率较高

珩磨时虽然珩磨头的转速较低,但往复速度高,参加切削的砂粒数目多,所以能很快地切除加工余量。

(4) 应用范围广泛

珩磨的应用范围很广,可以加工的孔径范围为 5～500 mm,孔的长径比可达 10。珩磨在大批、大量生产中用得最为普遍,例如,发动机的气缸孔、连杆孔、液压油缸孔等,珩磨已成为典型的加工方法。

珩磨可以加工铸铁、淬硬或不淬硬的钢件,但不宜加工易堵塞砂条的韧性金属材料。珩磨不适用于加工带键槽的孔和花键孔等断续表面。

4.2.3 孔的研磨

1) 研磨孔的方法

研磨孔的原理与研磨外圆相同。研具常用可调节直径的研磨心棒,它由研磨心轴 1、研磨套 3 和调节螺母 2、4 组成(图 4.14)。研磨心轴的中间部分是 1∶50 的外圆锥和研磨套的内圆锥相配合,两端有螺纹与螺母相配。研磨套用铸铁制成,外圆表面开有大的螺旋槽,以便于贮存研磨剂,轴向开有直槽,使套在胀缩时具有一定弹性。当研磨套装入心轴后,调节两端螺母,使心棒伸入工件孔中,再在研磨套上涂一层均匀的研磨剂,调节螺母使研磨套产生弹性变形,给工件以适当的研磨压力。然后将研磨心棒装在车床上,使心棒缓慢转动,并用手握住工件(或用工具夹住工件),将工件在研磨套全长上来回移动,对工件内孔进行研磨。

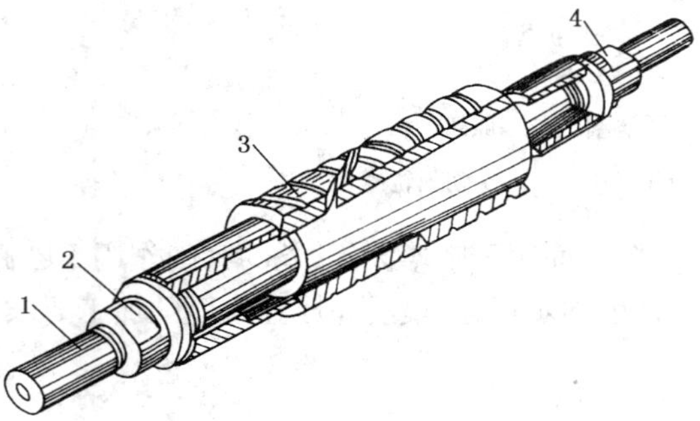

图 4.14 研磨心棒

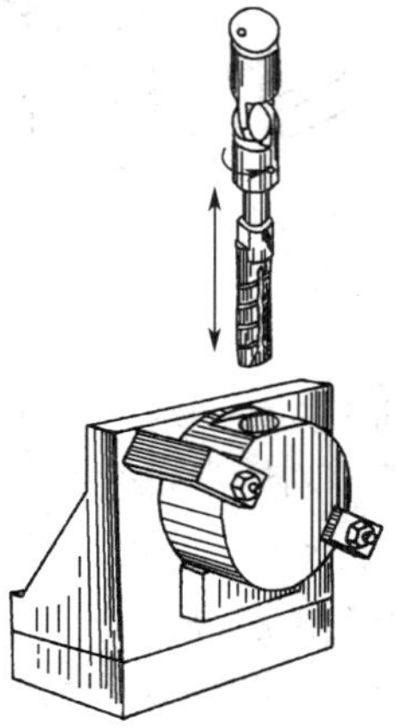

图 4.15 在珩磨机上研磨内孔

当工件的孔较大、重量较重时,可将工件装夹在夹具上,在珩磨机或钻床上研磨。图 4.15 为在珩磨机上研磨内孔的情况,研磨心棒用圆销装在浮动联轴器上,联轴器的另一端则通过圆销装在珩磨机或钻床上。研磨心棒作低速缓转,并作上下移动。研磨时要注意经常保持研磨心棒对内孔表面有适当压力,以避免因研磨心棒在工件孔内太松,研磨后内孔产生喇叭口。

在单件或小批生产时,可使用比较简单的整体式研磨棒,一般要用 4～5 根研磨棒。研磨棒的尺寸以递增 0.01 mm 为宜,最后一根研磨棒与工件孔的配合间隙为 0.005 mm,这样可以保证内孔不会产生喇叭口,同时圆度也能控制在 0.005 mm 内。

2) 内孔研磨的特点

(1) 工件孔的尺寸公差等级可达 IT6 以上;表面粗糙度值为 Ra 0.2～0.05 μm。

(2) 不能纠正孔的位置精度,只能由前道工序来保证。

(3) 生产率较低,研磨前孔必须经过磨削、精铰或精镗等工序。研磨余量不能太大,对于中小尺寸的孔,研磨加工余量约为 0.025 mm。

4.2.4 孔的挤压加工

孔的挤压加工如图 4.16 所示。挤压时,工件固定不动,挤压工具(钢球或心轴等)仅做轴向移动,强行推(拉)过具有过盈的孔,工具通过内孔后孔被挤压胀大。用钢球挤压时,孔径不大于 50 mm;用心轴挤压时,孔径不大于 100 mm。心轴后端为硬质合金挤压头,外圆表面经精密磨削。图 4.16(c)为用滚柱对锥孔进行挤压加工。

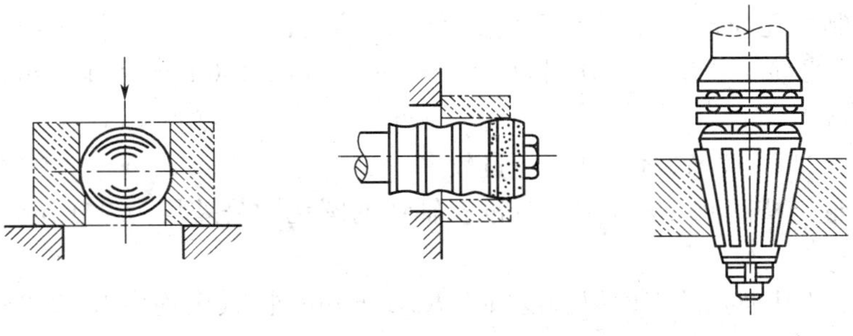

图 4.16　孔的挤压加工

4.3　典型套类零件的加工工艺

4.3.1　V 带轮的加工工艺

1) V 带轮的技术条件分析

V 带轮见图 4.17。其技术条件和结构特点如下：

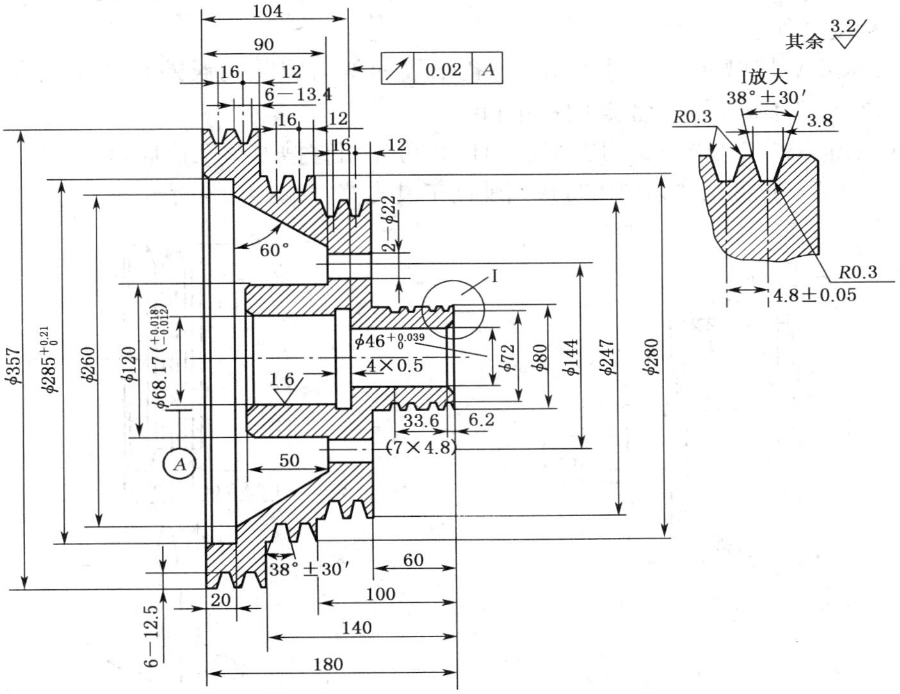

图 4.17　V 带轮

(1) 零件的外形呈台阶状，三级大外圆上各有两条宽 13.4 mm、深 12.5 mm 的 38° V 形带槽，小外圆上有七条宽 3.8 mm、深 4 mm 的 38° V 形带槽。

(2) 左端 $\phi 68J7^{(+0.018)}_{(-0.012)}$ 内孔为基准孔，因是基轴制过渡配合的孔，内装滚动轴承。V 带轮靠滚动轴承在轴上空转。右端内孔为 $\phi 46^{+0.039}_{0}$ mm，虽未标注与基准孔的同轴度要求，但在加工时应控制两孔同轴，否则在装配时会产生困难。

(3) 零件外形阶台长度尺寸分别为 60 mm、100 mm、140 mm 和 180 mm，相互之间的距离均为 40 mm。

(4) 零件为 HT200 铸铁件，加工余量较多。

(5) 各 V 形带槽两侧面对 ϕ68J7 基准孔轴线的圆跳动公差均为 0.1 mm。加工时应保证达到要求。

(6) 除 ϕ68J7 基准孔的表面粗糙度值为 Ra 1.6 μm 外，其余均为 Ra 3.2 μm。

2) V 带轮的加工工艺分析

(1) 加工方式的确定　该零件在小批生产情况下应采用工序相对集中的方式加工。

① 坯料为铸铁件，加工余量多且外圆直径较大，整个零件较为笨重，应减少工件搬运和装夹的次数。

② 零件尺寸较多，若工序分散，则不利于保证各部分尺寸。

③ 零件相互位置精度要求较高的部位，应尽量在一次装夹中加工，如 ϕ68J7 内孔和内端面。

(2) 主要精度尺寸的加工工艺分析

① $\phi68J7(^{+0.018}_{-0.012})$ 内孔为基准孔，是该零件的设计基准、装配基准和测量基准，其孔径尺寸和表面粗糙度必须达到图样要求。

② 为确保 V 带槽两侧面对 ϕ68J7 内孔轴线的斜向圆跳动误差在公差范围内(小于 0.1 mm)，在车削前必须进行正确的找正和装夹。

③ 在车削 38° V 形带槽时，因槽较宽且深，可先用直槽刀车至槽底，再用成形刀车削。如车削时产生振动，可调整切削用量或用辅助工具支撑，如图 4.18 所示。

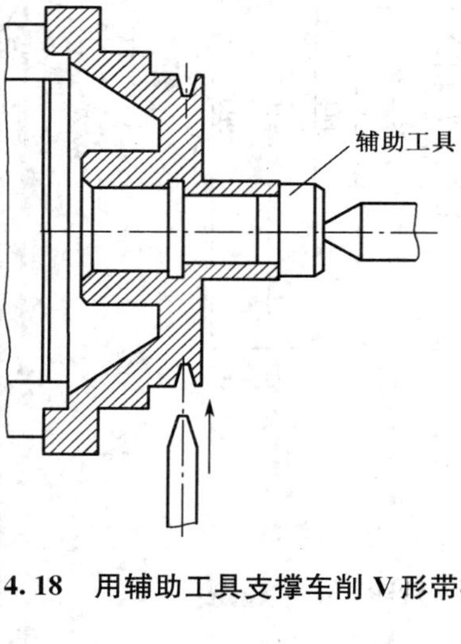

图 4.18　用辅助工具支撑车削 V 形带槽

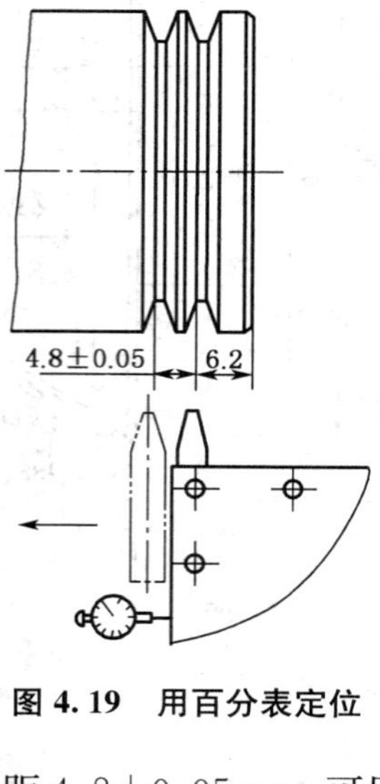

图 4.19　用百分表定位

④ 车削右端 38°小 V 形带槽时，为确保 V 形带槽中心距 4.8±0.05 mm，可用成形刀车削。当第一条槽(至端面距离 6.2 mm)车好后，可移动小滑板根据百分表读数定位，车削以后各槽，如图 4.19 所示。即车好第一条槽后，退出中滑板并保持原轴向位置，移动小滑板 4.8 mm(读数通过百分表获得)车第二条槽，以后各槽均用此法依次车削。

3) V带轮的加工工艺过程

V带轮的加工工艺过程见表4.2。

表4.2 V带轮的加工工艺过程 mm

序号	工序名称	工 序 内 容	工 序 简 图	定位及夹紧
1	粗车	(1) 车端面,控制长度183±1 (2) 车外圆至$\phi360$ (3) 车内孔至$\phi285^{+0.2}_{0}$,孔深20 (4) 车外圆至$\phi120$,深度90 (5) 车小端面至长60 (6) 车60°内锥面,大端至$\phi260$,深度90(底平面车平) (7) 车内孔至$\phi66$,孔深104 (8) 倒角1×45°	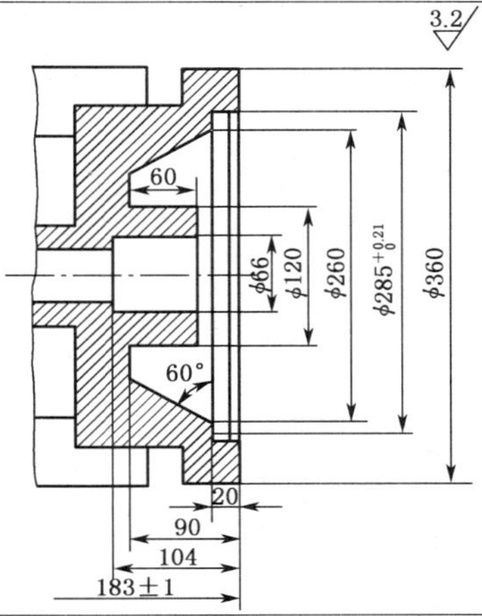	用三爪自定心卡盘反卡爪夹住$\phi280$处毛坯外圆
	调头粗车	(1) 车小端面至长181 (2) 车外圆至$\phi282$,长140 (3) 车外圆至$\phi249$,长100 (4) 车外圆至$\phi82$,长60 (5) 车内孔至$\phi46^{+0.039}_{0}$	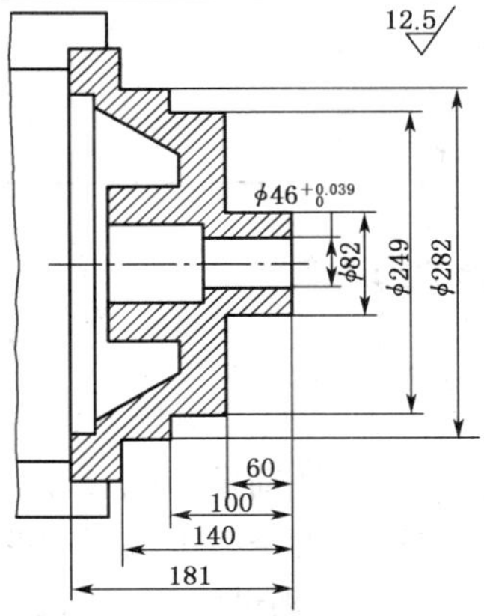	用软卡爪夹住$\phi360$外圆
	精车	(1) 车小端面至总长180 (2) 车外圆至$\phi357$ (3) 车外圆至$\phi280$,长140 (4) 车外圆至$\phi247$,长100 (5) 车外圆至$\phi80$,长60	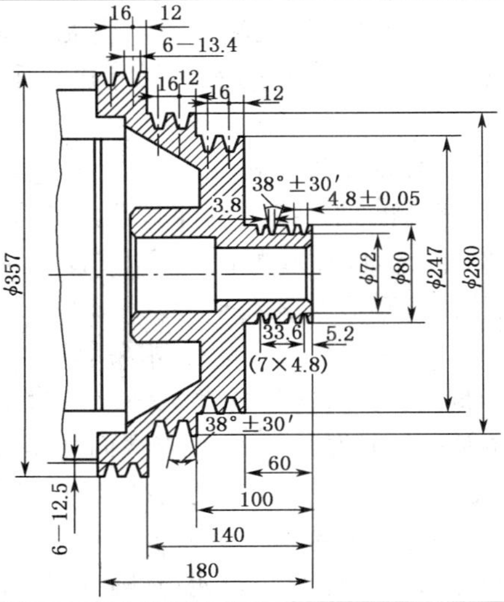	用软卡爪反夹$\phi285\times20$台阶孔

续表 4.2

序号	工序名称	工 序 内 容	工 序 简 图	定位及夹紧
1	车V形槽	(1) 车大V形槽,共6条 (2) 车小V形槽,共7条 (3) 倒角1×45°,去毛刺		
	精车	(1) 精车内孔至$\phi68^{+0.018}_{-0.012}$ (2) 车内沟槽4×0.5 (3) 倒角1×45°		用软夹爪住ϕ247外圆
2	钻	(1) 钻2—ϕ22孔,孔距ϕ144 (2) 锐边倒钝		
3	检验	检验合格后入库		

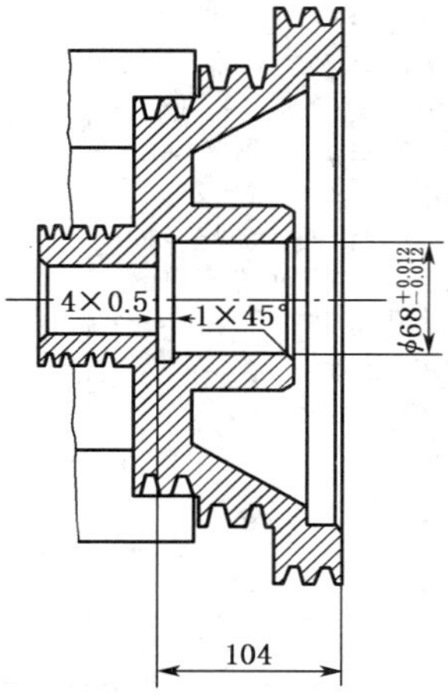

4.3.2 钻床主轴套的加工工艺

1) 钻床主轴套的技术条件分析

钻床主轴套见图4.20。其结构特点如下:主轴套中间安装钻床主轴,在两端ϕ75H6孔内安装轴承,轴承内孔与主轴轴颈相配合,用来支承主轴并保证主轴的回转精度。在套的外圆表面上铣成平面,并铣出齿条与主轴箱中的齿轮相啮合(见图3.15),由齿轮带动齿条,使主轴套与主轴实现机动或手动进给。主轴套外圆与主轴箱体孔相配,要求主轴套既能在上下运动时无阻滞,又要在主轴旋转时不产生晃动,以保持主轴的回转精度。所以,对主轴套外圆ϕ90h5要根据主轴箱体孔的实际尺寸进行配磨,保证装配间隙在0.01~0.015 mm范围内。

主轴套的主要技术条件分析如下:

(1) 外圆表面C的轴心线是设计基准,其尺寸公差等级很高,为IT5级,表面粗糙度很细,其值为Ra 0.4 μm,圆度和圆柱度都很高,均为0.004 mm。这些技术条件都是为了保证与主轴箱体孔的配合精度和运动平稳。

(2) 两端ϕ75H6孔与基准C的径向圆跳动为0.015 mm,圆度和圆柱度均为0.005 mm,表面粗糙度值为Ra 0.8 μm,这些技术条件都是为了满足安装角接触球轴承和深沟球轴承的要求,以保证主轴的回转精度。孔的内端面与基准C的端面圆跳动为0.01 mm,因为这两处端面都是推力轴承的安装基准,它的精度直接影响主轴的轴向窜动。

(3) 中间ϕ55孔的两端3×60°和2×60°倒角是工艺基准,专为精磨ϕ90h5外圆时用顶尖式心轴而设计的,以保证两端内孔与外圆有很高的同轴度。

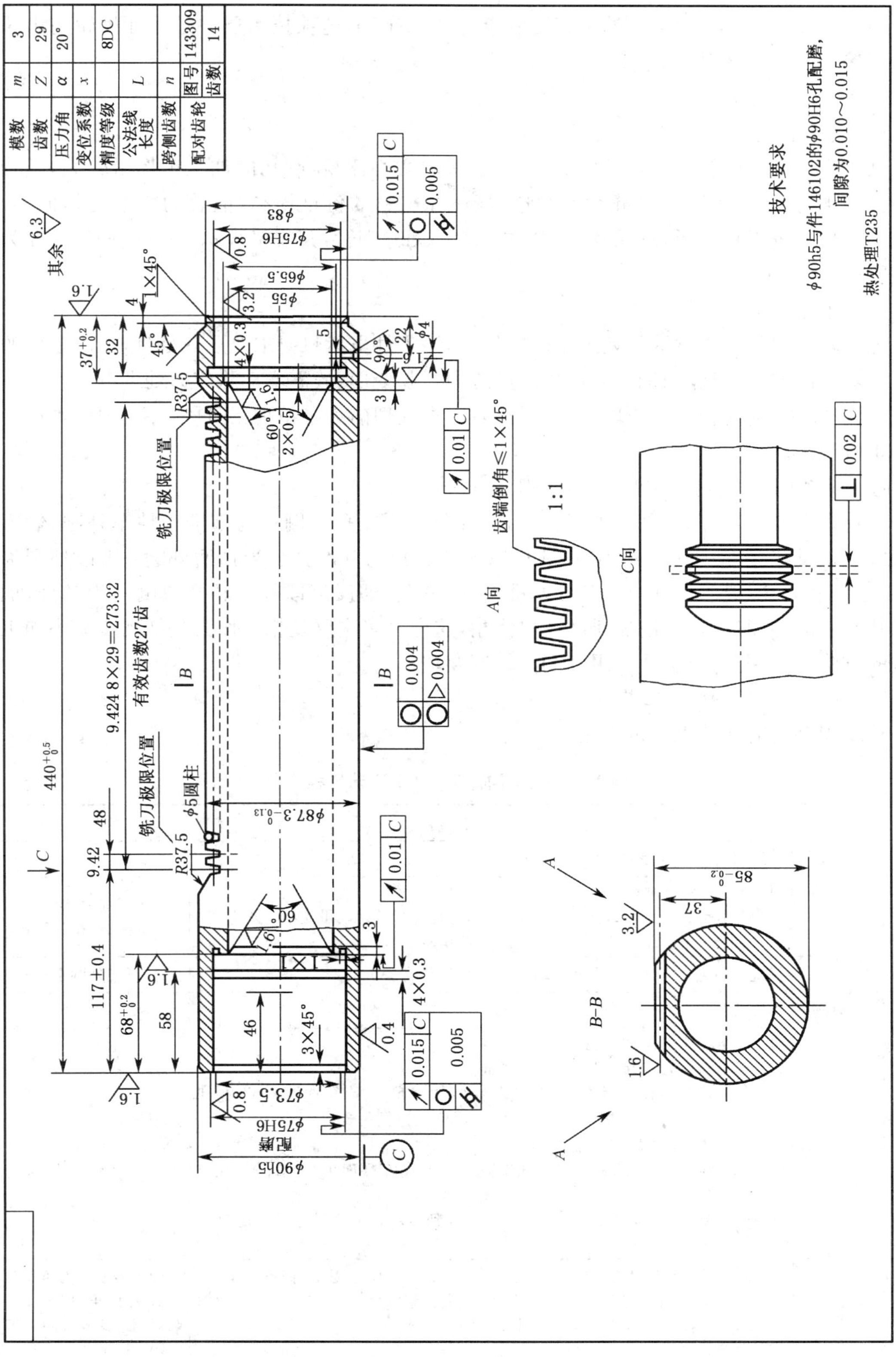

模数 m 3
齿数 Z 29
压力角 α 20°
变位系数 x
精度等级 8DC
公法线长度 L
跨侧齿数 n
配对齿轮 图号 143309
齿数 14
技术要求
ϕ90h5与件146102的ϕ90H6孔配磨，
间隙为0.010～0.015
热处理T235
其余 6.3
铣刀极限位置
有效齿数27齿
9.424 8×29＝273.32
ϕ5圆柱
齿端倒角≤1×45°
1:1
A向
C向
B-B
配磨

图 4.20 钻床工轴套

(4) 齿条的齿面与基准 C 的垂直度要求为 0.02 mm，这项技术条件是保证齿轮与齿条啮合时接触良好，并使传动平稳。

2) 钻床主轴套的加工工艺分析

(1) 毛坯的选择

钻床主轴套的内孔较大，长度也较长。若采用实心棒料，则孔的加工工作量较大，既费材料又费工时，现采用厚壁无缝钢管制造，虽然原材料的价格提高，但总的成本还是低的。根据零件尺寸查钢材手册，选用 $\phi95\times24$ 的 45 钢无缝钢管，其规格表示外径为 $\phi95$、孔径为 $\phi47$(壁厚 24 mm)。

(2) 加工阶段的划分

加工阶段也是以工件的热处理工序来划分，该零件虽然只要求调质热处理，但因零件的精度要求很高，为了避免粗加工时产生的内应力引起变形，故需增加除应力处理。

在调质处理前为粗加工阶段，调质后至除应力处理前为半精加工阶段，除应力处理后为精加工阶段。

(3) 保证内孔与外圆同轴度的加工工艺

先粗车外圆，以外圆为基准加工孔和孔口倒角，再以孔口倒角为基准半精车外圆，然后以外圆为基准半精车内孔。磨削时，同样以孔口倒角为基准，粗、半精磨外圆，再以外圆为基准粗、精磨内孔，最后以孔口倒角为基准精磨外圆。即反复以外圆和孔口倒角为基准，加工内孔和外圆，同时磨外圆前需研磨孔口倒角，这样用多次反复相互作为基准逐步减小加工误差的方法，使内孔与外圆达到很高的同轴度要求。

3) 钻床主轴套的加工工艺过程

钻床主轴套的加工工艺过程见表 4.3。

表 4.3 钻床主轴套的加工工艺过程 mm

序号	工序名称	工 序 内 容	定位与装夹
1	备料	无缝钢管切断，尺寸为 $\phi95\times24\times445$	
2	车	(1) 粗车两端外圆至 $\phi93$ (2) 粗车孔 $\phi47$ 到 $\phi52$，孔口倒角 $3\times60^\circ$，对基准 C 的跳动量应小于 0.1 (3) 车另一端孔至 $\phi65$，深度为 68，孔口倒角 $3\times60^\circ$	三爪自定心卡盘 一端夹一端搭中心架
3	铣	粗铣平面到尺寸 88，长度为 270，铣刀中心距左端 130	两 V 形架外圆定位
4	热处理	调质 T235	
5	车	(1) 半精车外圆到 $\phi90.35$ (2) 车端面及 $\phi83\times4$ 外圆和 45°圆锥面 (3) 车孔到 $\phi55$，孔 $\phi75$H6 至 $\phi74.25$，车 4×0.3 槽到 4×1 保证深 32，车孔 $\phi65.5$，车 2×0.5 槽保证长度 $37^{+0.2}_{0}$，$\phi55$ 孔口倒角 $3\times60^\circ$ (4) 调头装夹，车端面保证总长 440.5 (5) 车孔到尺寸 $\phi73.5\times68^{+0.2}_{0}$，孔口倒角 $3\times45^\circ$，车端面 1×1 槽，$\phi55$ 孔口倒角 $3\times60^\circ$ (6) 车孔 $\phi75$H6 到 $\phi74.25$，车槽 4×0.3，到 4×1 保证尺寸 58，孔口倒角$1\times45^\circ$	两顶尖 一端夹一端搭中心架 一端夹一端搭中心架
6	铣	(1) 精铣平面到尺寸 $85.2^{0}_{-0.2}$，长度为 273.32，铣刀中心距左端 126.4 ± 0.4 (2) 用 $m=3$ 齿条铣刀铣齿，第一齿中心距左端 117 ± 0.4 共铣 29 齿，齿深用 $\phi5$ 圆柱和千分尺测量，控制尺寸 $87.475^{0}_{-0.13}$ (3) 齿端倒角	两 V 形架外圆定位，用百分表找正外圆轴线与工作台平行度在 0.01 内

续表 4.3

序号	工序名称	工 序 内 容	定位与装夹
7	划线	划出 ϕ2.5 孔中心线,距右端面尺寸 22,打样冲孔	
8	钻	钻 ϕ2.5 孔,孔口倒 90°角,控制直径 ϕ4	V 形架
9	热处理	除应力处理	
10	研磨	修研中间两端 3×60°倒角	外圆
11	磨	(1) 粗磨 ϕ90h5 外圆到 ϕ90.10,靠两端面,保证总长 $440^{+0.5}_{0}$ (2) 精磨 ϕ90h5 外圆到 ϕ90.03 (3) 粗精磨右端 ϕ75H6 孔到尺寸,靠内端面,保证尺寸 $37^{+0.2}_{0}$ (4) 调头装夹,粗精磨左端 ϕ75H6 孔到尺寸,靠内端面,保证尺寸 $68^{+0.2}_{0}$	顶尖式心轴 V 形夹具
12	研磨	修研中间两端 3×60°倒角	外圆
13	磨	精磨 ϕ90h5 外圆,其大小与主轴箱体孔配磨,保证配合间隙 0.01～0.015,打印记	顶尖式心轴
14	检验	检验合格后与主轴箱体一起入库	

制订工艺过程时应注意以下几个问题:

(1) 当外圆和内孔尚未加工到尺寸要求,铣平面、铣齿条和车槽时,应将高度或深度尺寸加上外圆或内孔半径上的余量。

(2) 精磨 ϕ90h5 外圆时,用顶尖式心轴装夹,因接触面较狭,所以加工精度(同轴度)不太高,但该零件两端 ϕ75H6 孔与 ϕ90h5 外圆的径向圆跳动要求 0.015 mm,完全可以达到。如果要求高需用图 4.11 的专用心轴,要求更高则需用图 4.12 的密珠心轴。

(3) 主轴套外圆 ϕ90h5 与主轴箱体孔的配磨,应根据箱体孔的实际尺寸,配磨 ϕ90 外圆以保证间隙为 0.01～0.015 mm。配磨后两件均需打上印记并同时入库,不能搞错。

外圆与孔的配磨,一般都以孔为基准尺寸来配磨轴。这是因为箱体孔采用研磨或镗磨作最终加工,加工时既要达到孔的圆度、圆柱度、表面粗糙度,还要达到孔的尺寸精度,这样就比较困难,容易造成因一项要求达不到而报废。采用按孔实际尺寸配磨轴,就可在加工孔时,放宽尺寸精度,容易达到加工要求而提高生产率。这样虽增加磨削外圆时的难度,但相对来说要容易得多,因为磨削外圆时,圆度、圆柱度和表面粗糙度都不难达到,尺寸精度也比加工孔容易控制。但对于外圆不需再加工的零件(如滚动轴承等),只能以外圆实际尺寸来配磨(或研磨)孔。

习题与思考题

4.1 简述套类零件的技术要求。

4.2 怎样选择套类零件的毛坯?

4.3 套类零件的加工顺序有哪两种方案?各适用于什么情况?

4.4 磨内孔时,有哪几种加工方案?各如何装夹工件?

4.5 内孔的珩磨和研磨加工各有什么特点?

4.6 外圆和内孔配磨时,常采用什么加工工艺?为什么?

4.7 编制图 4.21 所示的衬套零件的机械加工工艺过程(材料 45 钢,淬硬 48 HRC,小批生产)。

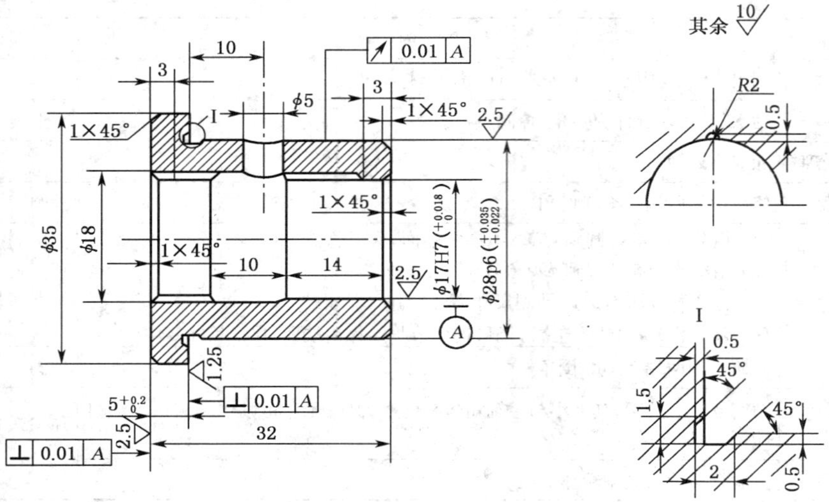

图 4.21 衬套

4.8 编制图 4.22 所示的轴承套零件的机械加工工艺过程(材料 HT200,中批生产)。

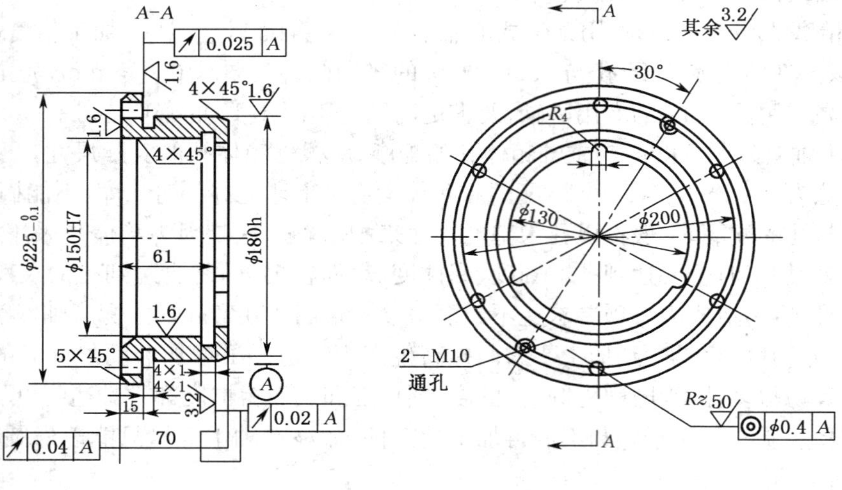

图 4.22 轴承套

5 箱体与机体零件加工

5.1 箱体零件概述

5.1.1 箱体零件的种类与结构

箱体零件的种类较多,结构较为复杂,其主要特征是平面多、孔多;孔的尺寸精度和相互位置精度要求较高。典型的箱体零件有:液压阀体、减速器箱体、机床主轴箱、进给箱箱体等。

箱体是构成机器的主要零件,也是箱体部件的基础零件。它的作用是使该部件内各有关零件(如轴、轴承、齿轮、拨叉等)保持正确的相互位置,彼此按照一定的传动关系工作。所以,箱体零件的加工质量,直接影响机器的精度、性能和寿命。

图 5.1 是几种常见箱体的结构简图。从图中可以看出,箱体的结构形状虽然随着机器的结构和箱体在机器中的作用不同而变化,但仍有许多共同的特点。例如:结构形状一般都比较复杂,壁薄并且不均匀,壁上既有许多精度较高的轴承孔和平面需要加工,还有许多精度较低的紧固孔和螺纹孔需要加工。箱体的底平面或侧面常作为装配时的基准面,其加工要求较高,其它各面和孔的轴心线多以该面作为基准,保持一定的加工尺寸精度和相互位置精度。

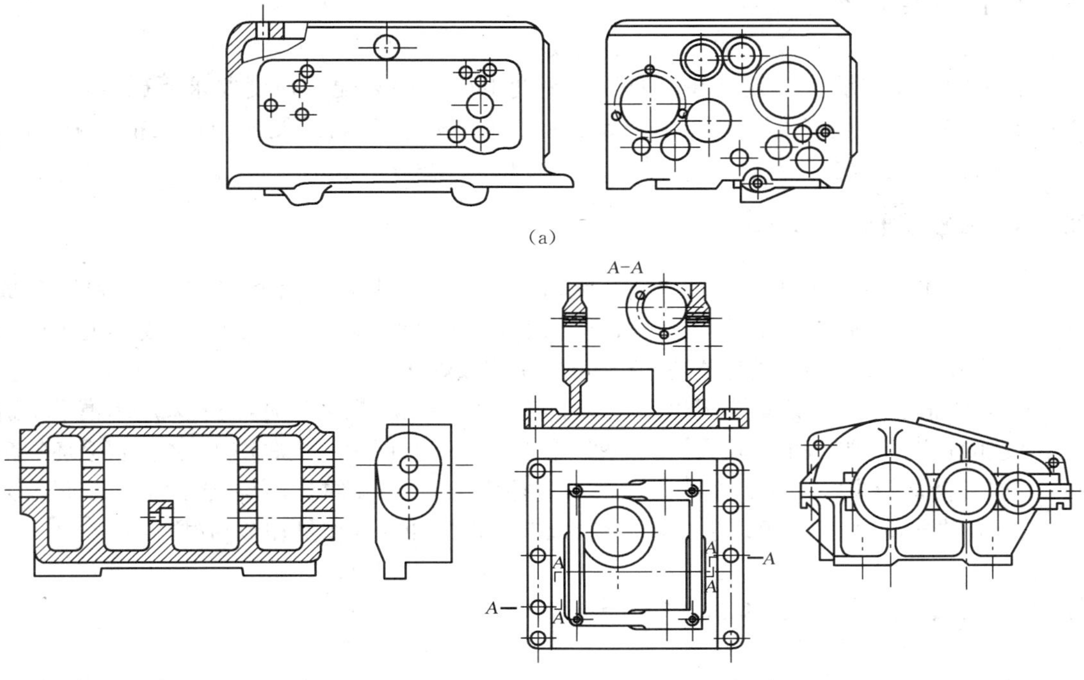

图 5.1 几种箱体的结构简图

(a) 车床主轴箱 (b) 车床进给箱 (c) 减速箱 (d) 剖分式减速箱

5.1.2 箱体零件的主要技术要求

箱体零件的主要加工表面为孔系和平面。为了保证箱体部件的装配精度，对箱体零件的加工，主要有如下技术要求：

1）支承孔的尺寸精度、形状精度和表面粗糙度

箱体上的主要支承孔（如主轴孔）的尺寸公差等级为 IT6 级，圆度为 0.006～0.008 mm，表面粗糙度值为 Ra 0.8～0.4 μm。其它支承孔的尺寸公差等级为 IT6～IT7 级，圆度为 0.01 mm 左右，表面粗糙度值为 Ra 1.6～0.8 μm。

2）支承孔之间的相互位置精度

箱体上有齿轮啮合关系的孔系之间，应有一定的孔距尺寸精度和平行度要求，否则会影响齿轮的啮合精度，使工作时产生噪声和振动，并影响齿轮使用寿命。这项精度主要取决于传动齿轮副的中心距允差和齿轮啮合的精度。同一轴线的孔应有一定的同轴度要求，否则，不仅使轴的装配困难，并且使轴的运转情况不良，加剧轴承的磨损和发热，温升增高，影响机器的精度和正常工作。支承孔间中心距允差一般为±0.05 mm；轴心线的平行度为 0.03～0.1 mm/300 mm；同轴线孔的同轴度为 0.02 mm。

3）主要平面的形状精度、相互位置精度和表面粗糙度

箱体的主要平面一般都是装配或加工中的定位基准面，直接影响箱体与机器总装时的相对位置和接触刚度，也影响箱体加工中的定位精度。一般箱体上的装配和定位基面的平面度在 0.05 mm 范围内；表面粗糙度值为 Ra 1.6 μm 以内。主要结合平面须经刮研或磨削等精加工，以保证接触良好。

4）支承孔与主要平面间的相互位置精度

箱体的主要支承孔与装配基面的位置精度由该部件装配后精度要求所确定，一般为 0.02 mm 左右。一般多采用修配法进行调整，若采用完全互换法，则应由加工精度来保证，所要求的精度就较高。

5.1.3 箱体零件的材料及毛坯

一般箱体零件的材料常采用灰铸铁，灰铸铁具有容易成形、切削性能和抗振性能好、成本低等优点。常用牌号为 HT150～HT250，尤以 HT200 用得最广。在单件或小批生产情况下，为了缩短生产周期，避免制造木模，可采用钢板焊接。

毛坯的精度和加工余量应视生产批量而定。当单件、小批生产时，一般采用木模手工造型，毛坯的精度低，加工余量较大。当成批或大量生产时，可采用金属模机器造型，毛坯的精度高，加工余量较少。在单件或小批生产中直径大于 50 mm 的孔，或在成批生产时直径大于 30 mm 的孔，一般都在毛坯上先铸出孔，以节省机械加工工作量和节约材料。

5.2 箱体零件的加工工艺分析

各种箱体的加工工艺过程虽然随着箱体的结构、精度要求和生产批量的不同而有较大的差异，但也有其共同特点。例如，主要是平面和孔系加工，所以在加工方法上有共同特点：结构形状一般都比较复杂，壁厚不均匀，加工精度不易稳定。因而在安排工艺过程时，既要

考虑到原则问题，也要考虑到共同的特点。

1）先面后孔的加工程序

先加工平面后加工孔，这是箱体零件加工中的一般规律。因为在箱体加工中，孔的加工比平面加工困难得多。以孔为粗基准划线或大量生产时以毛坯孔定位，先加工平面，再以平面为精基准加工孔，这样不仅可以保证孔的加工余量较为均匀，而且为孔的加工提供了稳定可靠的精基准。而且由于箱体上的支承孔一般都分布在箱体的平面上，先加工平面，切除了铸件表面的凹凸不平及夹砂等缺陷，可减少钻孔时引偏钻头；扩孔或铰孔时，可防止刀具崩刃；加工时对刀调整也比较方便。

2）粗精加工分阶段进行

因为箱体的结构形状较复杂，主要表面的精度要求高，粗、精加工分开进行，可以消除由粗加工所造成的内应力、切削力、夹紧力和切削热对加工精度的影响，有利于保证箱体的加工精度。还可以在粗加工时及时发现铸件毛坯内部的缩孔、气孔、夹砂等缺陷，以免浪费加工工时。并可合理使用机床，既发挥了粗加工机床的切削效率，又可保护精密机床的精度。

当单件或小批生产以及工件精度要求不高时，为了减少安装次数，有时也往往将粗精加工工序合并在一起，但应采取相应的工艺措施来保证加工精度。如粗加工后松开工件，然后再用较小的夹紧力将工件夹紧，使工件因夹紧力而产生的弹性变形在精加工之前得以恢复；粗加工后待工件充分冷却后再进行精加工；减少切削用量，增加走刀次数，以减少切削力和切削热的影响。

3）合理安排热处理工序

箱体零件因结构较复杂、壁厚不均匀，铸造时形成了较大的内应力。为了消除铸造内应力，以保证箱体加工精度的稳定性，应对铸造毛坯进行一次人工时效处理。人工时效的工艺规范一般为：均匀加热到 530～560℃，保温 6～8 h，然后以每小时小于或等于 30℃的速度随炉冷却，出炉温度应小于或等于 200℃。对精度要求很高或形状特别复杂的箱体，在粗加工后应再安排一次人工时效处理，以消除粗加工所造成的内应力，进一步提高箱体加工精度的稳定性。

4）合理选择定位基准

（1）粗基准的选择

选择箱体零件的粗基准时，应考虑以下几点：

① 在保证各加工面都有加工余量的前提下，应保证主要孔的加工余量尽量均匀；

② 装入箱内的齿轮、离合器等旋转零件，应与箱壁有足够的间隙；

③ 注意箱体的必要外形尺寸。

为了达到上述要求，通常是以箱体上的主要孔作为粗基准。当大量生产时，由于毛坯精度较高，可直接用夹具以毛坯孔定位；在单件或小批生产时，通常先以主要孔为划线基准，加工时根据划线找正。这样可以保证主要孔的加工余量均匀，同时其它加工表面的余量，也可在划线时得到借正。

（2）精基准的选择

箱体零件的精基准选择，通常从基准统一原则出发，使具有相互位置要求的大部分加工表面，尽可能用同一组定位基准。这样就可避免因基准转换过多而带来的累积误差，有利于保证箱体零件各主要表面的相互位置精度。同时，由于多道工序采用同一基准，使所用的夹具有相似的结构形式，可减少夹具设计和制造的工作量。通常箱体零件加工时，选择装配基准面作为精基准。这样可使加工基准与装配基准统一，减少部件装配后精度的误差。

5.3 箱体的孔系加工

有相互位置精度要求的一系列孔称为“孔系”。孔系一般可分为平行孔系、同轴孔系和垂直孔系(图 5.2)。

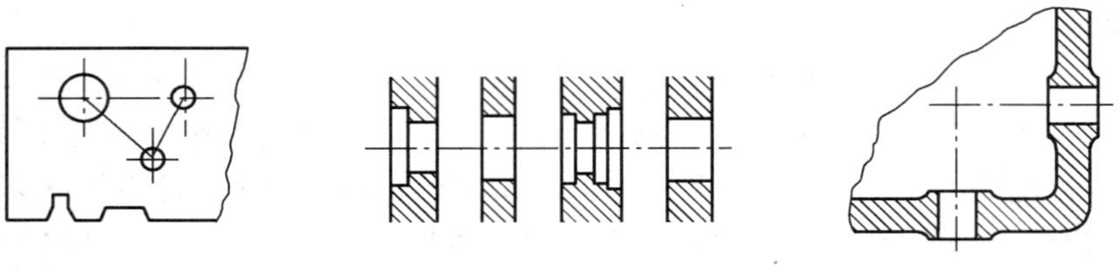

(a)　　(b)　　(c)

图 5.2 孔系分类

(a) 平行孔系 (b) 同轴孔系 (c) 垂直孔系

5.3.1 平行孔系的加工

平行孔系的主要技术要求是各平行孔轴心线之间、孔轴心线与基准面之间的距离尺寸精度和平行度。单件小批生产中的中小型箱体及大型箱体或机架上的平行孔系，一般采用试切法和坐标法来加工；批量较大的中小型箱体则经常采用镗模法加工。

1) 试切法

首先将第一个孔按图样尺寸镗到直径 D_1，然后根据划线将镗床主轴调整到第二孔的中心处，并把此孔镗到比图样尺寸 D_2 小的直径 D_2'，见图 5.3。然后量出两孔中心距 $A_1(A_1=D_1/2+D_2'/2+L_1)$，再根据 A_1 与图样要求的孔中心距 A 差值之半，调整主轴位置，进行第二次试切。通过多次试切，逐渐接近中心距 A 的尺寸，直到中心距符合图样要求时，再将第二个孔镗到图样上规定的直径。依次用同样方法镗削其它孔。应用试切法镗孔，其精度和生产率都较低，适用于单件小批生产。

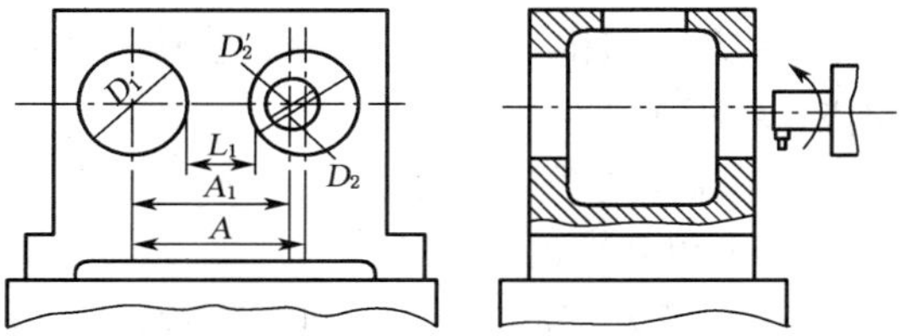

图 5.3 试切法镗平行孔系

2) 坐标法

坐标法镗孔是把被加工孔系间的位置尺寸换算成直角坐标的尺寸关系，用镗床上的标尺或其它装置来定主轴中心坐标。当位置精度要求不高时，可直接采用镗床上的游标尺和放大镜测量装置，其定位精度为±0.1 mm。若要求定位精度较高，则可采用量规和百分表来调整主轴位置，如图 5.4(a)所示。工作台横向位置也可参照如图 5.4(b)所示的方法，用量规和百分表进行调整。其定位精度为±0.02 mm，但操作难度较大，生产效率低，适用于单件小批量生产。

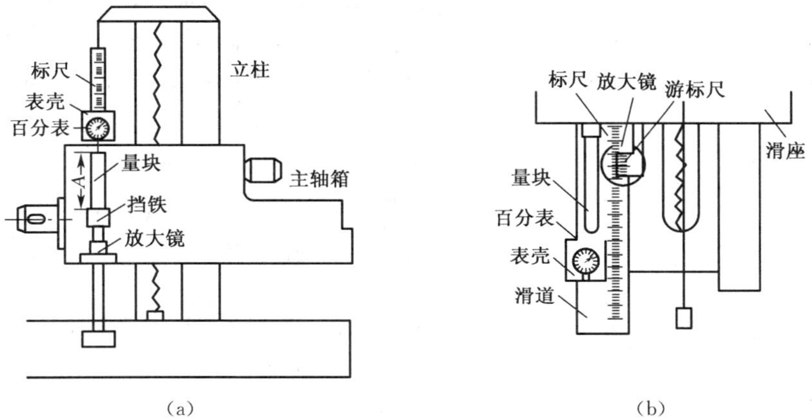

图 5.4　坐标法镗平行孔系

在普通镗床上加装一套精密的测量装置，可以提高其坐标位移精度。应用得较多的方法是装一套由磁尺（磁栅）、磁头和数显装置组成的精密长度测量系统。使用时将磁尺和磁头分别固定在机床运动部件（如工作台、主轴箱等）和床身（或立柱）上，当机床部件运动时，磁头即可从磁尺上读取感应信号，将信号经集成电路处理后，输入数字显示装置，即可显示出位移数字。操作者只要观察数显装置所显示的数值，就能得出部件（工作台和主轴箱）的精确坐标位置，这种装置可将镗床的定位精度提高到±0.01 mm。

用坐标法加工孔系时，原始孔（第一个加工孔）以及镗孔顺序的选择十分重要，因为孔距精度是靠坐标尺寸间接保证的，坐标尺寸的累积误差必然会影响孔距精度，所以在选择时应考虑以下几个问题：

(1) 原始孔（第一个加工孔）应选择主轴孔，然后加工其它各孔，这有利于保证主轴的传动精度。因为主轴孔在箱体的一侧，这样依次加工各孔时，工作台可朝一个方向移动，以避免往返移动工作台，由于丝杠和螺母的间隙而增加误差。

(2) 原始孔应有较高的精度和较细的表面粗糙度，以便在加工过程中，可重复校正原始孔的中心位置。

(3) 两孔的中心距有齿轮啮合关系时，其加工顺序应连在一起，以减少坐标尺寸的累积误差。

3) 镗模法

采用镗模法加工孔系的优点是能保证孔系的加工精度，根据镗模上的导套即可确定各孔的坐标位置，工件的定位夹紧迅速，不需找正，生产效率高。用镗模加工孔系的方法，如图 5.5 所示。镗模两端有导向套，可引导镗杆进行加工，镗杆与镗床主轴采用浮动联接。

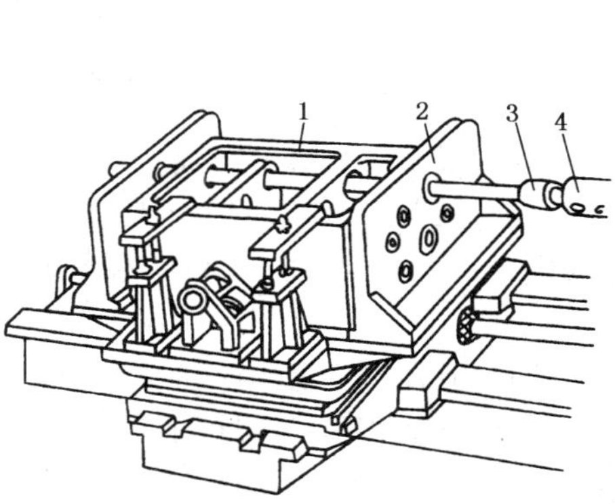

图 5.5　用镗模加工孔系

1—工件　2—镗模　3—镗杆　4—主轴

采用镗模加工孔系的孔距精度，主要取决于镗模的精度及镗杆与导套的配合精度和刚度，机床主轴精度的影响很小。由于镗模自身有制造误差，导套与镗杆有配合间隙，因此，用镗模加工孔系不可能达到很高的加工精度。一般孔径尺寸公差等级为 IT7 级左右，表面粗糙度值为 $Ra1.6\sim0.8\ \mu m$；孔距精度一般为 ±0.05 mm；孔与孔之间的平行度和同轴度，当从一端加工时可达 0.02～0.03 mm，从两端加工时可达 0.04～0.05 mm。

用镗模法加工孔系，由于镗模的精度要求高、制造周期长、成本高，所以只在中批以上生产中才普遍采用。既可在通用机床上加工，也可在专用机床或组合机床上加工。

5.3.2 同轴孔系的加工

同轴孔系的主要技术要求是各孔的同轴度误差。箱体同轴孔系的加工与生产批量有关，当成批或大量生产时，采用镗模镗孔。当单件或小批生产时，可用下列几种方法加工：

1) 穿镗法

用镗杆从孔壁一端进行镗孔，逐渐深入，这种镗削方法称为穿镗法。具体加工方法有下列几种：

(1) 悬伸镗孔

用短镗杆不加支承从一端进行镗孔，这种方法适用于箱壁间距不大的小型箱体，由于此时镗杆悬伸量不大，所以其加工精度和生产率较高。但不适合镗削两壁间距大的箱体，因为孔壁间距大，镗杆的悬伸长度大，当镗杆进给时(图 5.6(a))，镗杆的悬伸长度不断增加，镗杆由于切削力产生的变形逐渐增加，同时因镗杆自重引起的镗杆下垂，也随悬伸长度的增加而增加，这两方面的因素均使加工的前后两个孔产生同轴度误差。若由工作台进给镗孔(图 5.6(b))，由于镗杆伸出长度不变，因而镗杆因自重及切削力引起的变形对前后孔的影响是一致的，但由于导轨的直线度误差及镗杆与导轨的平行度误差，将产生孔的同轴度误差。

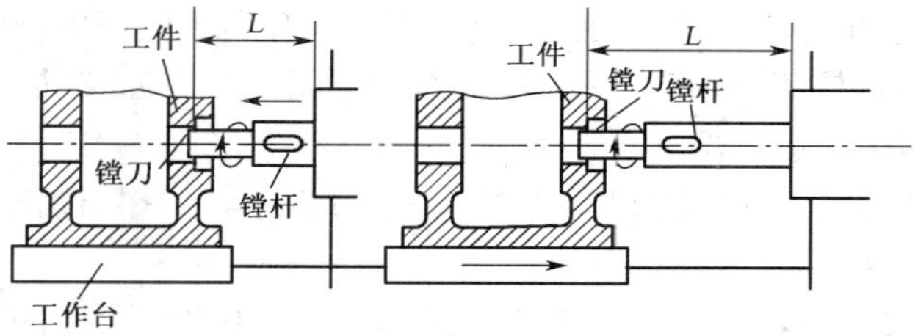

(a) (b)

图 5.6 悬伸法镗孔

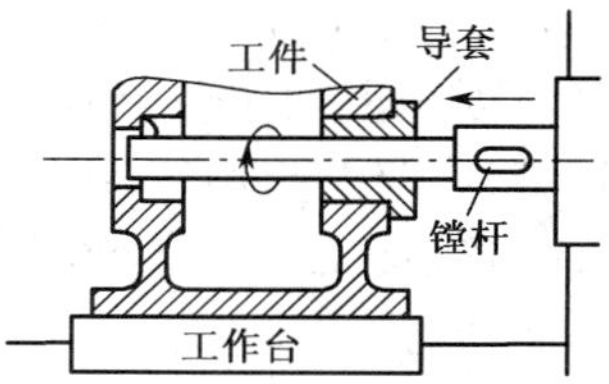

图 5.7 用导向支承套镗孔

(2) 用导向支承套镗孔

当两壁间距较大或在镗同一轴线上的几个同轴孔时，可以将前壁上的孔镗好后，在该孔内装上一个导向套作为支承，引导镗杆加工后壁上的孔，以保证两孔的同轴度要求，如图 5.7 所示。

(3) 用后立柱上导向套支承镗孔

这种方法镗孔时，镗杆由两端支承，所以刚性较好，但后立柱上导向套的位置调整较麻烦、费时，需要用心轴和量块找正，且需用较长的镗杆，此法多用于大型箱体的同轴孔系加工。

2) 调头镗法

调头镗法是在工件一次安装时，先镗出箱体一端的孔后，将镗床工作台回转 180°，再镗箱体另一端同一轴线的孔。采用调头镗时，应确保镗床工作台精确地回转 180°，否则两端所镗出的孔轴线不平行，还应保证镗杆轴线与已加工孔的轴线位置相重合，才能达到两端孔轴线的同轴度要求。

普通镗床工作台的回转精度一般不高，为了确保调头镗孔的镗削精度，可采用下列方法进行安装及找正：

(1) 在安装工件时，将百分表装在镗杆上，用百分表在与所镗孔轴线相平行的工艺基准面上找正，如图 5.8(a)所示；

(2) 当工作台回转 180°后，仍用百分表按原来的工艺基准面重新校正，使镗床主轴的轴线与基准面保持平行，如图 5.8(b)所示；

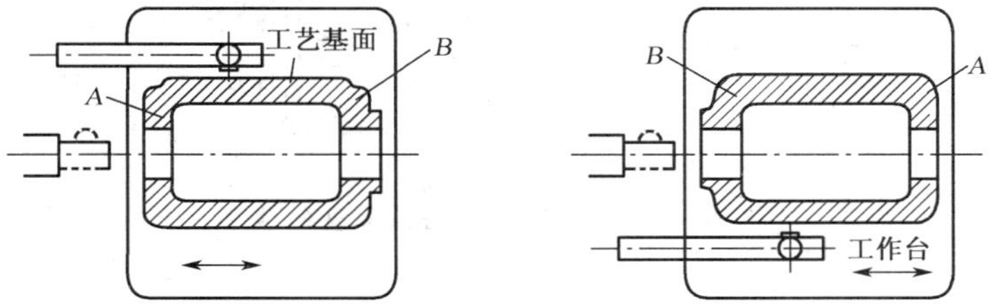

(a) (b)

图 5.8 调头镗时工件的校正

(3) 在镗杆上装百分表，使其与已加工孔表面接触，转动镗杆再根据百分表的读数调整镗杆位置，直到同轴度符合要求时为止。

调头镗的特点是镗杆伸出短、刚性好，镗孔时可以选用较大的切削用量，故生产率较高，但调整工作比较麻烦，要求操作者有较高的技术水平。

5.3.3 垂直孔系的加工

箱体上几个轴线相互垂直的孔构成垂直孔系，垂直孔系的主要技术要求，除各孔自身的精度要求外，其它要求可根据箱体功用的不同而有所区别，如带锥齿轮的减速箱体，对孔的轴线有垂直度和位置度要求，带蜗轮副的箱体则要求两孔轴线之间的距离精度和垂直度。

垂直孔系的镗削常采用下列两种方法：

1) 回转法镗垂直孔系

利用回转工作台的定位精度，来镗削图 5.9 所示的工件的 A、B 两孔。先将工件安装在镗床工作台上，并按侧面或基面找正，使要镗削的 A 孔轴线平行于镗床主轴，开始镗削 A 孔，镗削结束后，将工作台按逆时针方向回转 90°，然后镗削 B 孔。回转法镗削主要依靠镗床工作台的回转精度来保证孔系的垂直度。

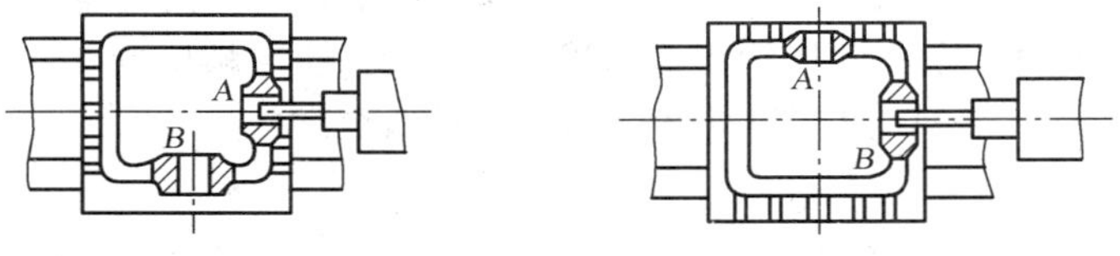

(a) (b)

图 5.9 回转法镗垂直孔系

2）心轴校正法镗垂直孔系

当镗床工作台回转精度不能保证孔系的垂直度要求时，可利用工件上已加工过的 B 孔，选配相同直径的心轴插入 B 孔中，用百分表校对轴的两端，根据百分表所示的读数，来调整工作台的位置，即可镗削 C 孔，如图 5.10 所示。另一种方法是如果工件的结构许可，在镗削 B 孔时，同时铣出找正基准面 A，然后转动工作台用百分表找正 A 面，使之与镗床主轴轴线平行，然后镗削 C 孔，即可保证孔系的垂直度要求。

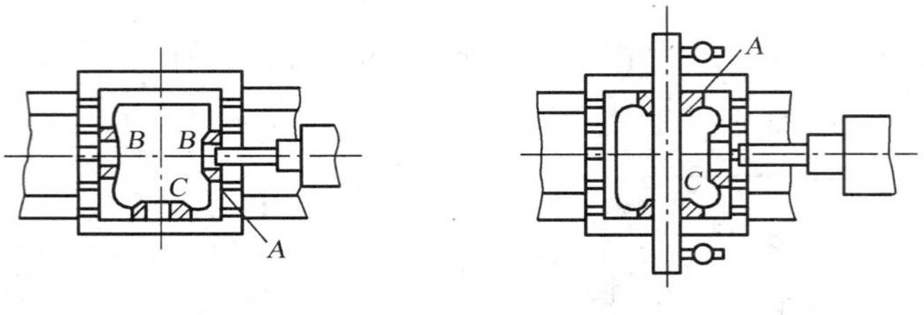

(a)　　(b)

图 5.10　心轴校正法镗垂直孔系

5.4　典型箱体类零件的加工工艺

箱体零件的一般加工工艺过程见表 5.1。

表 5.1　箱体零件的一般加工工艺过程

准备工序	→	粗加工	→	热处理工序	→	精加工	→	加工螺孔
1. 清砂 2. 时效处理 3. 非加工面涂底漆	→	1. 以孔为基准划线 2. 校正划线粗加工平面 3. 以平面为基准粗加工孔	→	时效处理	→	1. 精加工平面 2. 以平面为基准精加工孔	→	校正划线或用钻模定位加工螺孔

5.4.1　减速箱箱体的加工工艺过程

1）减速箱箱体的加工工艺分析

图 5.11 为镗床的减速箱箱体，材料为 HT150 铸铁，小批量生产。各工序均在通用机床上加工，各平面加工前均需进行划线，划线以顶面及两主要孔 A、B 为基准，应使各加工面有足够的加工余量，并尽量照顾到加工表面与非加工表面间的位置要求。该箱体上直径 $\phi35^{+0.027}_{0}$ mm、$\phi40^{+0.027}_{0}$ mm、$\phi47^{+0.027}_{0}$ mm 三个孔的精度要求高，又有相互垂直度的要求，为提高生产率和保证加工质量，须用专用夹具安装。箱体上孔系的设计基准和装配基准为 15 mm 厚的凸台顶面（装配时该面与机体接触，倒挂在机体上），其表面粗糙度值为 Ra 2.5 μm。若选用该面作为定位基准，虽然符合“基准统一”原则，对保证加工精度有利，但夹具较为复杂，测量又较困难，故改为选用底面作为工艺基准，并提高其加工精度为 15±0.03 mm，表面粗糙度值提高为 Ra 2.5 μm，以保证尺寸 90±0.1 mm 的精度。

2）减速箱箱体的加工工艺过程

根据箱体零件的一般加工工艺过程，结合该零件的工艺和结构特点，制订的加工工艺过程见表 5.2。

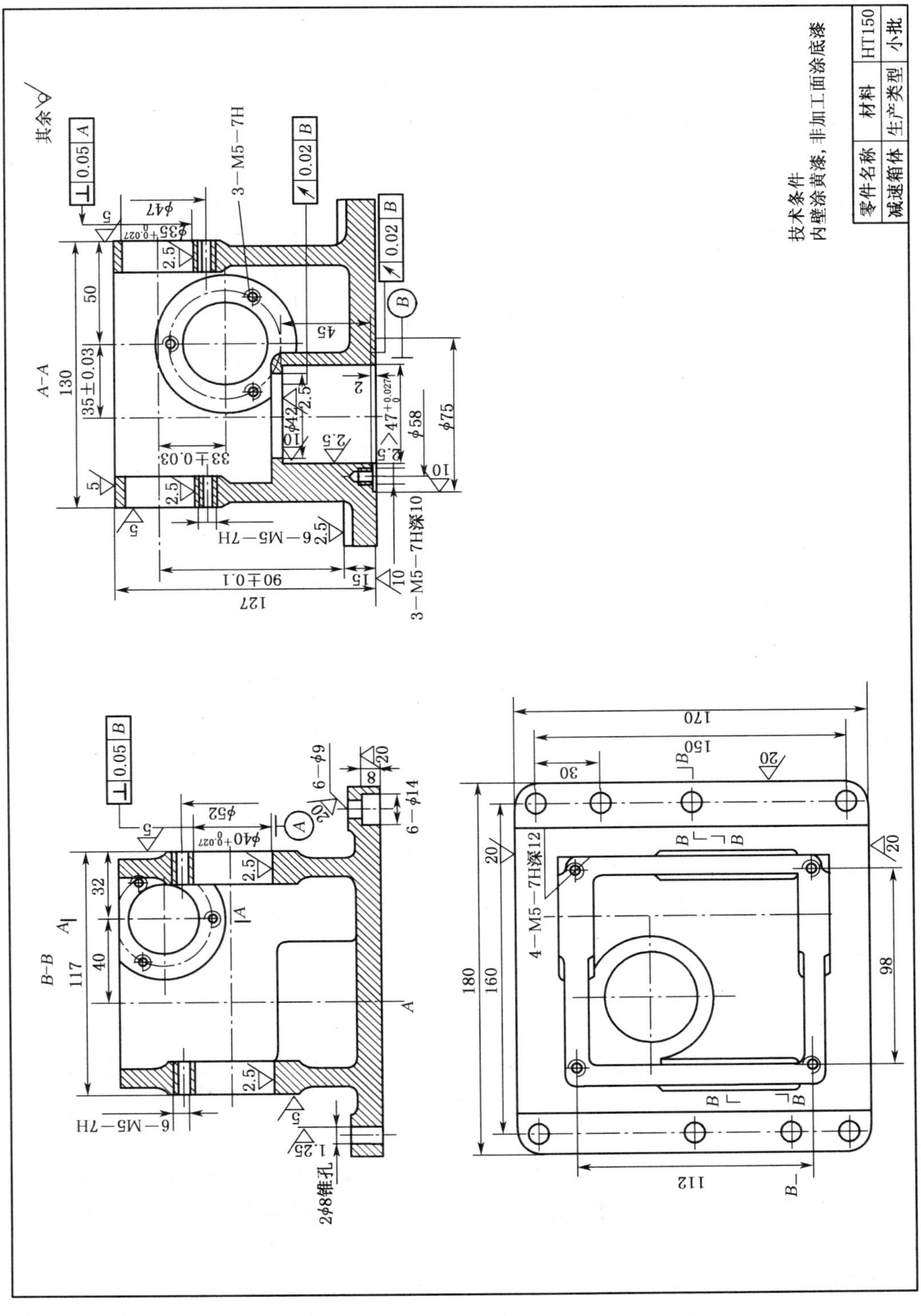

图 5.11 镗床减速箱箱体

表 5.2 减速箱箱体加工工艺过程 mm

工序号	工序名称	工 序 内 容	定位及夹紧
1	铸		
2	清理	清除浇冒口、型砂、飞边、毛刺等	
3	热处理	时效	
4	油漆	内壁涂黄漆,非加工表面涂底漆	
5	钳	划各外表面加工线	顶面及两主要孔
6	铣	粗、精铣底面,表面粗糙度 Ra 2.5 μm(工艺用)	顶面按划线找正
	铣	粗、精铣顶面,高 127,表面粗糙度 Ra 2.5 μm	底面
	铣	铣底座四侧面 180×170(工艺用),表面粗糙度 Ra 20 μm	顶面并校正
	铣	铣底座四侧面 180×170(工艺用),表面粗糙度 Ra 20 μm	
	铣	粗铣四侧凸缘端面,均留加工余量 0.5,铣底座两侧上平面,高 15 至 15±0.03(工艺用),表面粗糙度 Ra 2.5 μm	底面及一侧面
7	镗	粗、精镗孔 $\phi47^{+0.027}_{0}$,镗孔 $\phi42$,镗孔 $\phi75$ 并刮端面至图样要求	高 15 台面及一侧面
	镗	粗、精镗直径 $\phi35^{+0.027}_{0}$ 两孔并刮端面,保证尺寸 130 至图样要求	底面直径 $\phi47^{+0.027}_{0}$ 孔及一侧面
	镗	粗、精镗直径 $\phi40^{+0.027}_{0}$ 两孔并刮端面,保证尺寸 117 至图样要求	
8	钻	钻孔 6—$\phi9$,锪孔 6—$\phi14$	顶面
	钻	钻各面螺纹 M5-7H 小径孔	底面、顶面、侧面
9	钳	攻各面螺纹 M5-7H	底面、顶面、侧面
	钳	修底面四角锐边及去毛刺	
10	检验		

5.4.2 车床主轴箱箱体的加工工艺过程

车床主轴箱的结构如图 5.12 所示。其结构比较复杂,加工面较多,技术要求高,加工的关键是主轴孔和纵向平行孔系。

1) 主轴箱箱体的技术条件分析

(1) 尺寸精度

在三个主轴支承孔内均需安装滚动轴承,故主轴孔的尺寸公差等级均为 IT6 级。其它传动轴的支承孔的公差等级为 IT6~IT7 级。各主要孔的中心距公差为±0.05 mm。

(2) 表面形状和相互位置精度

主轴孔的圆度误差会通过滚动轴承的外圈直接影响到加工工件的圆度,前端孔的影响最大,所以它的精度要求最高,圆度公差为 0.006 mm;中间和后端孔也有影响,它们的圆度公差为 0.008 mm。

三个主轴孔的同轴度公差为 $\phi0.024$ mm;孔内端面对孔 A、B 轴线的端面圆跳动公差为 0.006 mm;A、B 孔的轴线对底面 M 和 N 的平行度公差为 600 : 0.1 mm;N 面对 M 面的垂直度公差为 300 : 0.1 mm; M、N、O、P 和 Q 等平面的平面度公差为 0.04 mm。

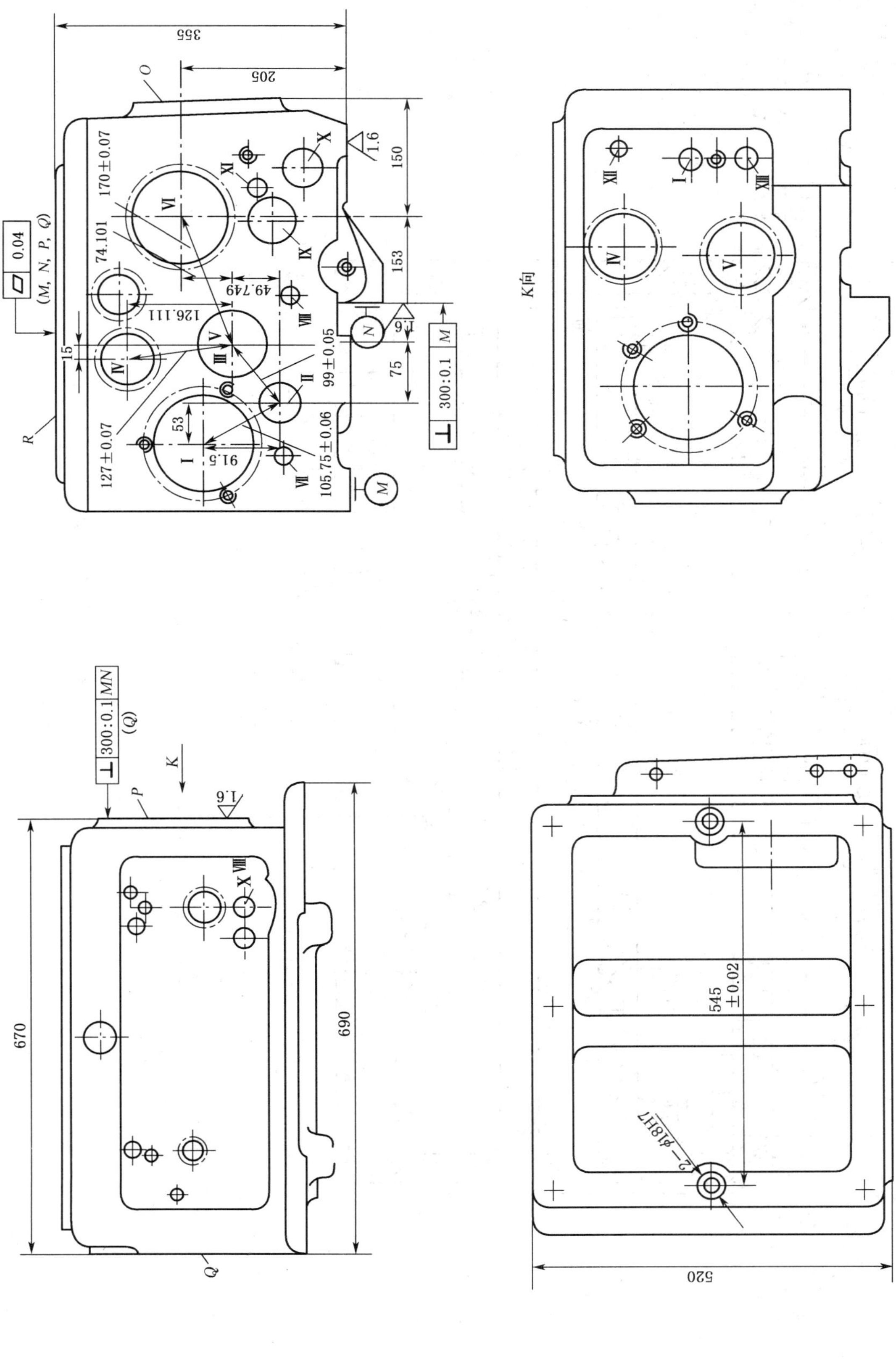
355
205
150
153
75
170±0.07
74.101
126.111
49.749
99±0.05
105.75±0.06
127±0.07
91.5
53
15
1.6
0.04
(M, N, P, Q)
300:0.1 M
K向
670
690
300:0.1 MN
(Q)
545 ±0.02
2—φ18H7
520

(a)

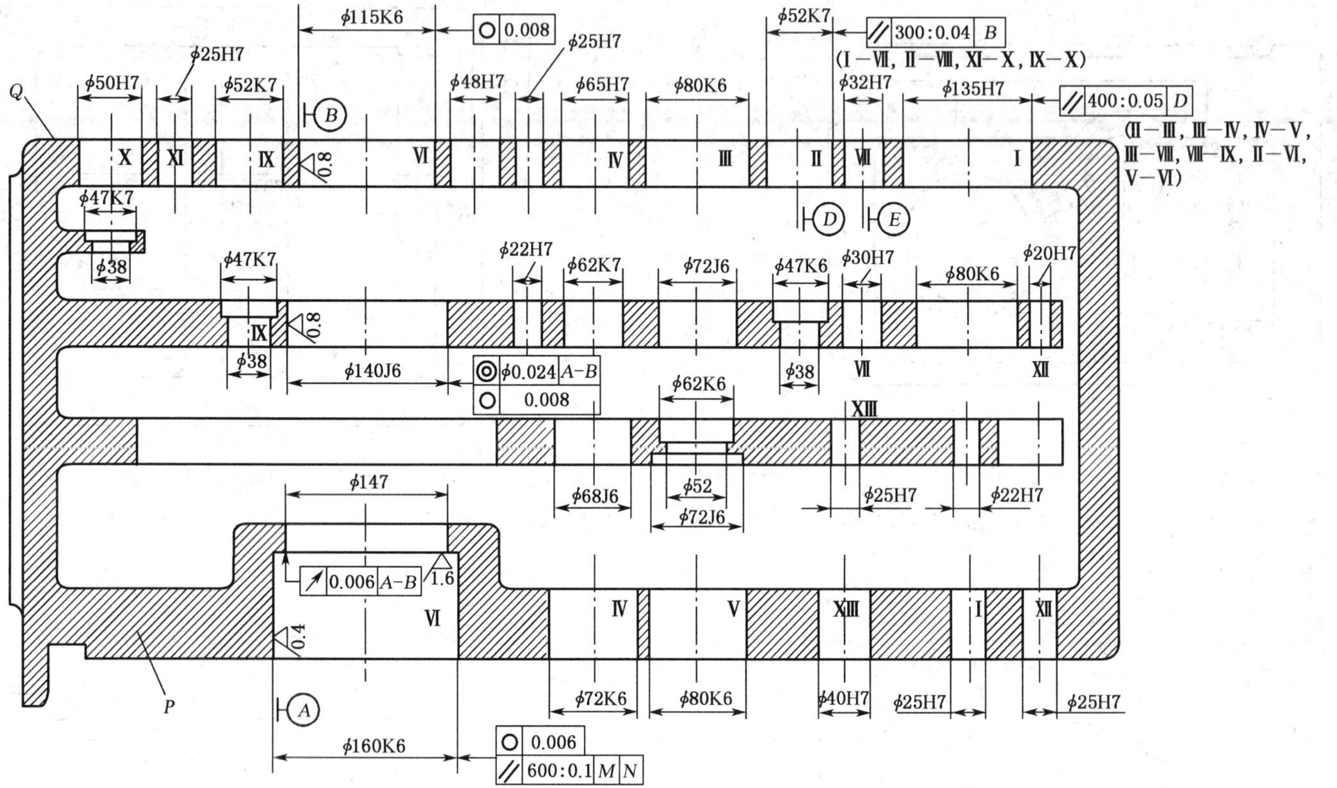

主要技术条件

1. 箱体纵向孔系(除Ⅵ轴外)各孔 Ra 3.2～1.6 μm(孔内端面 Ra 6.3～3.2 μm)

2. 各轴线上的轴承孔应同轴,用检验棒检验时,要求转动轻快

(b)

图 5.12　车床主轴箱箱体简图

(a) 外形图　(b) 纵向孔系展开图

(3) 表面粗糙度

表面粗糙度基本上与尺寸精度相适应，主轴孔要求为 Ra 0.8～0.4 μm；其它主要孔为 Ra 3.2～1.6 μm。装配基准等主要平面为 Ra 1.6 μm。

2) 主轴箱箱体的机械加工工艺过程

箱体的机械加工工艺过程因生产类型的不同而异。表 5.3 为大批生产时车床主轴箱箱体的加工工艺过程，表 5.4 为中、小批生产时的加工工艺过程。

表 5.3 大批生产时车床主轴箱箱体的加工工艺过程

序号	工　序　内　容	定　位　基　准
	铸造、时效、涂底漆	
1	粗、精铣顶面 R	Ⅵ轴与Ⅰ轴铸孔
2	钻、扩、铰顶面上两工艺孔 ϕ18H7，并钻 8 个 M8 螺孔	顶面 R、Ⅵ轴孔内壁一端
3	粗、精铣 M、N、O、P 及 Q 5 个平面	顶面 R 及两工艺孔
4	磨顶面 R	M 面和 Q 面
5	粗镗各纵向孔	顶面 R 及两工艺孔
6	精镗各纵向孔	顶面 R 及两工艺孔
7	半精镗、精镗主轴孔	顶面 R 及Ⅲ-Ⅴ轴孔
8	加工横向孔和各面上次要孔	顶面 R 及两工艺孔
9	油漆	
10	磨 M、N、O、P 及 Q 5 个平面	顶面 R 及两工艺孔
11	钳工攻螺纹、修锉去毛刺	
12	清洗	
13	检验	

表 5.4 中、小批生产时车床主轴箱箱体的加工工艺过程

序号	工　序　内　容	定　位　基　准
	铸造、时效、涂底漆	
1	划线、划出Ⅰ、Ⅵ孔十字线，顶面 R、底面 M、导向面 N、端面 P、Q	
2	粗刨、半精刨顶面 R	按划线找正
3	粗刨、半精刨底面 M、导向面 N、侧面 O	顶面 R 并校正主轴孔中心线
4	粗刨、半精刨两端面 P、Q	装配基准面 M、N
5	精刨顶面 R	装配基准面 M、N
6	精刨底面 M、导向面 N、侧面 O	顶面 R 及侧面 O
7	精刨两端面 P、Q	装配基准面 M、N
8	粗、半精镗各纵向孔	装配基准面 M、N

续表 5.4

序号	工 序 内 容	定 位 基 准
9	粗、精加工各横向孔	装配基准面 M、N
10	油漆	
11	精镗各纵向孔	装配基准面 M、N
12	精镗主轴孔	装配基准面 M、N
13	钻螺孔、紧固孔、油孔、攻螺纹、修锉去毛刺	
14	清洗	
15	检验	

3) 主轴箱箱体的加工工艺分析

(1) 精基准的选择

箱体加工时，其精基准（定位基准）的选择，通常多考虑基准重合原则。表 5.4 所列的中小批生产时主轴箱箱体的加工工艺过程即是选择箱体底面 M 和导向面 N 作为加工主轴孔和其它表面的精基准。M 和 N 面是主轴箱的装配基准，也是主轴孔的设计基准，它与箱体其它端面、侧面和纵向孔系等均有直接关联。选择 M 和 N 面作为精基准，可使定位基准与设计基准重合，并便于使各有关工序的基准统一，从而有利于加工精度的提高，同时也有利于夹具设计工作的简化（定位方法和定位元件相同）。另外，在孔的加工过程中，由于箱口朝上，所以更换或调整刀具、导向套、测量尺寸和观察加工情况等都比较方便。其缺点是当加工箱体内壁上的孔时，需在箱体内腔相应部位设置导向支承架，以增强镗杆的刚性，这样就使镗模的结构变得复杂，如图 5.13 所示。而且，由于这种吊架式支承架的刚性较差，以及制造和安装误差等影响，对保证孔的加工精度造成一定的困难。此外，每加工一个箱体，都需拆装吊架一次，比较麻烦。

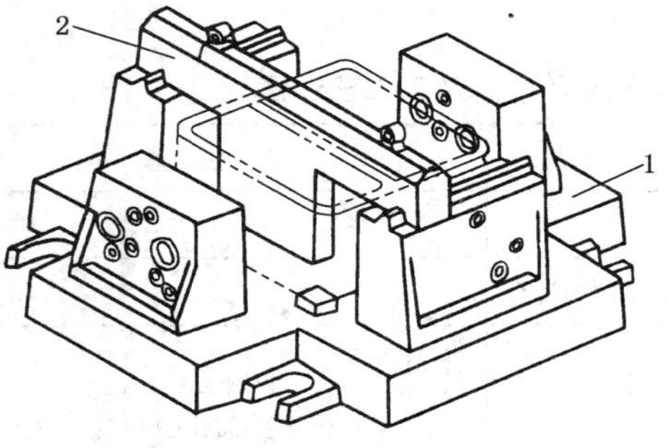

图 5.13 带有吊架的镗模

1—夹具体 2—吊架

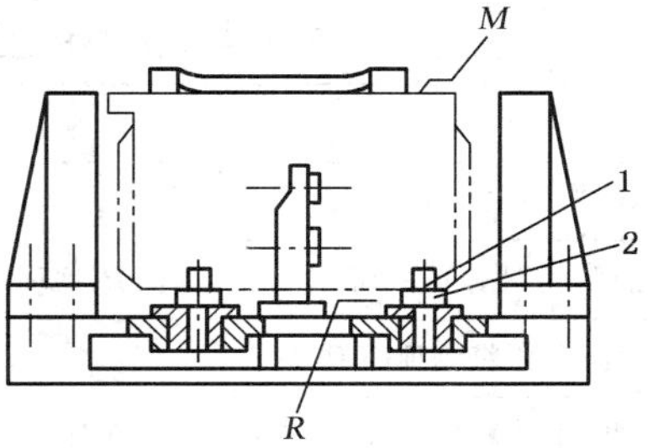

图 5.14 以顶面和二孔定位的镗模

1—定位销 2—支承板

在大批生产的条件下，为了提高生产率，采用以顶面 R 作为主要定位基准的加工方案，并在该面两端增加了 2 只 ϕ18H7 工艺孔，采用“一面二销”的定位方案。镗模的结构如图 5.14 所示。加工时，工件反扣（顶面 R 朝下）在底座的支承板 2 上，2 只定位销 1 插入 ϕ18H7 工艺孔定位，伸入箱体内腔的导向支承架可以直接装在底座上。这种夹具比上述吊架式夹具结构简单，装卸工件方便。但因所采用的定位基准与设计基准不重合，为了减少基准不重合误差的影响，需提高顶面 R 至底面 M 的尺寸精度，同时还需增加加工 2 个定位销孔的工作量。

(2) 粗基准的选择

箱体的精基准确定后，就可以考虑选择加工第一个面——顶面 R 所用的粗基准。一般选择主轴孔作为粗基准，因为主轴孔的精度要求最高，与之有关联的表面和尺寸也最多，故选择主轴孔作为粗基准最为合适。

由于生产类型的不同，实现以主轴孔为粗基准的工件安装方式也不一样。中小批生产时，由于毛坯精度较低，一般采用划线找正安装。主轴箱箱体的划线方法如下：首先将箱体用三个千斤顶安放在划线平台上(图 5.15(a))，调整千斤顶，使主轴孔Ⅵ和Ⅰ轴孔的轴心线与台面基本平行，P、Q 面与台面基本垂直。根据毛坯的主轴孔划出主轴孔的水平轴心线Ⅰ-Ⅰ(在四个面上都要划出)，作为第一校正线。在划此线时应根据图样要求，以此线为基准

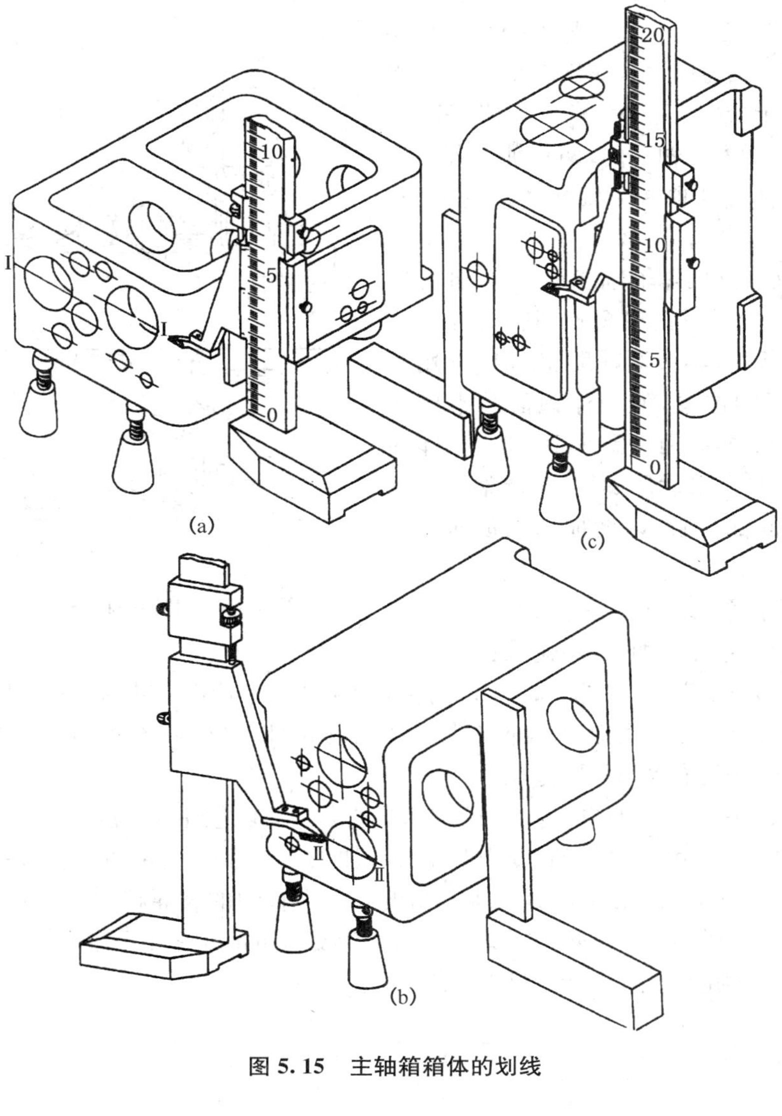

图 5.15　主轴箱箱体的划线

检查所有加工部位在水平方向是否都有加工余量。若有的加工部位没有加工余量，则需重新调整Ⅰ-Ⅰ线的位置，作必要的借正，直至所有的加工部位均有加工余量，才将Ⅰ-Ⅰ线的位置确定下来。再以Ⅰ-Ⅰ为依据，上移150 mm(355－205＝150)划出顶面R加工线；然后下移355 mm划出底面M加工线，以及侧面O上各孔的水平线。再将箱体翻转90°，使O面向下，调整千斤顶，用90°角尺找正，使Ⅰ-Ⅰ线与台面垂直，根据毛坯的主轴孔并考虑到各加工部位在垂直方向的加工余量，按照上述方法划出主轴孔的垂直轴心线Ⅱ-Ⅱ作为第二校正线(图5.15(b))，并根据Ⅱ-Ⅱ线，上移153 mm划出导向面N加工线，再下移303 mm(153＋150＝303)划出侧面O加工线。再将箱体翻转90°，使Q向下(图5.15(c))，调整千斤顶，用90°角尺找正，使Ⅰ-Ⅰ线、Ⅱ-Ⅱ线均与台面垂直。根据主轴孔内凸台面为依据，兼顾P、Q面上的加工余量，划出P、Q面的加工线，以及侧面O上各孔的垂直线，以确定各孔的中心位置。

大批大量生产时，毛坯的精度较高，可直接以主轴孔Ⅵ和Ⅰ轴孔在夹具上定位，采用图5.16所示的夹具安装。将箱体放在件1、2、3预定位支承上，箱体侧面紧靠支承4，端面靠挡销11进行预定位，然后用手柄5操纵(液压)控制两短轴6插入主轴孔内，两短轴上各有三个活动支柱7，分别顶住主轴孔两端的毛面。此时，箱体抬起，离开1、2、3各支承面，使主轴孔轴线与夹具的两短轴轴线重合，主轴孔即为定位基准。为了找正绕短轴回转方向的位置，当箱体抬起后，调节两辅助支承8，并用样板校正Ⅰ轴孔的位置，使箱体顶面基本成水平。再用手柄9操纵两夹紧块10伸入箱体两端孔内压紧工件。最后用螺杆12调整辅助支承13与箱体底面接触，以增加加工顶面时箱体的刚度。

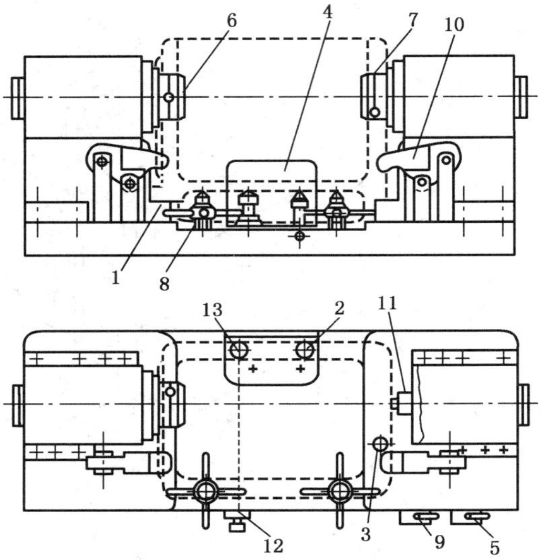

图5.16 粗铣主轴箱箱体顶面夹具

(3) 主要表面的加工方法和工艺路线

主轴孔和其它孔的加工，不论大批生产或中、小批生产都采用镗孔的方法加工，工艺路线为粗镗→半精镗→精镗。只是所用机床不一样，大批生产时需采用专用镗床，可同时加工平行孔系，以提高生产率；中、小批生产时只能采用普通卧式镗床，依次加工平行孔系。

平面加工在中、小批生产时，用龙门刨床进行加工，工艺路线为粗刨→半精刨→精刨。而大量生产时，则采用组合铣床和专用磨床进行加工，工艺路线为粗铣→精铣→磨。最后工序采用磨削的方法不仅仅是为了提高加工精度和获得较细的表面粗糙度，而是因为加工孔时以顶面作为定位基准，因此必须提高它的加工精度。而且其它面经磨削加工后，在装配时便可减少大量的刮削工作量，从而显著地提高生产效率。

5.5 机体零件概述

5.5.1 机体零件的种类与结构

机体是机器的基础部件。机器上许多零部件都是装在机体上的，有的部件还在机体的导轨上运动。因此，机体是整台机器装配和调整的基准件，机器各部件的相互位置精度及一些部件的运动精度，都和机体本身的精度有直接的关系。

图 5.17 为几种机体的结构形式。各种机体零件由于功用不同，其结构和形状差别较大，但在结构上仍有一些共同特点。例如：轮廓尺寸较大，重量较重；结构形状较复杂，刚性较差；主要加工表面为一些固定联接各零部件的平面和作为某些部件运动基准的导轨面等。

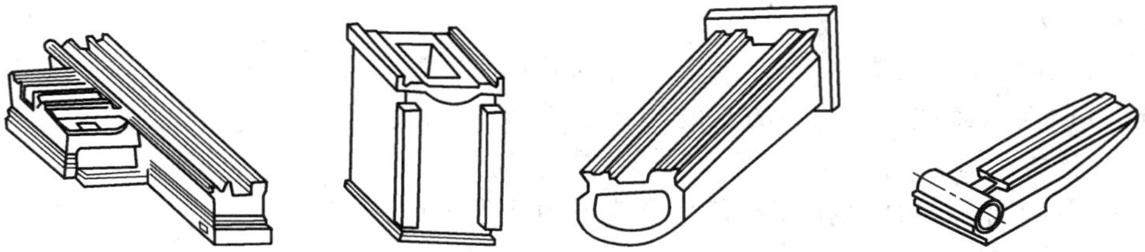

(a) (b) (c) (d)

图 5.17 机体的结构形式

(a) 外圆磨床床身 (b) 牛头刨床床身 (c) 卧式镗床立柱 (d) 摇臂钻床摇臂

5.5.2 机体零件的主要技术要求

根据机体零件上各种表面的不同用途，提出不同的尺寸与形状精度要求以及表面粗糙度要求；根据有关部件相互位置精度的要求，对机体零件上的有关表面提出相应的相互位置精度要求；为了便于制造、增强刚性和减少振动，应合理地选用材料和结构；为了使机体零件长期保持稳定性，减少变形和延长使用寿命，应进行必要的时效处理和表面淬火处理。

对于机体零件上的固定联接平面、导轨面的主要技术要求如下：

(1) 固定联接平面

机体上的固定联接平面是确定机体上各零部件相对位置的重要表面。为了保证机体和所联接零部件结合面的紧密贴合，具有一定的接触刚度，对于一些重要联接平面的平面度，应规定较高的要求。各表面间的相互位置精度，主要取决于机器各部件间的位置精度，以及保证这些要求所采用的装配方法。

(2) 导轨面

导轨面是机体上一些部件相对运动的导向表面。为了保证机器各部件间相对运动的要求，导轨面需规定必要的形状精度和位置精度。导轨精度一般包括导轨在垂直平面内的直线度，导轨在水平平面内的直线度和导轨间的平行度。导轨面的表面粗糙度 Ra 值一般应小于 1.6 μm，以保证部件的正常运动和必要的耐磨要求。

为了提高机体上导轨的耐磨性，能较长时间保持导轨的精度，愈来愈多的机器对导轨进行表面淬硬的热处理。

5.5.3 机体零件的材料与毛坯

1）材料

（1）铸铁

牌号为 HT200 的灰铸铁是机体最常用的材料。其优点是容易制造形状复杂的机体，成本较低，抗振性及切削性能均好。例如：车床、铣床、刨床、磨床、镗床的床身和柴油机的气缸体大多采用这种材料制造。

为了使机床导轨经淬火后得到较高的硬度，对铸铁导轨的基体组织和化学成分提出了更高的要求。例如：CA6140 型卧式车床的床身，目前已采用牌号为 HT300 的优质灰铸铁。

磷铜钛耐磨铸铁和高磷耐磨铸铁的耐磨性分别比一般灰铸铁高 1～2 倍。已用来制造高精度机床（如 MG1432A 型高精度万能外圆磨床）的床身。

（2）钢板

用钢板焊接而成的机体，不需制造木模，制造周期短，重量轻，但焊接时产生的热变形不易控制，抗振性较铸铁差。这种方法常用于单件生产（如专用机床）。

2）导轨的耐磨性

为了提高机体导轨的耐磨性，有些导轨采用下列结构：

（1）镶钢导轨

将淬硬钢制成的导轨，固定在机体上所构成的镶钢导轨，它的耐磨性比铸铁导轨高 5～10 倍，且传动轻便灵活，但由于制造工艺较复杂、成本高，故应用尚不普遍。

（2）塑料导轨

将尼龙、聚四氟乙烯或酚醛类夹布塑料薄板，用螺钉紧固或粘结在工作台导轨表面上，而床身导轨仍用铸铁制造，即构成塑料-铸铁摩擦副。塑料板厚度对中型机床为 2～4 mm，重型机床为 5～10 mm。塑料导轨工作面仍须与床身导轨面经刮研相配，以达到必须具有的接触精度。

塑料导轨除采用塑料薄板外，还可采用环氧树脂耐磨涂料，这种涂料是以环氧树脂为基体，加入二硫化钼和胶体石墨。环氧树脂具有很强的粘结力，二硫化钼和石墨是固体润滑剂，可以使涂料具有较低的摩擦系数和较高的耐磨性，它已被应用于重型龙门铣床静压导轨副的工作台导轨上，也可用于一般大型机床（如龙门刨床、龙门铣床）导轨的维修，可以起到减少导轨副的磨损和避免工作台爬行的良好效果。

塑料涂层通常是将塑料涂在工作台导轨上。而对于和工作台导轨相配合的床身导轨则不加涂层，并且需经精确加工使表面粗糙度值小于 Ra 1.6 μm，从而组成了塑料-金属摩擦副。

5.5.4 机体零件的平面加工路线

机体零件的主要加工表面是联接面和导轨面。对联接面和导轨面的加工，可根据批量大小和工厂设备状况，分别采用刨削、铣削、磨削和刮研等加工方法。例如大型龙门刨床床身导轨面的加工，一般均在龙门刨床上采用粗刨、半精刨和宽刃刀精刨的方法进行；对于外圆磨床床身的精加工，当批量较少且要求较高时，采用刮研的方法；当批量较大时，常采用宽成形砂轮将各导轨面同时磨出。为了将机体零件的平面加工到所要求的精度和表面粗糙度，可以参考表 5.5 所示的加工路线。

表 5.5 平面的加工路线

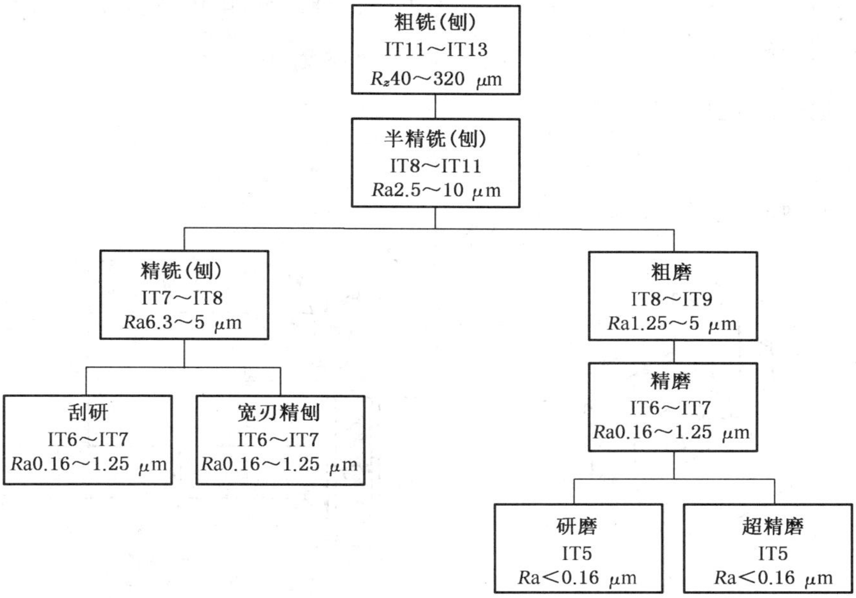

5.6 机体零件上导轨副的精密加工与检测

5.6.1 导轨副的精密加工方法

导轨副的精密加工有精刨、端面磨削、周边磨削和刮研等方法。

大型机床床身(如龙门刨床、龙门铣床)的导轨副,常采用在龙门刨床上使用宽刃精刨工进行精加工,也可将龙门刨床的刀架进行改装,用碗形砂轮磨削,图 5.18 所示为用碗形砂轮磨削工件(龙门刨床工作台)导轨的方法。单件、小批或维修机床床身的导轨副,常采用碗形

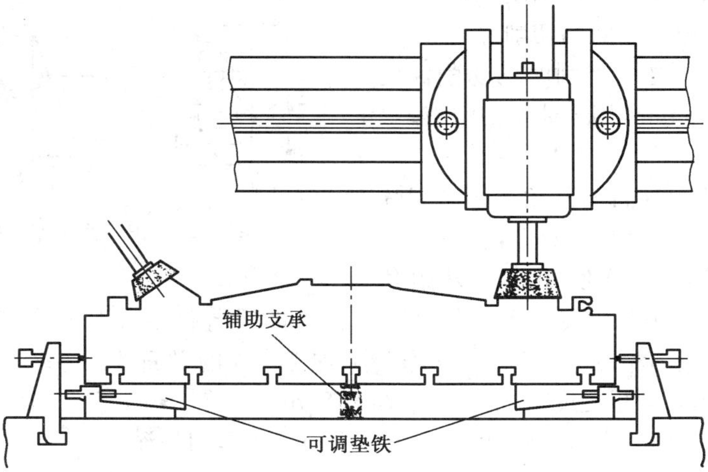

图 5.18 在龙门刨床上磨削工件导轨

砂轮在导轨磨床上进行磨削。大批、大量生产车床和磨床时，可采用专用磨床，用宽成形砂轮磨削床身导轨。机床维修时，在缺乏精密加工设备时，常采用传统的刮研方法，对机床床身的导轨副进行精密加工。

5.6.2 导轨副的精刨加工

1）宽刃精刨刀

（1）高速钢宽刃精刨刀（图 5.19）

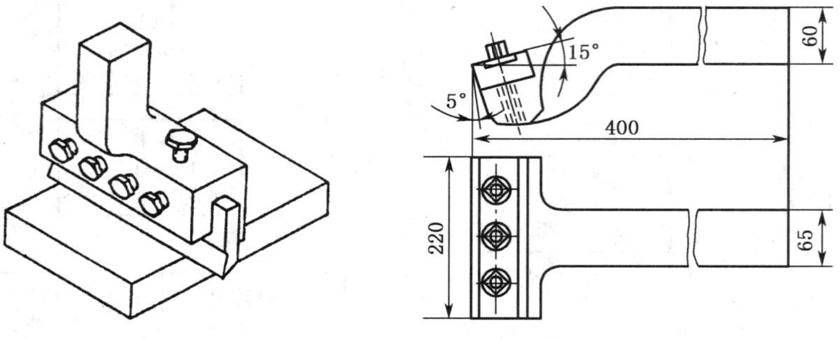

(a) (b)

图 5.19 高速钢宽刃精刨刀

用来精刨平导轨面。刀片材料为 W18Cr4V，经热处理后硬度可达 62～65 HRC。其主要特点是：刀片有四个刃口，当一个刃口磨损后，可换另一个刃口继续刨削。刀头的楔角 $\beta_0 = 100°$，前角 $\gamma_0 = -15°$，后角 $\alpha_0 = 5°$，刃倾角 $\lambda_S = 30'$。该刀具切削平稳，不易扎刀，有很强的挤光作用。加工后的表面粗糙度值可达 Ra 0.8 μm。

粗刨时的切削用量为：切削速度 $V_C = 2 \sim 8$ m/min，修整切削时的切削深度 $a_p = 0.05 \sim 0.10$ mm；光整切削时的切削深度 $a_p = 0.01 \sim 0.05$ mm，用煤油作切削液。

（2）正刃倾角宽刃精刨刀（图 5.20）

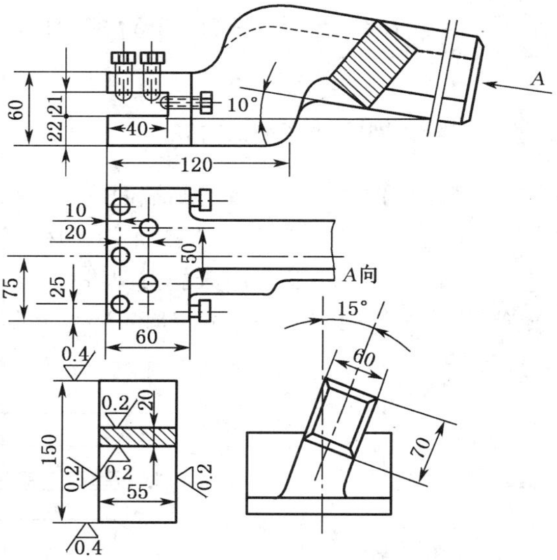

图 5.20 正刃倾角宽刃精刨刀

用来精刨 V 形导轨的两角度面。刀片材料为高速钢，刀片形状呈矩形，也有四个平直的刃口，可以交替使用。其刃倾角 $\lambda_S = 15°$，是由刀杆头部扭转 15°所形成的，刀杆头部还向后倾斜 10°，使刀具的前角 $\gamma_0 = -10°$。用这种精刨刀精刨时，切削力相对较小，加工平面的平面度误差较小，因有很强的挤光作用，加工后的表面粗糙度值也可达到 Ra 0.8 μm。

精刨时的切削用量为：切削速度 $V_C = 2 \sim 5$ m/min，切削深度 $a_p = 0.03 \sim 0.05$ mm，也需有煤油作切削液。

2）精刨导轨面

（1）床身的装夹

精刨车床床身导轨面时的装夹方法如图 5.21 所示。将经精刨过底面的车床床身安放在龙门刨床工作台上，在工件前后的阶台处左、右各装搭两组压板，两侧各安装两组螺纹挡，前后各安装一组螺纹挡。

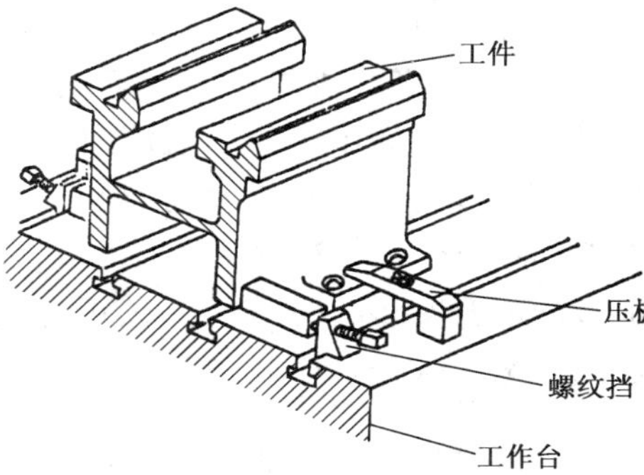

图 5.21 车床床身在龙门刨床上的装夹方法

工件须按如图 5.22 所示的方法进行校正，在刀架上安装百分表，百分表的测头对准工件导轨的侧面，然后开动机床，校正工件导轨侧面与工作台行程方向是否平行。校正时可用螺纹挡调整工件，校正好以后，压紧前后各两组压板，将工件夹紧。

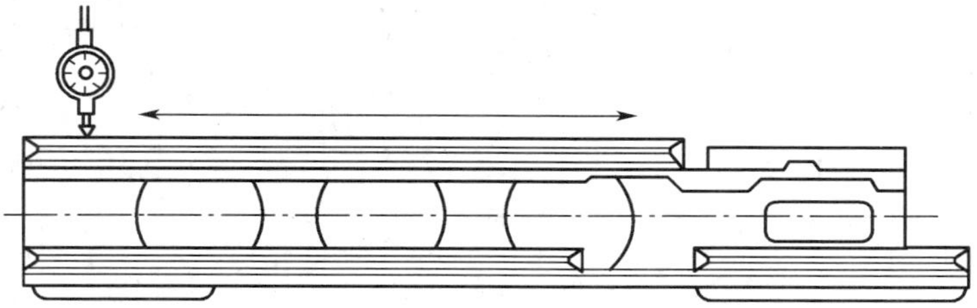

图 5.22 用百分表校正工件

（2）安装对刀规

对刀规是完全按工件图样尺寸和精度要求预制的，使用对刀规可减少工件在加工时的检测时间并保证工件的加工质量。对刀规的安装如图 5.23 所示，安装在工件前端约 200～300 mm 处，以保证在刨削时刨刀有足够的越程位置。刨削时，先移动工作台使精刨刀处于对刀规上方，用透光法进行对刀，透光如不均匀需转动刀架进行调整。半精刨后可用图 5.24 所示的方法检测精刨余量，用平行垫铁或直尺一端用手按在工件已半精刨的平导轨上，另一端在对刀规平导轨上方，用塞尺检测对刀规平导轨与平行垫铁间的间隙，此间隙即为精刨余量。精刨 V 形导轨时，余量的检测方法相同。

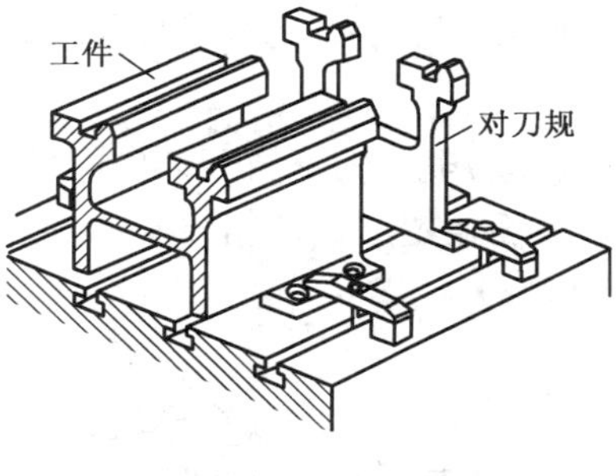

图 5.23 安装对刀规

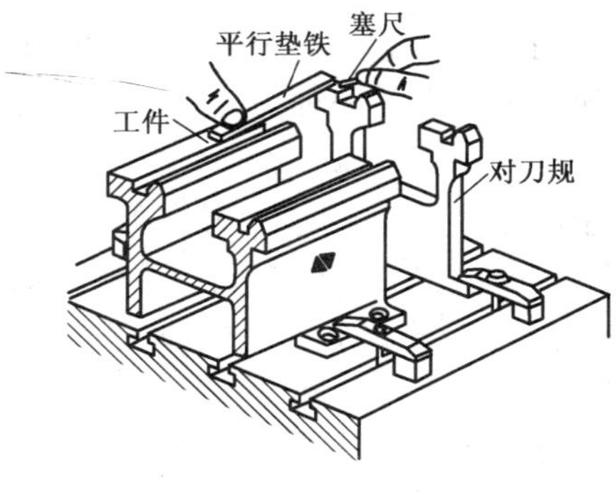

图 5.24 检测导轨精刨余量的方法

(3) 检测方法

精刨一组平导轨和 V 形导轨时，除了各自的尺寸精度要求外，还有相互位置的要求。检测时，需用校正规贴合在导轨上，先用塞尺检测各导轨面与校正规之间的配合间隙，一般间隙要求在 0.05 mm 内。然后在刀架上安装百分表，如图 5.25 所示，横向移动刀架，用百分表检测校正规上测量面与横梁的平行度误差，一般要求全长误差在 0.05 mm 内即为合格。

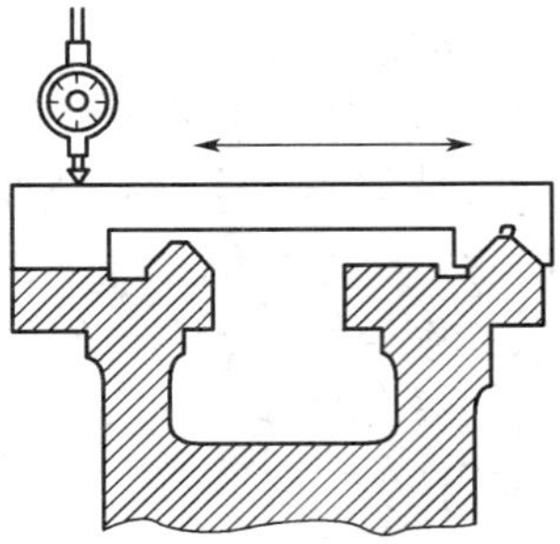

图 5.25 导轨副精度的检测

5.6.3 导轨副的磨削加工

1) 导轨磨削方式

导轨磨削的方式有三种：端面磨削、周边磨削和成形磨削，见图 5.26。

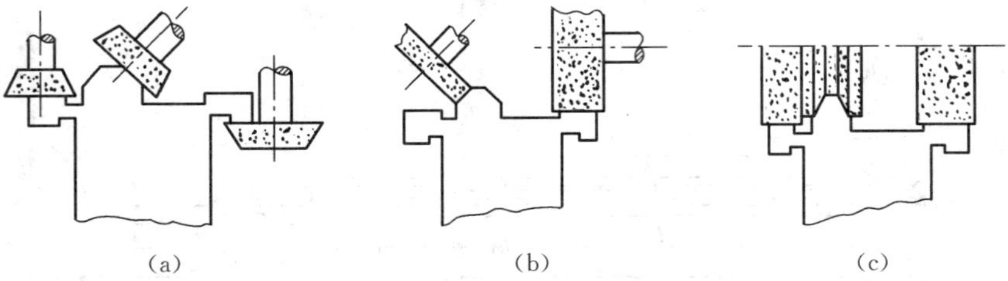

图 5.26 导轨磨削方式

(a) 端面磨削 (b) 周边磨削 (c) 成形磨削

端面磨削(图 5.26(a))是目前应用最普遍的一种方式，用碗形砂轮的端面对导轨面进行磨削，机床的磨头可回转，以磨削不同角度的导轨表面，通用性较好。端面磨削时因加注的切削液向四周飞溅不易进入磨削区域，一般均采用干磨。由于砂轮与工件接触面积大，发热量多，为防止导轨面烧伤和减少热变形，磨削用量需适当减少，而且在磨削过程中需停一段时间，待工件冷却后再继续磨削，这严重地影响了磨削的效率。为了使工件加快冷却，常采用在导轨表面加酒精，并用风扇吹干酒精的方法，使酒精蒸发而带走大量热，以加速导轨表面的冷却。

周边磨削(图 5.26(b))是用砂轮的圆周表面对导轨面进行磨削，由于它不仅发热少而且易于冷却润滑，因而可采用较大的磨削用量，提高了生产率。此外湿磨能消除磨尘的污染与危害，改善了劳动条件。

成形磨削(图 5.26(c))是将多片砂轮组合起来或将宽砂轮修整为成形表面的砂轮，同时磨削导轨几个表面的一种高生产率方法。成形磨削主要用于批量较大的生产，要求机床有较高的精度和刚度。

由于用砂轮端面磨削时，砂轮需倾斜一定的角度，故磨削后的导轨表面中间较低两侧稍高，平面度较周边磨削差，导轨副的接触面积也较低，表面粗糙度也较粗。

2) 导轨磨削的步骤和方法(以端面磨削磨床床身导轨为例)

(1) 工件的安装和调整

由于工件很重，端面磨削时砂轮对工件的磨削力很小，故工件安放在导轨磨床的工作台上，只需用垫铁支承，不必用压板压紧。为了尽可能地减少导轨表面的磨削量，需用水平仪和测量桥板，逐段测量导轨的水平位置，边测量边调整垫铁，直至水平仪水准器的读数在纵向和横向上均在三格内,见图 5.27。

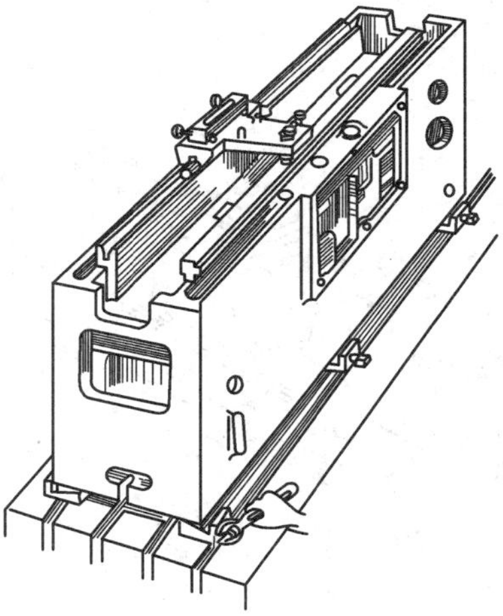

图 5.27 工件的安装和调整

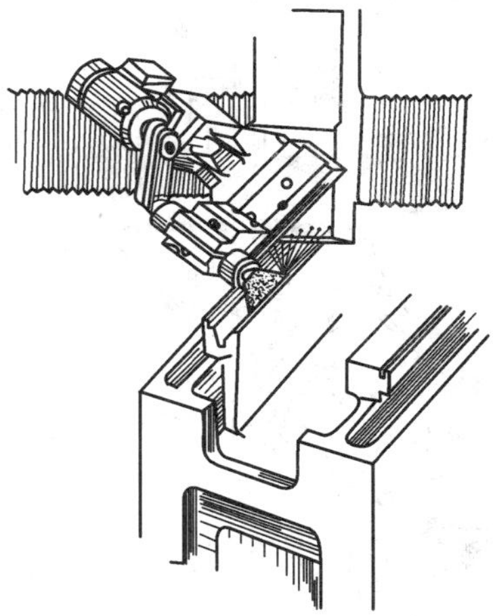

图 5.28 磨削 V 形导轨面

(2) 砂轮的选择和修整

一般应选用粒度较粗、硬度较软的白刚玉(如 WA36H～J)的陶瓷碗形砂轮进行磨削。为了减少接触面,改善散热条件,通常粗磨时将砂轮端面修整成 0.5～1 mm 的窄边形,并相对工件表面倾斜 3°～5°;精磨时修整成 1～2 mm 的窄边形,倾斜角为 1°。

(3) 磨削 V 形导轨面

将磨头架扳转 45°,磨削右侧 V 形导轨面,再反向扳转 90°,磨削左侧 V 形导轨面,如图 5.28 所示。粗磨时,磨削深度为 0.01 mm 左右,磨头行程速度取 6～8 m/min;精磨时,磨削深度为 0.005 mm,磨头行程速度取 1～2 m/min。粗磨后留精磨余量为 0.10 mm 左右。

(4) 测量 V 形导轨的半角误差 $\Delta\alpha/2$

图 5.29 所示为用半角仪测量 V 形导轨半角误差的方法,测量时将半角仪座体的 45°斜面紧贴在被测导轨的一个斜面上,半角误差由水平仪读出。图 5.29(b)、(c)所示为测量左、右边半角误差时半角仪的接触位置,半角仪的摆动块自动调整与另一导轨面接触,要求测量控制水平仪气泡偏移量在两格内。当半角误差较大时,则要调整磨头的转角,继续磨削 V 形导轨至精度要求。

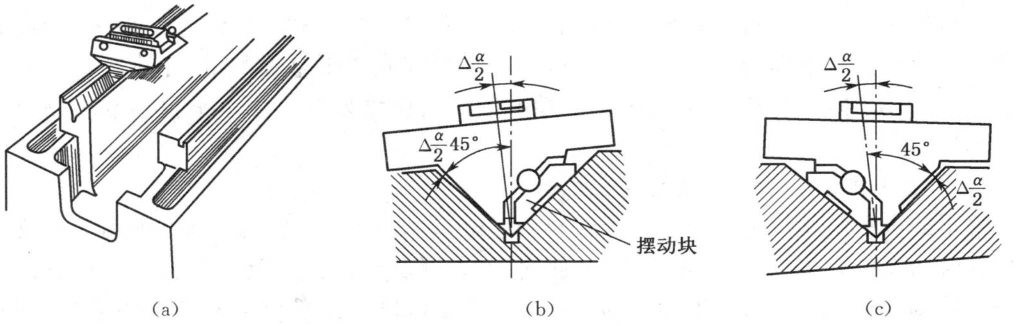

图 5.29 用半角仪测量 V 形导轨半角误差

(a) 半角仪的测量方法 (b) 测量左边半角 (c) 测量右边半角

(5) 磨削平导轨面

如图 5.30 所示，将磨头扳转至零度位置，粗、精磨平导轨至精度要求。

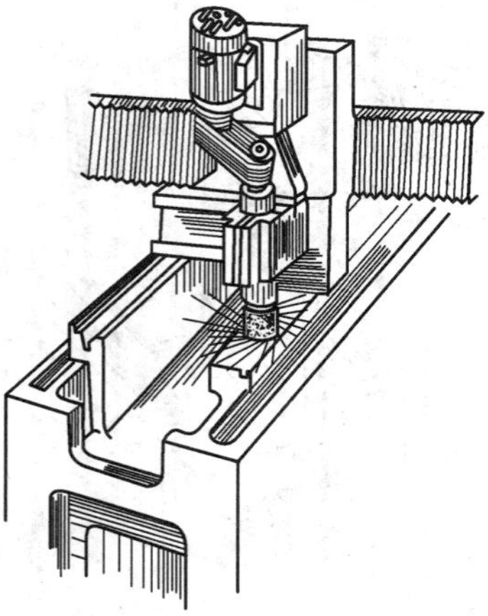

图 5.30 磨削平导轨面

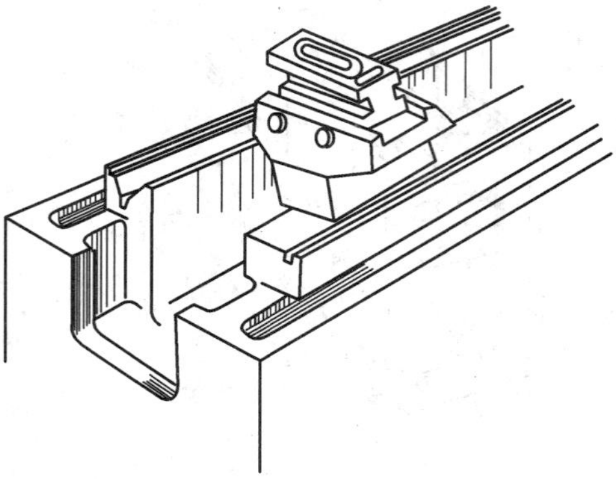

图 5.31 测量平导轨的角度误差

(6) 测量平导轨的角度误差

图 5.31 所示为用平导轨角度测量仪测量角度误差的方法，要求水平仪气泡的偏移量在两格内。测量时，应注意水平仪不可受到碰撞或振动，应清除水平仪和工件表面上的毛刺和污物。当导轨的角度误差较大时，则要调整磨头的转角，继续磨削平导轨面至精度要求。

(7) 测量 V-平导轨的等高性误差

图 5.32 所示为用等高量仪测量 V-平导轨等高性误差的方法，测量时将水平仪横放在量仪上，要求水平仪气泡的偏移在两格内。当平导轨高于 V 形导轨时，则应继续修磨平导轨面至精度要求。

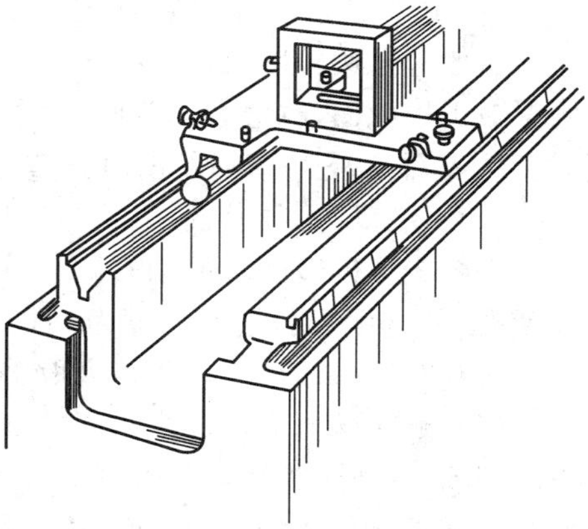

图 5.32 测量 V-平导轨的等高性误差

5.6.4 导轨精度的检测

导轨的精度包括导轨在垂直平面内和水平平面内的直线度误差及导轨间的平行度误差三项。导轨在垂直平面内的直线度误差可用水平仪或光学平直仪测量，导轨在水平平面内的直线度误差只能用光学平直仪测量，导轨间的平行度误差则需用水平仪和专用测量桥板进行测量。

1) 用水平仪测量导轨的直线度

常用的水平仪读数精度为 0.02 mm/1 000 mm，即相当于 4″。测量时，先用水平仪测量床身导轨两端位置，尽量调整床身垫铁，使两端水平仪读数为“零”或相差 1～2 格。再用粉笔在导轨侧面按长度分段作出标记，如图 5.33 所示，将长为 1 600 mm 的导轨按 200 mm 分成 8 段，依次用 0.02 mm/1 000 mm 刻度值的水平仪测得 8 组读数为：＋1、＋1、＋2、0、－1、－1、0、－0.5。

根据测得的 8 组读数作出误差曲线图，如图 5.34 所示，图中纵坐标方向表示水平仪气泡移动的格数，横坐标方向表示水平仪每段测量的长度。将测量后每组读数按坐标值画出，连接后可得图中所示的导轨直线度误差曲线，再作该曲线的包容线 Ⅰ-Ⅰ 和 Ⅱ-Ⅱ。这两根线是夹住误差曲线距离最小的平行线，两平行线之间的纵坐标距离，即为导轨全长直线度误差的格数(图 5.34 中为 3.5 格)。根据水平仪的刻度值(0.02 mm/1 000 mm)和每次测量的长度(200 mm)，可知纵坐标每格表示水平仪两端高度差为 0.004 mm，则该导轨全长直线度误差即为 3.5 × 0.004 mm = 0.014 mm。如果分别作出 0～1 000 mm；200～1 200 mm；400～1 400 mm；600～1 600 mm 长度内误差曲线的包容线，则可算出导轨每米长度内的误差值。图中还反映出导轨呈中凸状态，在 600～800 mm 长度处凸起值最大。

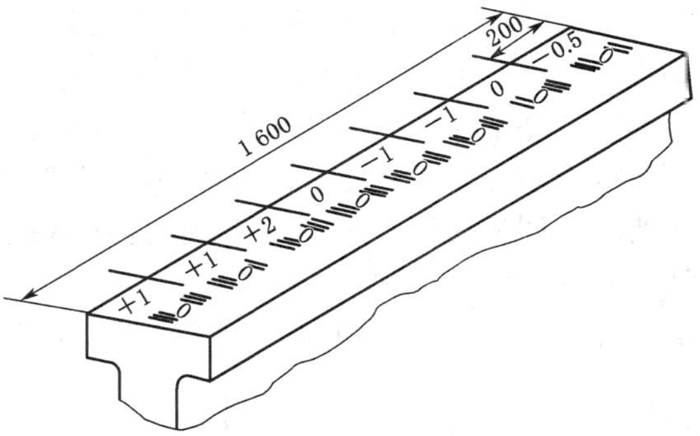

图 5.33 用水平仪测量导轨的直线度

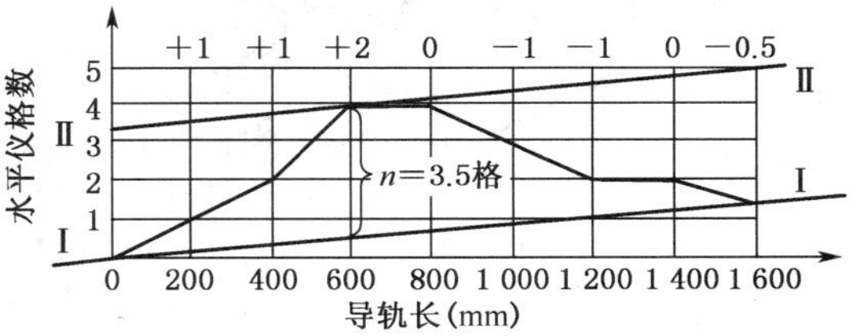

图 5.34 用作图法求导轨的直线度误差

2) 用光学平直仪测量导轨的直线度

(1) 光学平直仪的结构

如图 5.35 所示，光学平直仪由仪器本体和反射镜组成。由仪器本体投出的十字像，经反射镜反射后又投入仪器本体，当反射镜倾斜时，经其反射的十字像产生偏移，其偏移量可由测微机构读出，测微机构每格读数为 0.001 mm/200 mm。

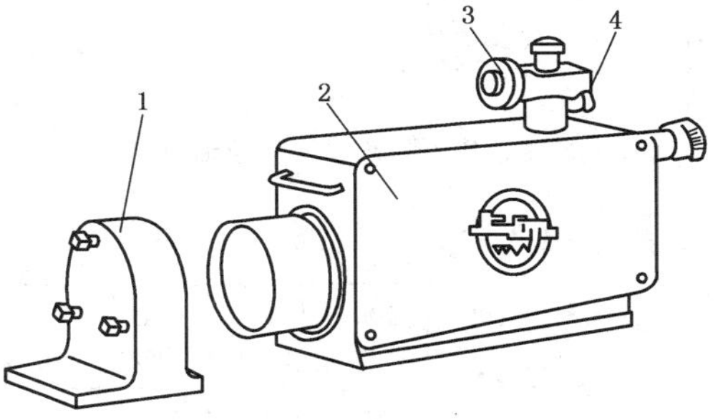

图 5.35 光学平直仪的结构

1—反射镜 2—仪器本体 3—测微机构 4—紧定螺钉

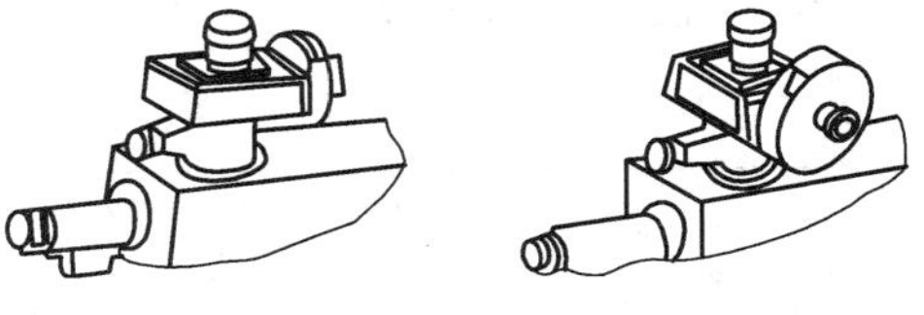

(a) (b)

图 5.36 光学平直仪的调整

(a) 测量导轨垂直平面内直线度误差

(b) 测量导轨水平平面内直线度误差

在测量导轨垂直平面内的直线度误差时，读数目镜即按图 5.36(a)所示位置调整；当测量导轨水平平面内的直线度误差时，读数目镜应按图 5.36(b)所示位置调整。调整时，应先松开目镜后端紧定螺钉，将测微机构连同目镜转过 90°后，再拧紧紧定螺钉。

(2) 光学平直仪的测量方法

图 5.37 所示为用光学平直仪测量 V 形导轨的方法。将反射镜放在导轨一端与导轨配

刮的V形垫铁上，在导轨另一端落地放置一个升降可调支架，光学平直仪本体就安放在可调支架的平台上，移动反射镜垫铁，先接近光学平直仪，调整反射镜，同时观察目镜，直至反射回来的亮十字像位于视场中心为止，见图5.38。然后再将反射镜垫铁移至导轨另一端，再观察十字像是否还在目镜视场中，否则需重新调整光学平直仪和反射镜位置，直至达到上述要求。调整后将反射镜用胶带固定在垫铁上，进行分段测量，测量时，观察目镜并调节微调手轮，使基准黑线调节在亮十字像中间，逐段记录下手轮计数。通常向前和向后测量两次，以两次读数的平均值作为正式读数。

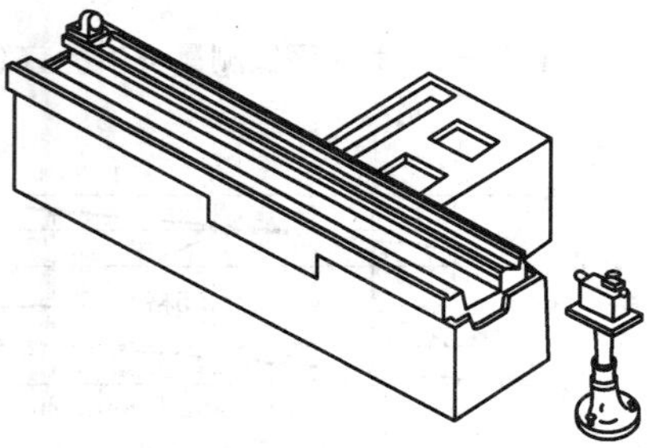

图5.37 用光学平直仪测量V形导轨的方法

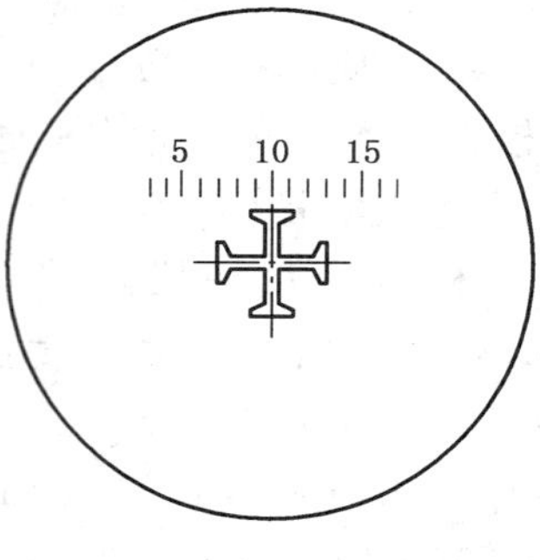

图5.38 在目镜中呈现的十字像

(3) 误差计算方法

图5.39所示为用光学平直仪测量全长为2 m的V形导轨，反射镜垫铁的长度为200 mm。将各段两次测量结果按微调手轮刻度值分别记录后填入表5.6中，计算出各段平均值，减去中间数35将读数简化，再求出代数平均值，并将各段简化值减去平均值，最后将各点前后叠加后得出一系列数值，取其中一项绝对值最大的，即为该导轨全长直线度误差(21 μm)。数值若为正值，则导轨为中凸；若为负值，则导轨为中凹。各点叠加时最后一项数值必定为零，可以校验运算是否正确。

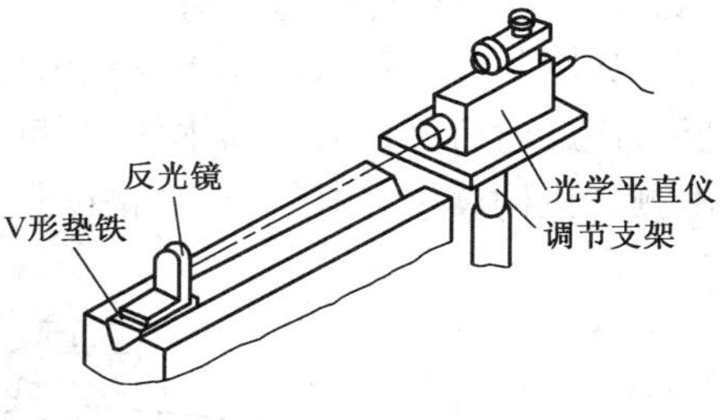

图5.39 用光学平直仪测量V形导轨

表5.6 导轨直线度误差的计算

μm

序号	测量位置(mm)	0～200	200～400	400～600	600～800	800～1 000	1 000～1 200	1 200～1 400	1 400～1 600	1 600～1 800	1 800～2 000
1	由后向前读数	27.5	30	30.5	33	35.4	38	38	38.5	40.5	43
2	由前向后读数	28.5	31	31.5	34	36.2	39	40	39.1	41.5	44
3	平均值	28	30.5	31	33.5	35.8	38.5	39	38.8	41	43.5
4	简化读数减去35(中间数)	−7	−4.5	−4	−1.5	0.8	3.5	4	3.8	6	8.5
5	求代数平均值	[(−7)+(−4.5)+(−4)+(−1.5)+0.8+3.5+4+3.8+6+8.5]÷10=0.96									
6	求减平均值后读数	−7.96	−5.46	−4.96	−2.46	−0.16	2.54	3.04	2.84	5.04	7.54
7	各点叠加数(原点为0)	0 −7.96	−13.42	−18.38	−20.84	−21	−18.46	−15.42	−12.58	−7.54	0

3）用桥板和水平仪检查导轨间的平行度误差

两条导轨间的平行度误差，一般称为导轨的扭曲。用桥板和水平仪进行测量，方法简便，测量精度高，在装配和修理中经常采用。图5.40为用桥板和水平仪测量的方法。桥板一端可调节，将水平仪先调整到水泡在中间位置，然后分段测量。测量短导轨时每隔250 mm、长导轨时每隔500 mm记录一次水平仪读数。水平仪在每1 m行程上和全部行程上读数的最大代数差，即为导轨平行度的误差。

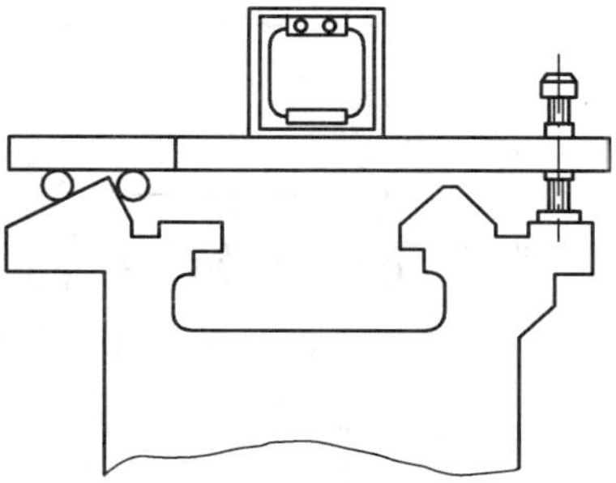

图5.40 用桥板和水平仪检查导轨间的平行度误差

例如，有一床身导轨全长2 m，其平行度允差：在1 m长度内为0.02 mm/1 000 mm；在全长内为0.03 mm/1 000 mm。现用0.02 mm/1 000 mm刻度值的水平仪测量，检验桥板每隔250 mm移动一次，测得8个读数，分别填入表5.7中，在表中可看出，该导轨1 m长度内的最大平行度误差在3～6位置处，其误差为0.01/1 000－(－0.01/1 000)＝0.02 mm/1 000 mm，在允差范围内。导轨全长内的误差为0.015/1 000－(－0.015/1 000)＝0.03 mm/1 000 mm，也在允差范围内，故此床身两导轨的平行度符合要求，精度合格。

表5.7 导轨的平行度误差

位置顺序	1	2	3	4	5	6	7	8
距离(mm)	0～250	250～500	500～750	750～1 000	1 000～1 250	1 250～1 500	1 500～1 750	1 750～2 000
水平仪读数	0	$\frac{-0.015}{1\,000}$	$\frac{-0.01}{1\,000}$	$\frac{-0.005}{1\,000}$	0	$\frac{+0.01}{1\,000}$	$\frac{+0.005}{1\,000}$	$\frac{+0.015}{1\,000}$

桥板的形式应根据导轨的形状和宽度而定，桥板与导轨面的接触面要小，才能有较高的灵敏度。图5.41为几种不同形式的桥板。

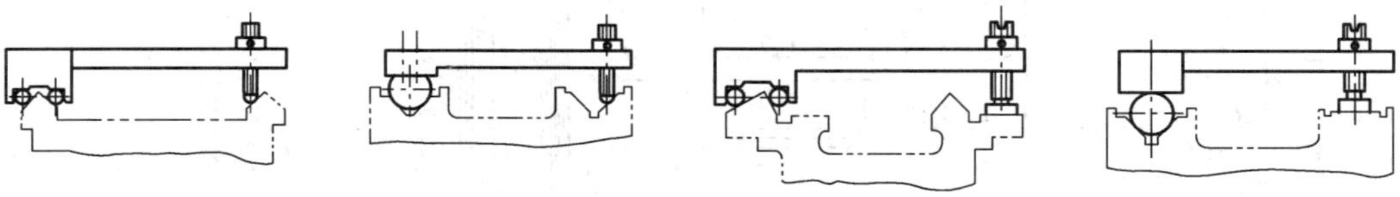

(a) (b) (c) (d)

图5.41 桥板的形式

5.7 磨床床身加工工艺分析

图5.42为外圆磨床床身简图。磨床床身是一种比较典型的机体零件，它具有比较复杂的结构和较高精度的导轨面，加工工艺也比较复杂。表5.8为该外圆磨床床身的加工工艺过程，下面结合该表分析这类零件加工工艺中的一些问题。

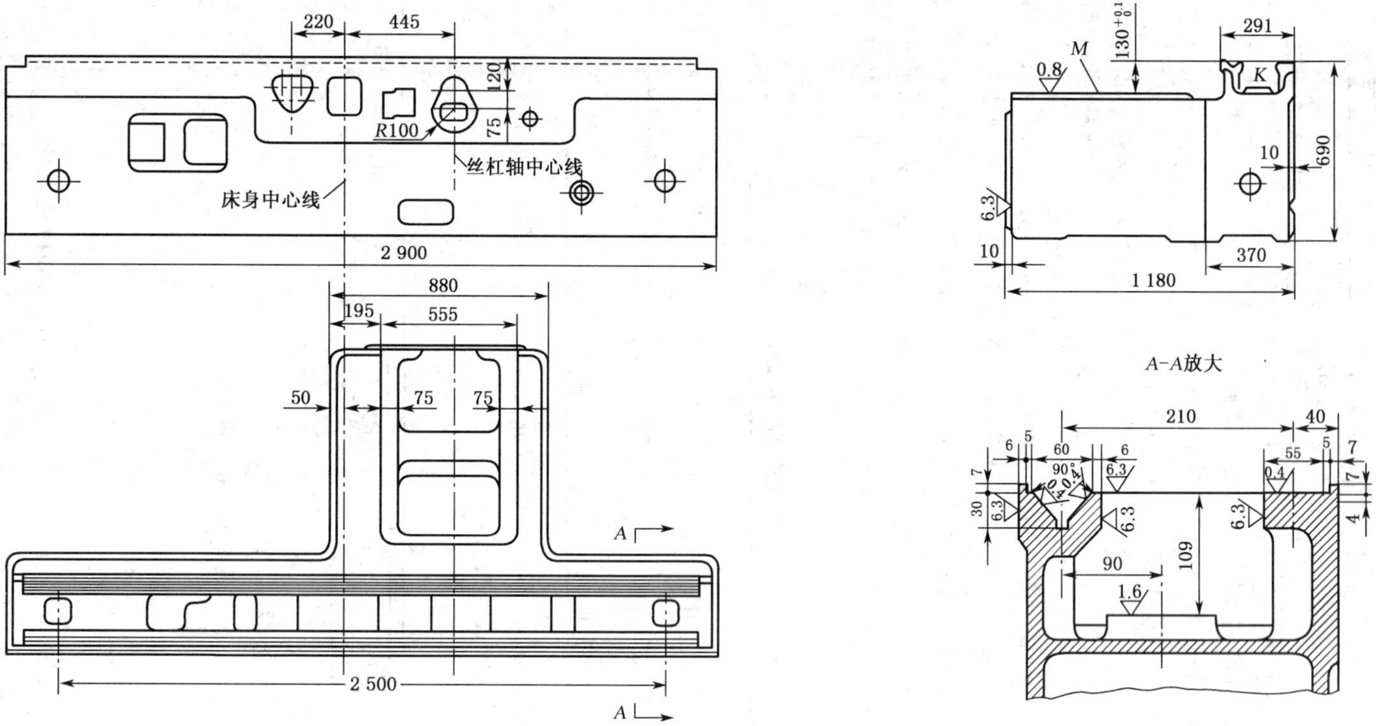

技术要求

1. 导轨在垂直平面和水平面内的直线度允差均为0.01/1 000(1 m内),0.03/1 000(全长);
2. 导轨用涂色法检查,要求接触面在纵向不少于70%,横向不少于50%;
3. M平面与导轨的平行度允差在纵向全长上为0.08 mm,在横向全长上为0.05 mm

名称	床身
材料	HT200

图 5.42　外圆磨床床身简图

表 5.8　外圆磨床床身的加工工艺过程　mm

工序	工步	工 序 内 容	定 位 基 准
1		粗刨	
	1	按工艺草图(图 5.43)刨底面,照顾尺寸 499(至 $R100$ 中心)	导轨面及 M 面,底面校平
	2	刨前面	底面定位,侧面校直
	3	刨前端顶面	
	4	刨平导轨面及 V 形导轨平面	
	5	刨 V 形导轨外侧面	
	6	刨导轨内侧面	
	7	刨液压缸支架结合面	
	8	刨 V 形导轨面	
	9	刨 M 面	
2		人工时效(热处理)	
3		喷砂处理、试泄漏、涂底漆	
4		精刨	
	1	刨底面,照顾尺寸 495(495=690－120－75)	导轨面及 M 面,底面校平
	2	刨前面,照顾导轨中心	底面定位,侧面校直
	3	刨前端顶面至尺寸 697.5(697.5=690+7+0.5)	
	4	刨平导轨及 V 形导轨顶面至尺寸 690.5	
	5	刨导轨内侧面	
	6	刨 V 形导轨外侧面	
	7	刨前端顶面内侧两阶台面	
	8	刨液压缸支架结合面	
	9	刨 M 面至尺寸 $130_{-0.10}^{0}$	
	10	刨沉割槽及倒角	
	11	刨 V 形导轨至尺寸,要求: 1) 用校规与 V 形导轨面接触,用 0.03 塞尺不得塞入 2) V 形导轨与平导轨允差 0.05(只允许 V 形导轨高) 3) 导轨直线度全长允差 0.20	
	12	检查	
5		铣后侧面至尺寸 1 180	底面定位,前侧面校直
6		划线(内容省略)	
7		钻全部孔(内容省略)	
8		攻全部螺纹(内容省略)	

续表 5.8

工序	工步	工 序 内 容	定 位 基 准
9		磨导轨面及 M 面	底面定位，水平安装，校直前侧面在 0.1 内
	1	磨 V 形导轨面，表面粗糙度 Ra 0.4 μm	
	2	磨平导轨面，表面粗糙度 Ra 0.4 μm	
	3	磨 M 面，表面粗糙度 Ra 0.8 μm，尺寸 $130^{+0.10}_{0}$，要求： 1) 平、V 形导轨半角及等高允差 0.06/1 000 2) 平、V 形导轨在垂直平面内的直线度允差 0.006/1 000，全长 0.02 3) V 形导轨在水平平面内的直线度允差 0.006/1 000，全长 0.015 4) 平、V 形导轨的平行度允差 0.015/1 000，全长 0.03 5) M 面对导轨平行度允差，纵向 0.05，横向 0.03	

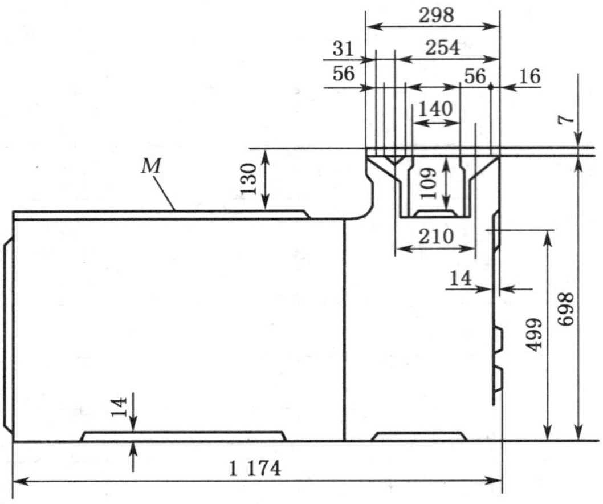

图 5.43 磨床床身粗刨工艺草图

5.7.1 主要加工面的加工方案

机体类零件的主要加工表面是联接平面、导轨面和孔，而导轨面也是一些平面的组合。所以机体零件的加工主要是一些平面和孔的加工。例如，磨床床身的主要加工表面是联接平面和导轨面，而摇臂钻床的摇臂除有平面加工外，还有精度要求较高、直径较大的孔加工。

对于联接平面和导轨面的加工，可根据批量大小和工厂设备状况，分别采用刨削、铣削和磨削。例如，龙门刨床床身导轨的加工，一般均在龙门刨床上采用粗刨、半精刨和宽刃刀精刨的方法进行；而对于卧式车床、外圆磨床床身的精加工，当批量较大时，常采用宽成形砂轮在专用导轨磨床上将各导轨面同时磨出。

机体上直径较大的孔，可在卧式镗床或落地镗床上，采用粗镗、半精镗和精镗的方法加工。

机体上的各种螺孔、油孔和其它孔，通常多在摇臂钻床上，采用划线或盖板式钻模进行加工。

5.7.2 磨床床身加工工艺分析

1）工序的划分和安排

床身零件的特点是结构复杂、刚性较差、加工时容易引起变形，导轨的精度要求又很高，所以在安排工艺时，首先应将粗、精加工分开，如表 5.8 所示，将整个工艺过程划分为粗加工（粗刨）、半精加工（精刨）和精加工（磨）三个阶段。粗加工后为消除内应力的影响，一般均安排时效处理。对于导轨表面要求淬火的床身，当采用火焰、高频、中频及超音频淬火时，因淬火后零件变形较大，应安排在磨导轨面之前；如采用工频电接触淬火时，因变形很小，一般安排在导轨终加工之后。

导轨面是床身最重要的表面，为了使导轨获得硬度均匀且耐磨的表面，导轨表面层的切除厚度应尽可能少而均匀。为此，在粗加工阶段中，一般以导轨面为基准安装，按划线找正加工底面。然后再翻转以底面为定位基准，并配以必要的侧面（水平面内）的找正，加工导轨面及其它重要表面。当批量不大时，在粗加工阶段，也可采用先加工导轨表面，然后再加工底面的工艺顺序。这样，当导轨面粗加工后如发现不可补救的缺陷（如砂眼、气孔和疏松等）时，即不再继续加工，从而避免了加工底面及其它一些表面所需工时的浪费。

2）时效处理

由于床身结构比较复杂，铸造时因各部分冷却速度不一致，会引起收缩不均匀而产生内应力。床身全部冷却后内应力处于暂时平衡，当切削加工从毛坯表面切去一层金属后，引起内应力的重新分布，使床身产生变形。内应力是造成零件变形、精度不稳定的主要因素，因此，在工艺上必须设法把它消除到最低程度。

时效处理是消除内应力的主要手段，常用的方法有自然时效和人工时效两种。

自然时效是将铸件自然地放在室外几个月甚至几年，经受风雨和气温变化的影响，使内应力逐渐消失。这种方法简单、效果好，但占地面积大、周期长、积压资金。

人工时效是将床身平整地搁在烘板上，四周能均匀受热，以每小时 60℃的温升加热至 550～660℃，保温 4～6 h，再以每小时 20℃的速度冷却到 200～300℃后取出。一般精度的床身经过一次处理即可，高精度机床（如坐标镗床、齿轮、螺纹磨床等）的床身，在加工前后需进行二次甚至三次人工时效处理。

3）导轨的磨削加工

床身导轨的精度将直接影响机床的加工精度，磨床床身的精度要求较高，床身导轨的磨削必须在恒温条件下进行。采用专用的周边导轨磨床来磨削导轨，不仅能提高生产率，而且能显著地提高导轨的磨削质量，对改善磨床在低速运行时产生的爬行，起了很大的作用。

习题与思考题

5.1 箱体零件有哪些主要技术要求？箱体零件一般用什么材料制造？毛坯用什么方法取得？

5.2 箱体零件的加工工艺有哪些共同的特点？

5.3 试述在镗床上加工箱体孔系的方法。各适用于什么情况？

5.4 列出箱体零件的一般加工工艺过程。

5.5 车床主轴箱箱体加工时，在大批生产和中、小批生产时，粗、精基准的选择有什么不同？为什么？

5.6 编制图 5.44 所示的减速箱箱体的机械加工工艺过程。

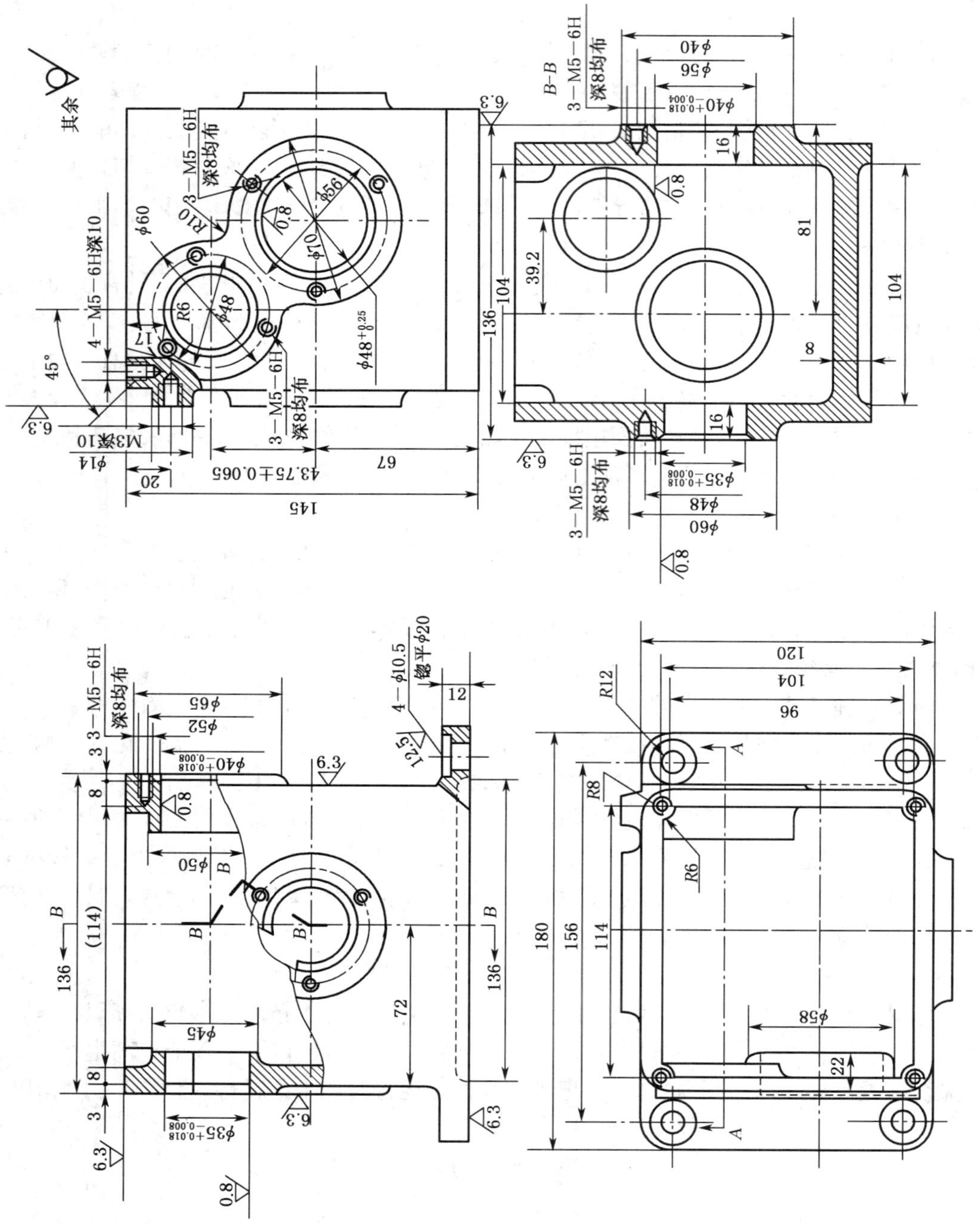

图 5.44 减速箱箱体的零件图

6 圆柱齿轮加工

6.1 概述

6.1.1 齿轮的种类与结构特点

齿轮的结构因使用要求不同而具有各种不同的形状。按齿形可分为直齿、斜齿和人字齿等；按结构特点大致可分为盘形齿轮、内齿轮、套筒齿轮、扇形齿轮、带轴齿轮和齿条等，如图 6.1 所示。

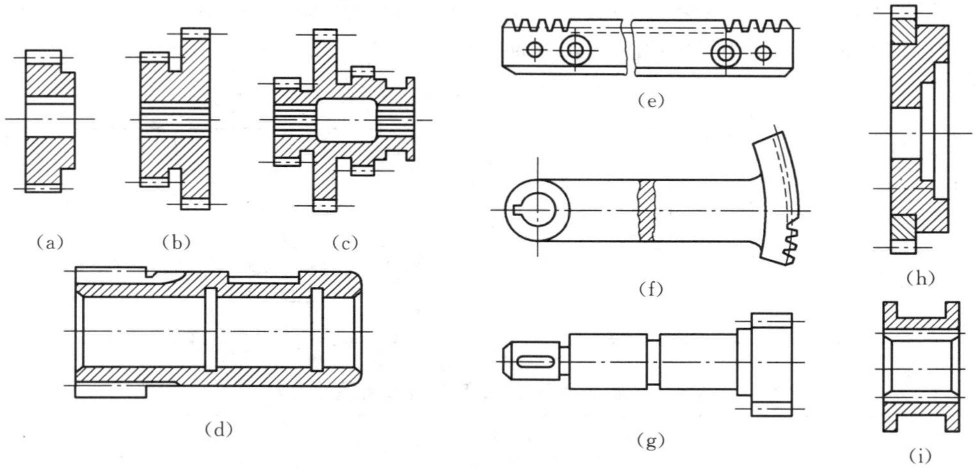

图 6.1 圆柱齿轮的结构形状

(a)、(b)、(c) 单联、双联和三联齿轮 (d) 套筒齿轮 (e) 齿条 (f) 扇形齿轮 (g) 连轴齿轮 (h) 装配式齿轮 (i) 内齿轮

盘形齿轮的应用最广。盘形齿轮有单齿轮、双联齿轮、三联齿轮等几种，双联和三联齿轮多应用于变速箱中，用来改变轴的转速，其内孔多为精度较高的圆柱孔或花键孔。内齿轮除了起传动作用外，有时还可起离合器的作用。齿条则相当于一分度圆直径为无限大的齿轮，它与齿轮相啮合，可将齿轮的旋转运动改变为直线运动。装配式齿轮常为大型齿轮，分为齿圈和齿盘两部分，当齿轮磨损或损坏时，只需要更换齿圈，可以节省金属材料。

6.1.2 齿轮的技术要求

齿轮制造应满足齿轮传动的使用要求。齿轮传动的一般要求为：传递运动准确、传动平稳、齿面接触良好和齿侧间留有适当的间隙等。现行的国家标准 GB 10095—2001《渐开线圆柱齿轮精度》对平行轴传动的渐开线圆柱齿轮及其齿轮副规定了 12 个精度等级，从 1～12 级精度依次降低。其中 1～2 级是有待发展的精度等级；3～5 级为高精度等级；6～8 级是中精度等级；9～12 级属低精度等级。中精度等级中的 7 级是基础级，它是设计中普遍采用的，也是加工中用一般切齿工艺便能达到的精度等级。该标准齿轮每个精度等级的各项公差分成三个公差组（表 6.1）。公差组Ⅰ主要控制齿轮一转内回转角的全部误差，它主要影响传递运动的准确性；公差组Ⅱ主要控制一个齿距角度范围内的转角误差，它主要影响传动的平稳性；公差组Ⅲ主要控制齿面的接触痕迹，它主要影响齿轮所受载荷分布的均匀性。

表 6.1　齿轮公差组

公差组	公差与极限偏差项目	对传动性能的主要影响
Ⅰ	F_i'、F_p、F_{pk}、F_i''、F_r、F_w	传递运动的准确性
Ⅱ	f_i'、f_i''、$\pm f_{pt}$、$\pm f_{pb}$、f_f、$f_{f\beta}$	传递运动的平稳性
Ⅲ	F_β、F_b、$\pm F_{px}$	载荷分布的均匀性

齿轮制造时，除了注意上述有关各项精度要求外，还应重视切齿前齿坯加工的精度要求。因为齿坯的内孔（或轴颈）和基准端面常是齿轮加工、检验和装配的基准，齿坯加工的精度对齿轮加工和传动的精度均有很大的影响。齿坯公差主要包括基准孔（或轴）的直径公差、基准面的径向圆跳动和端面圆跳动，分别见表 6.2 和表 6.3。

表 6.2　齿坯公差

<table>
<tr><td colspan="2">齿轮精度等级</td><td>1</td><td>2</td><td>3</td><td>4</td><td>5</td><td>6</td><td>7</td><td>8</td><td>9</td><td>10</td><td>11</td><td>12</td></tr>
<tr><td>孔</td><td>尺寸公差
形状公差</td><td>IT4
IT1</td><td>IT4
IT2</td><td>IT4
IT3</td><td>IT4</td><td>IT5</td><td>IT6</td><td colspan="2">IT7</td><td colspan="2">IT8</td><td colspan="2">IT8</td></tr>
<tr><td>轴</td><td>尺寸公差
形状公差</td><td>IT4
IT1</td><td>IT4
IT2</td><td>IT4
IT3</td><td>IT4</td><td colspan="2">IT5</td><td colspan="2">IT6</td><td colspan="2">IT7</td><td colspan="2">IT8</td></tr>
<tr><td colspan="2">顶圆直径</td><td colspan="2">IT6</td><td colspan="3">IT7</td><td colspan="3">IT8</td><td colspan="2">IT9</td><td colspan="2">IT11</td></tr>
</table>

表 6.3　齿轮基准面径向和端面圆跳动公差　μm

分度圆直径(mm)		精　度　等　级				
大于	到	1 和 2	3 和 4	5 和 6	7 和 8	9 到 12
—	125	2.8	7	11	18	28
125	400	3.6	9	14	22	36
400	800	5	12	20	32	50
800	160 0	7	18	28	45	71
1 600	2 500	10	25	40	63	100
2 500	4 000	16	40	63	100	160

标准对齿轮工作齿面和齿坯基准面的表面粗糙度未作具体规定，表 6.4 所列数据可供参考。

表 6.4　齿轮孔(轴)和齿面的表面粗糙度值 *Ra*　μm

精度等级	5	6	7	8	9
齿轮孔	0.4～0.2	0.8	1.6～0.8	1.6	3.2
齿轮轴	0.2	0.4	0.8	1.6	1.6
齿形面	0.4	0.8～0.4	0.8	3.2	6.3

6.1.3 齿轮的材料和毛坯

1）齿轮的材料及热处理

（1）中碳结构钢（如45钢）经调质或表面淬火

这种钢经热处理后，综合力学性能较好，但切削性能较差，齿面粗糙度较粗。由于45钢淬透性差，整体淬火后变形大，所以一般采用齿面表面淬火，硬度可达48～50 HRC，而内部保持一定的韧性。主要适用于低速、轻载或中载的一些不太重要的7级精度以下齿轮。

（2）中碳合金结构钢（如40Cr）经调质或表面淬火

这种钢经热处理后，综合力学性能较45钢好，齿面硬度可达52～58 HRC，且热处理变形小。适用于速度较高、载荷较大及精度为6级以上的齿轮。某些高速齿轮为提高齿面的耐磨性，减少热处理后的变形，可选用氮化钢进行氮化处理。

（3）低碳合金结构钢（如20Cr）经渗碳或碳氮共渗

这种钢经渗碳淬火后，齿面硬度可达58～63 HRC，内部又有较高的韧性，既耐磨又能承受冲击载荷，适用于高速、中载或受冲击载荷的齿轮。渗碳工艺比较复杂，淬火后齿轮变形较大，对高精度齿轮还需进行磨齿，其成本较高。因此，有些齿轮可采用碳氮共渗，此法比渗碳变形小，但渗层较薄，承载能力不及渗碳齿轮。

（4）铸铁

铸铁容易铸成复杂形状的齿轮，其切削加工性好，成本低，但抗弯强度、耐冲击和耐磨性能差。故常用于受力不大、冲击小、低速的齿轮，如机床中大直径回转工作台的齿轮、进给机构和操纵机构中的齿轮等。常用的铸铁型号有HT200和HT300。

（5）有色金属

有色金属作为齿轮材料的有黄铜HPb59-1、青铜QSnP10-1和铝合金LC4等。黄铜的切削性能良好，易获得较细的表面粗糙度，抗腐蚀性能好，常用来制造要求耐腐蚀的齿轮。青铜有较高的耐磨性和尺寸稳定性，常用来制造蜗轮。有色金属多用于仪器、仪表中的小模数齿轮。

（6）非金属材料

尼龙、夹布胶木、塑料等非金属材料也常用来制造齿轮。这些材料具有容易加工、传动噪声小、耐磨、减振性好等优点，适用于轻载、需减振、低噪声、润滑条件差的场合。

2）齿轮的毛坯

齿轮的毛坯种类有棒料、锻件、铸件。棒料用于小尺寸、结构简单而且强度要求不高的齿轮。当齿轮要求强度高、耐磨、耐冲击时多采用锻件，锻造后的毛坯要经过正火处理，以消除锻造应力，改善晶粒组织和切削性能。当直径很大且结构复杂，又不便锻造的齿轮，可采用铸钢件。铸钢的齿轮坯晶粒较粗，力学性能较差，且加工性能不好，故应经过正火处理，消除内应力和硬度的不均匀性，以改善加工性能。

6.2 圆柱齿轮的齿形加工

齿轮的齿形加工分为无屑加工和切削加工两大类。无屑加工包括热轧、冷轧、冷挤、压铸和粉末冶金等，无屑加工具有生产率高、材料消耗少、成本低等优点，但因加工精度不高，目前尚未广泛应用。齿形切削加工按其加工原理可分为仿形法和展成法。

仿形法是采用刀刃形状与被加工齿轮齿槽形状相仿的成形刀具来进行齿形加工。常用的有模数铣刀铣齿、齿轮拉刀拉齿和成形砂轮磨齿等。

展成法是利用齿轮啮合原理进行的齿形加工。常用的有滚齿、插齿、剃齿、珩齿和磨齿等。这种加工方法的加工精度和生产率较高，所以在生产中广泛应用。

常见齿形加工方法的加工精度和适用范围见表 6.5。

表 6.5 常见齿形的加工方法

齿形加工方法		刀具	机床	精度等级	表面粗糙度 Ra(μm)	适用范围
仿形法	成形铣齿	模数铣刀	铣床	9～10	6.3～3.2	用盘状或指状铣刀加工，分度头分齿，加工精度及生产率均较低
	拉齿	齿轮拉刀	拉床	8 或 7	1.6～0.8	精度和生产率较高，但拉刀制造困难，价格高，故仅在大量生产时采用，适宜拉内齿轮
	成形磨齿	砂轮	磨齿机	5～6	0.8～0.2	适用于大批量生产，宜磨削内齿轮和齿数极少的齿轮
展成法	滚齿	齿轮滚刀	滚齿机	6～10	1.6～0.8	生产率较高，通用性大，常用于加工直齿、斜齿的外啮合圆柱齿轮和蜗轮
	插齿	插齿刀	插齿机	7～9	1.6～0.8	生产率较高，通用性大，适宜于加工内外啮合齿轮(包括阶台齿轮)，扇形齿轮，齿条等
	剃齿	剃齿刀	剃齿机	5～7	0.8～0.4	生产率高，主要用于齿轮滚、插齿加工后，淬火前的齿形精加工
	珩齿	珩齿轮	珩齿机或剃齿机	6～7	0.4～0.2	多用于经过剃齿和高频淬火后的齿形加工，宜于成批生产
	磨齿	砂轮	磨齿机	3～7	0.8～0.2	生产率较低，加工成本较高，用于齿形淬硬后的精密加工，适用于单件小批生产

6.2.1 滚齿

1) 滚齿原理

图 6.2 是用齿轮滚刀加工齿轮的原理，齿轮滚刀相当于一个经过开槽和铲齿的蜗杆，具有许多切削刃并磨出后角。由于蜗杆的法向截面近似于齿条形，当滚刀旋转时，就相当于一根齿条在移动(图 6.2(d))，如果被切齿轮与移动的齿条互相啮合转动，滚刀切削刃的一系列连续位置的包络线就形成被切齿轮的齿廓曲线(图 6.2(e))。

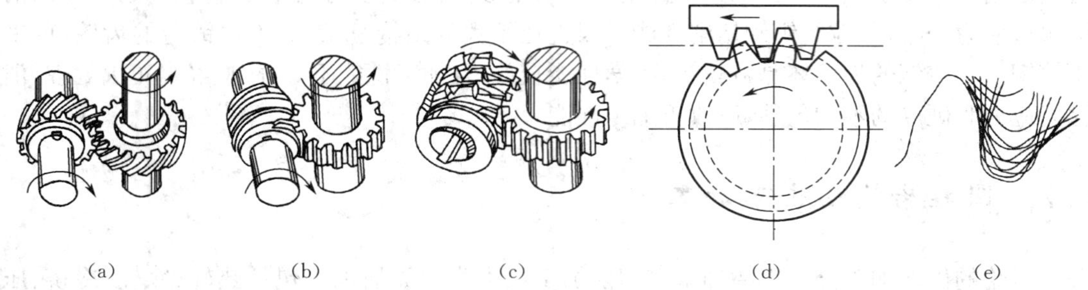

图 6.2 展成法滚齿原理

2）滚齿工艺特点

滚齿是齿形加工中应用最广的一种加工方法，其生产率较高，除可加工圆柱齿轮外，还可加工蜗轮。

滚齿既可用于齿轮的粗加工，也可用于精加工。对于8、9级精度齿轮，可直接经滚齿加工后获得。当采用AA级齿轮滚刀和高精度滚齿机时，也可直接加工出7级精度的齿轮。

一般滚齿机多采用高速钢滚刀，只能用来对软齿面（未淬火齿轮）的粗精加工，切削用量较低，一般切削速度在30 m/min左右，进给量为1～3 mm/r。当采用硬质合金滚刀，在大功率高刚度的滚齿机上，可实现高速滚齿（切削速度可达100 m/min），使滚齿的生产率大幅度提高。此外，硬质合金滚刀对淬火后的硬齿面齿轮（45～64 HRC）可进行精滚，精度低于8级的齿轮能用滚齿代替磨齿。

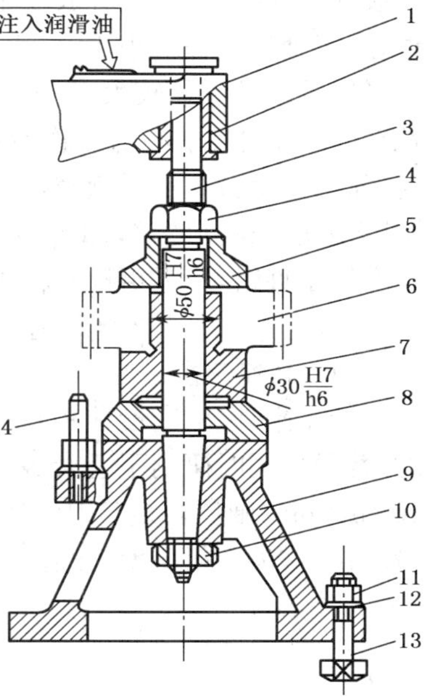

图6.3 用滚齿心轴安装工件

1—外支架上的上托盘 2—定位套 3—滚齿心轴 4—六角螺母 5—上垫圈 6—工件 7—过渡套 8—垫圈 9—心轴座 10—圆螺母 11—六角螺母 12—光垫圈 13—T形槽螺钉 14—拨杆

滚齿加工是直接在圆柱形齿坯上切出齿形，由于滚刀上参加切削的刀齿数有限，齿面的表面质量较差。为了提高加工质量，应将粗、精滚齿分开。精滚时的齿厚加工余量一般为0.5～1 mm，并取较高的切削速度和较小的进给量。

3）工件的安装

滚齿加工中，工件的安装形式很多，它不仅与工件的形状、大小、精度要求等有关，而且还受到生产批量、装备条件件的限制。常用的安装形式有心轴安装和夹具安装。

（1）用滚齿心轴安装

用滚齿心轴安装工件如图6.3所示。先将心轴座安装在滚齿机工作台上，并用千分表测量心轴座的外圆和端面圆跳动，均需控制在0.01 mm以内，如图6.4(a)。再将心轴装入心轴座用圆螺母固定，用千分表测量心轴A、B两处的径向跳动，要求A处控制在0.01 mm内；B处控制在0.015 mm内，如图6.4(b)。最后装上工件，并用上托座托住心轴的上端轴颈。

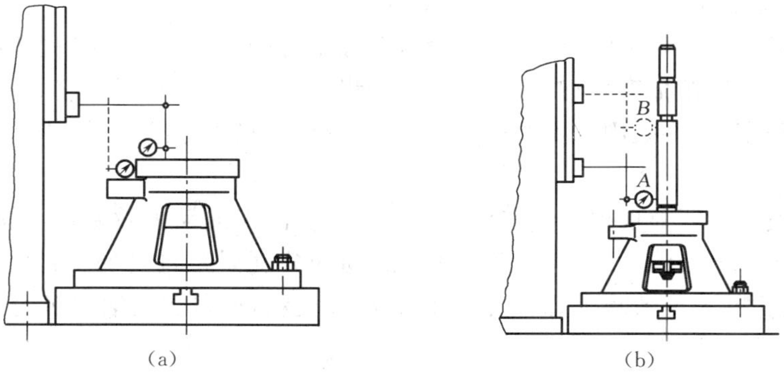

(a) (b)

图6.4 滚齿心轴座和心轴的安装及调正

(2) 用滚齿夹具安装

图 6.5 所示的滚齿夹具，在生产中应用较广。由于心轴 4 按工件孔径制造，不采用过渡套，所以工件的定位精度较高，适用于加工 7～8 级精度的齿轮。安装夹具时，应先将定位头 7 装入机床工作台的定位孔内，并用千分表测量，控制定位头外圆的径向圆跳动量在 0.01 mm 内，如图 6.6(a)。再以定位头为基准，将夹具装在工作台上，用千分表校正心轴 4 上 A、B、C 三处的圆跳动误差，三处误差都应小于 0.01 mm，如图 6.6(b)。若 A、B 两处的径向圆跳动误差较大，应根据千分表上的读数，调节三个调整螺钉 8。若夹具中心与工作台中心不重合，存在偏心量 e。调节时，先松开螺钉 a 然后旋螺钉 b、c，将夹具向工作台中心靠近，使圆跳动误差达到要求，如图 6.5(c)。这种夹具有一定的通用性，当变换工件时，只需更换心轴 4。

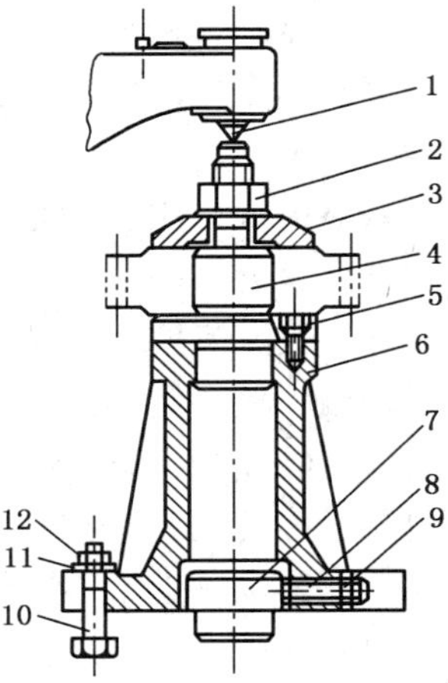

图 6.5　滚齿夹具

1—顶尖　2—六角螺母　3—上垫圈　4—心轴　5—内六角螺钉　6—夹具座　7—定位头　8—调整螺钉　9、12—螺母　10—T 形槽螺钉　11—垫圈

4) 提高滚齿生产率的途径

(1) 高速滚齿

近年来，我国已设计和制造出刚度好并有自动轴向窜刀机构的滚齿机，同时研制了适合高速滚齿的高速钢滚刀，切削速度达 100 m/min；硬质合金滚刀的切削速度高达 300 m/min。不仅大大提高生产率，而且滚齿质量较稳定，齿面粗糙度较细。

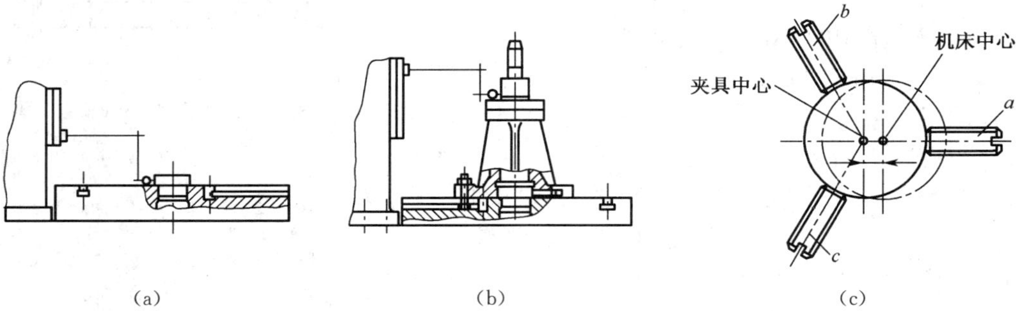

图 6.6　滚齿夹具的安装及校正

(2) 改进刀具结构

采用大直径滚刀可增加圆周上的刀齿数，孔径也可增大，刀齿数的增多使包络齿面的刀刃数增加、切削平稳、粗糙度变细，对模数不大的齿轮，可一次走刀便可滚出。孔径增大提高了滚刀刀杆的刚度，允许采用较大的切削用量，因此大直径滚刀已广泛应用于大量生产中的剃齿前加工。

采用多头滚刀将明显地提高生产率，据统计，双头滚刀的切齿效率提高 40%～60%，三头滚刀可提高 70%～80%。但多头滚刀各头之间的分度误差将增加工件的齿距和齿厚误差，且因包络齿面的刀刃数减少，而使齿面的粗糙度变粗，所以多头滚刀多用于粗加工。

(3) 采用对角滚齿法

普通滚齿法在滚齿过程中，不是全部刀齿都参与切削，因此，刀齿磨损不匀，影响滚刀的耐用度和滚齿生产率的提高。对角滚齿法是让滚刀在切削过程中，除沿工件轴向进给外，还增加了沿滚刀本身轴心线方向的切向进给运动。这样滚刀就具有轴向进给和切向进给的综合运动，加上分齿运动和相应的附加运动，结果使滚刀的进给运动轨迹就成了对角线形。

对角法滚齿的优点，在于滚刀增加了沿其轴线方向的切向进给后，使滚刀在全长上所有刀齿都能参加切削，使各刀齿的负荷均匀，因而磨损均匀，刀具耐用度增加，便于提高切削用量，达到提高生产率的目的。

对角滚齿法滚出的齿面痕迹不像普通滚齿那样平行于齿轮的轴线，而为交叉的网形(图 6.7)，故齿面粗糙度细，对进一步精加工齿形有利。

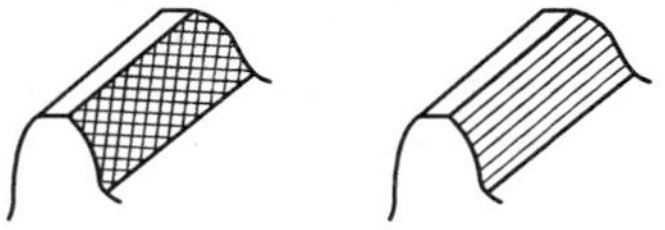

(a)　　(b)

图 6.7　对角滚齿和一般滚齿切削后的齿面

(a) 对角滚齿　(b) 一般滚齿

6.2.2　插齿加工

1) 插齿原理

插齿和滚齿一样，是利用展成法原理来加工齿轮。插齿刀和工件相当于一对轴线相互平行的圆柱齿轮相啮合，而插齿刀就像一个磨有前、后角而形成刀刃的齿轮，如图 6.8 所示。

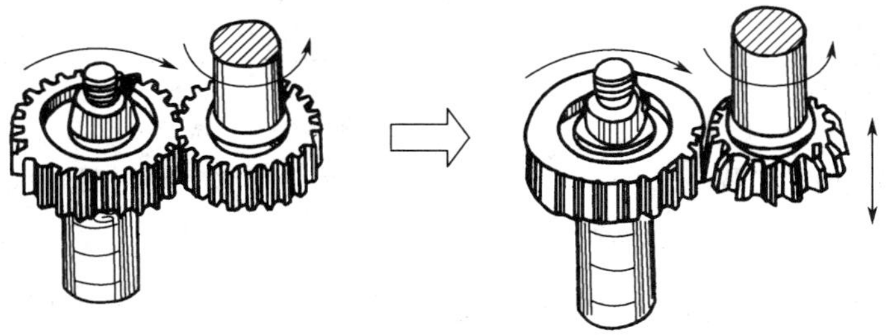

(a)　　(b)

图 6.8　插齿原理

2) 插齿的工艺特点

插齿是生产中常用的一种切齿方法。和滚齿相比较，插齿在加工精度、生产率和应用范围等方面均有一些特点。

(1) 加工精度

插齿的齿形精度比滚齿高，因为插齿时形成齿形包络线的切线数由圆周进给量的大小决定，可以选择。而滚齿时形成齿形包络线的数量是由滚刀头数和滚刀圆周上的齿数决定。故插齿所得的齿形粗糙度比滚齿细，齿形误差也较小。

滚齿的周节累积误差较小，这是因为工件的每个齿槽都是由滚刀上的 2～3 圈刀齿切削出来的，而滚刀的齿距误差较小。插齿时的传动链比滚齿长，多了一部分传动链误差，并且插齿刀的一个刀齿切削一个齿槽，因此插齿刀的周节累积误差将反映到工件上去。

(2) 生产率

插削模数较大的齿轮时，由于插齿刀的刚性较差，切削过程中又有空行程损失，故生产率比滚齿低。但在加工小模数、多齿数和齿宽较窄的齿轮时，其生产率比滚齿高。所以，插齿多用于中、小模数齿轮的加工。

(3) 应用范围

插齿的应用范围比滚齿要广，它除了能加工圆柱直齿轮外，还能加工多联齿轮、内齿轮、扇形齿轮和齿条等。也可以通过插齿机上的附属装置加工螺旋齿轮，但不如滚齿方便，插齿还不能加工蜗轮。

3) 工件的安装

常用的插齿夹具如图 6.9 所示。心轴用 1∶10 锥度与工作台联接，工件与心轴的配合间隙要小，一般采用过渡配合，如 H7/h7 或 H7/h6。当工件孔径小于 40 mm 时，心轴用整体结构；大于 40 mm 时，采用镶套结构。

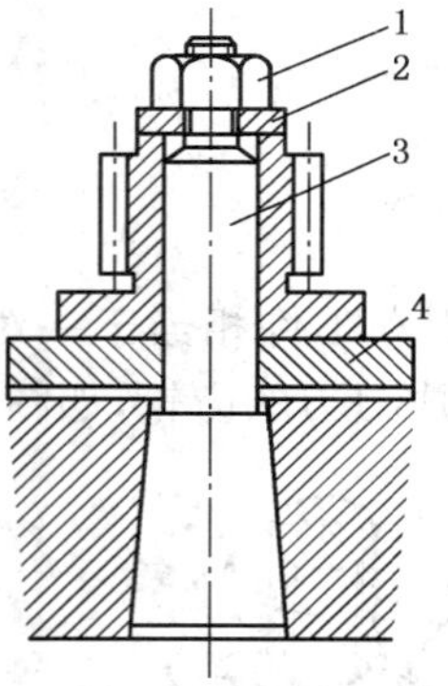

图 6.9 插齿夹具

1—螺母 2—上垫圈 3—心轴 4—下垫圈

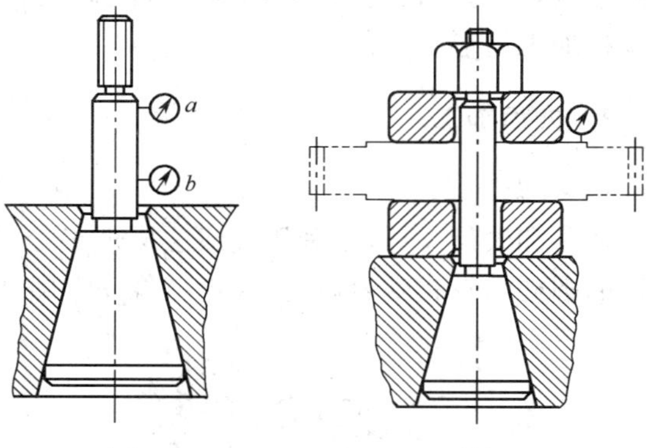

(a) (b)

图 6.10 插齿夹具的安装及找正

(a) 心轴的安装及找正 (b) 工件的安装及找正

安装心轴时，需用千分表测量 a，b 两处的径向圆跳动量，要求 a 处的误差小于 0.008 mm；b 处的误差小于 0.005 mm，如图 6.10(a)。工件安装后，再用千分表测量工件的端面圆跳动量，要求在 0.01 mm 内，如图 6.10(b)。

4) 提高插齿生产率的途径

(1) 高速插齿

用高速插齿机进行高速插齿，增加插齿刀每分钟往复次数，可缩短机动时间，从而提高了生产率。现有高速插齿机的往复次数每分钟可达 1 200～1 500 次，最高可达 2 500 次。

(2) 提高圆周进给量

提高圆周进给量，可缩短机动时间，但插齿刀的回程让刀量增大，容易引起振动，使齿面粗糙度变粗，因此，应将粗、精插齿分开。新型插齿机均备有加工余量预选分配装置，以及低速大进给粗插和高速小进给精插的自动转换机构，实现加工过程的自动循环。

6.2.3 剃齿加工

剃齿是一种精加工齿轮的方法，经剃齿加工的齿轮，精度可达到 6～7 级，齿面粗糙度值为 Ra 0.8～0.2 μm。剃齿的生产率较高，因此它广泛用于成批或大量生产中，对未淬硬的齿轮精加工。

1）剃齿原理

剃齿是利用一对交叉轴螺旋齿轮啮合的原理，剃齿刀实际上就是一个高精度螺旋齿轮，在齿面上沿渐开线方向开有许多槽，以形成切削刃，如图 6.11(a)所示。

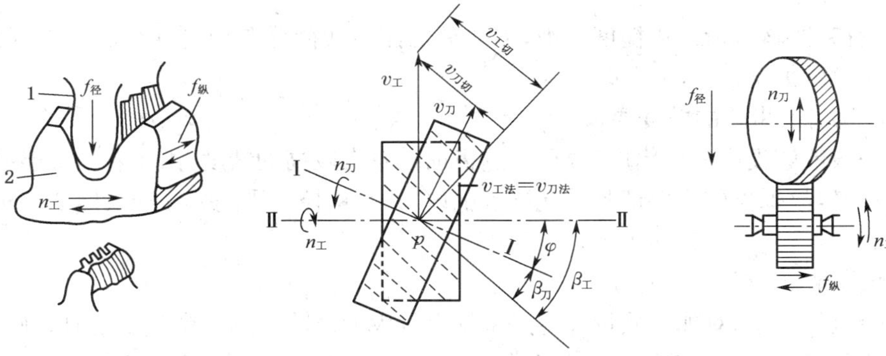

(a) (b) (c)

图 6.11 剃齿的基本原理

1—剃齿刀 2—被加工齿轮

加工时将经滚齿或插齿后的工件装在顶尖间，剃齿刀装在机床主轴上，带动工件转动，剃齿刀与工件的齿向一致，两者相啮合形成无侧隙传动，用手来回转动工件，使之能自由转动，如图 6.12 所示。由于剃齿刀与工件，两者相当于一对螺旋齿轮，所以在接触点的切向分速度不一致，这样工件的齿侧面就沿剃齿刀的齿侧面产生滑移，剃齿就是利用这种相对滑移来进行切削。

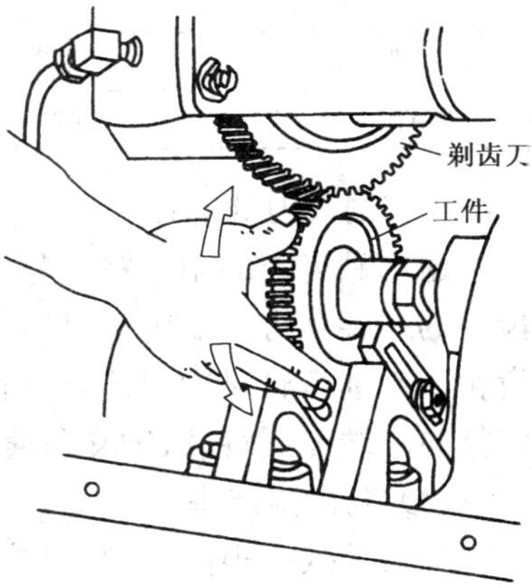

图 6.12 调整工件与剃齿刀之间的位置

剃齿时剃齿刀与工件轴线夹角 $\varphi=\beta_{工}\pm\beta_{刀}$（$\beta_{工}$ 和 $\beta_{刀}$ 为工件与剃齿刀的螺旋角，两者螺旋同向时取“+”号，反向时取“−”号）。图 6.11(b) 表示左旋剃齿刀和右旋被加工齿轮啮合，在啮合点 P，剃齿刀与工件的圆周速度为 $v_{刀}$ 和 $v_{工}$，可以分解为法向分速度 $v_{刀法}$ 与 $v_{工法}$ 和切向分速度 $v_{刀切}$ 与 $v_{工切}$。剃齿刀和工件在啮合点的法向分速度应相等（即 $v_{工法}=v_{刀法}$），而切向分速度不相等，就产生了齿面的相对滑移。剃齿刀和工件在啮合点 P 的齿面滑移速度 v_p 为两者切向分速度的差值：$v_p=v_{工切}\pm v_{刀切}$（两者螺旋同向时取“+”号，反向时取“−”号）。φ 值越大，则 v_p 越大，但刀具与工件接触情况不良时，一般取 $\varphi=10°\sim15°$。

由于剃齿刀与工件啮合时为点接触，为了能剃出轮齿的全齿宽，工作台必须作纵向往复运动（$f_{纵}$），工件每转的纵向进给量为 0.15～0.30 mm；工作台每次行程后，剃齿刀须带动工件作反转，以剃出另一齿侧面。工作台每次双行程后，工件作径向进给（$f_{径}$）0.025～0.04 mm，剃齿刀在进刀压力下，就能切入金属层，这样逐步剃去滚（或插）齿所留的全部余量，最后得到所需的齿厚。

由上述可知，剃齿时具有下列三种基本运动(图 6.11(c))：

(1) 剃齿刀的高速正、反转($n_{刀}$);

(2) 工件沿轴向往复运动($f_{纵}$);

(3) 工件每往复一次后,剃齿刀的径向进给运动($f_{径}$)。

2) 剃齿的工艺特点

经过剃齿的齿轮,齿面粗糙度较细,传动平稳性和载荷分布均匀性都有较大提高,但对齿轮传递运动的准确性提高不多。

(1) 对剃齿前齿轮的精度要求

剃齿一般能够提高一级精度,故要求剃齿前齿轮有较高的精度,由于剃齿不能修正公法线长度变动量,故剃齿前应保证其在允许范围内,并严格控制影响公法线长度变动量的有关误差因素。

(2) 剃齿余量

剃齿余量的大小,对加工质量和生产率均有较大的影响。剃齿余量不足时,剃齿前齿轮的误差及表面缺陷不能全部消除;剃齿余量过大时,剃齿效率低,刀具磨损快,剃齿质量降低。剃齿余量的大小,应根据剃齿前齿轮的质量尽可能取较小的数值。表 6.6 可供选择时参考。

表 6.6 剃齿余量

模 数	1~1.75	2~3	3.25~4	4~5	5.5~6
剃齿余量(mm)	0.07	0.08	0.09	0.10	0.11

(3) 剃齿刀的选择

通用剃齿刀的制造精度分 A、B、C 三级,可分别加工 6 级、7 级和 8 级精度的齿轮。剃齿刀的螺旋角有 5°、10°和 15°三种,15°多用于加工直齿圆柱齿轮;5°多用于加工斜齿和多联齿轮。剃削齿轮时轴交角 φ 不宜超过 20°,否则剃齿效果不好。剃齿刀安装后,应认真检查其径向和端面圆跳动,轴交角通过试切调整。

(4) 剃齿生产率

剃齿的效率很高,剃削中等尺寸的齿轮一般为 2~4 min,比磨齿的效率提高 10 倍以上,因此剃齿工艺在大批和大量生产中被广泛采用。

3) 工件的安装

剃齿时,工件用心轴安装,心轴有多种形式,图 6.13 为几种常用的剃齿心轴。螺母心轴

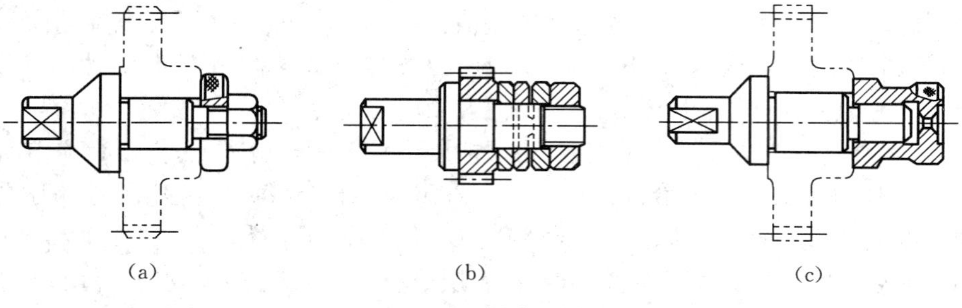

(a) (b) (c)

图 6.13 剃齿心轴

(a) 螺母心轴 (b) 十字垫圈心轴 (c) 套式心轴

装拆工件不方便，并受螺母精度的影响，若螺母的端面与螺纹轴线不垂直，夹紧后容易使心轴产生弯曲变形，影响剃齿的加工精度。在心轴上增加一套十字垫圈，便可消除上述影响，提高定位精度。套式心轴是利用剃齿机左顶尖液压的夹紧力，将套和工件一起夹紧，所以使用十分方便，但套内孔与心轴配合存在间隙，所以定位精度较差。心轴与工件孔的配合，一般采用 H6/h5 或 H7/h6，其定位轴颈的径向圆跳动和端面圆跳动，均应小于 0.005 mm，两端中心孔需经研磨，表面粗糙度值为 $Ra0.1\ \mu m$。

6.2.4 珩齿加工

1）珩齿原理

珩磨用于齿面淬硬后的精加工。珩齿时珩轮与工件呈螺旋齿轮副的自由啮合，传动时靠齿面间的压力和相对滑动用磨粒进行切削，如图 6.14 所示。

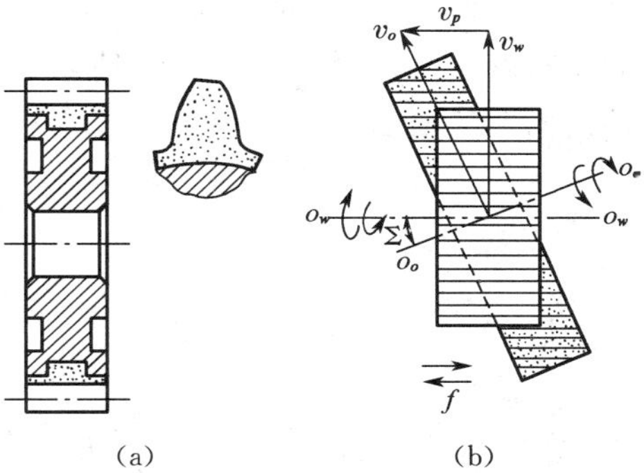

图 6.14 珩齿原理

珩齿的运动和剃齿基本相同，珩轮带动工件作正反转动；工件沿轴向作往复运动，沿径向作进给运动。与剃齿不同的是珩齿加工余量很少，只需一次进给到底。因此，珩齿开始时齿面压力较大，随后逐渐减小直至压力消失时，珩齿便告结束。

2）珩齿的工艺特点

（1）珩轮齿面上均匀地密布着磨粒，磨粒用环氧树脂结合。珩齿速度远比一般磨削低（通常为 1～3 m/s），磨粒粒度很细，结合剂弹性较好，所以，珩齿过程实质上为低速磨削、研磨和抛光的综合过程。

（2）珩齿过程中磨粒具有沿齿向和沿渐开线切线方向的双重滑动，因此在密布的磨粒连续磨削、挤压下，齿面形成复杂的细纹，使齿面粗糙度显著变细，其表面粗糙度值可从 $Ra\ 1.6\ \mu m$ 降为 $Ra\ 0.8 \sim 0.4\ \mu m$。由于珩齿的切削速度较低，因而齿面不会产生烧伤和裂纹。

（3）由于珩轮弹性较大，珩齿修正误差的能力较差，同时珩轮本身的误差也不会全部反映工件的误差。因此，珩轮的精度一般不高，浇注成型后（精度在 8 级以下）可直接应用（主要提高齿面质量）。但经磨齿机修磨的高精度珩轮，可以提高被磨齿轮 1～2 级精度。

（4）珩齿余量一般取 0.01～0.02 mm。珩轮转速在 1 000 r/min 以上，纵向进给量为 0.3 mm/r 左右，经过 3～5 次往复行程即可珩去齿面全部余量，故生产率很高，珩一个齿轮一般只需 1 min。

3）珩齿方式

珩齿时，珩轮与工件齿面间需施加一定的压力，按照施加压力方法的不同，珩齿方式可分为以下三种：

（1）定隙珩齿

珩轮与工件单面啮合，保持一定的间隙。珩轮带动工件旋转时，工件具有可控制的制动力，以保持所需的齿面压力。这种方式可减细表面粗糙度，少量修正热处理变形，但不能修正齿圈跳动,生产率较低。

(2) 变压珩齿

珩齿前先调整好珩轮与工件的中心距,开车后一次进给到预定位置。因此,珩齿开始时齿面压力较大,随后压力逐渐减小,直至压力接近消失时珩齿即告结束。这种方式可显著修正齿圈径向跳动,生产率较高。

(3) 定压珩齿

在整个珩齿过程中,珩轮与工件保持恒压无隙啮合。这种方式较前两种完善,修正误差能力较大。但机床需具备保持恒压的机构。

4) 蜗杆珩齿

(1) 蜗杆珩齿的工作原理

其工作原理也和剃齿加工原理相同,只是用蜗杆珩轮代替剃齿刀。珩齿时,珩轮与工件的相对安装位置,如图 6.15(a)所示。珩齿过程中,在珩磨轮的速度和压力作用下,磨去工件齿面上的金属,如图 6.15(b)所示。

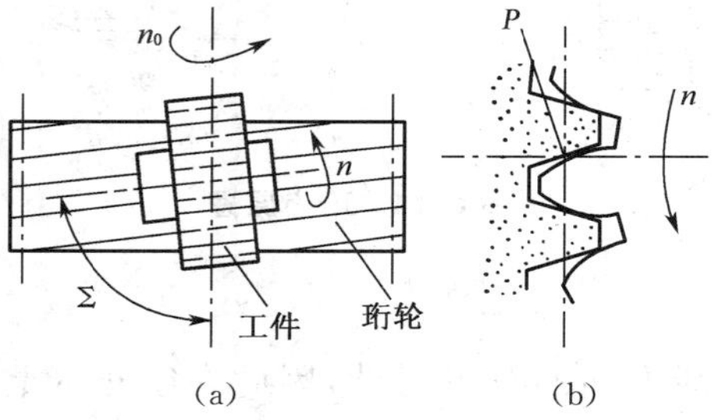

图 6.15 蜗杆式珩磨的工作原理

(a) 珩轮的安装位置 (b) 珩磨时的啮合状况

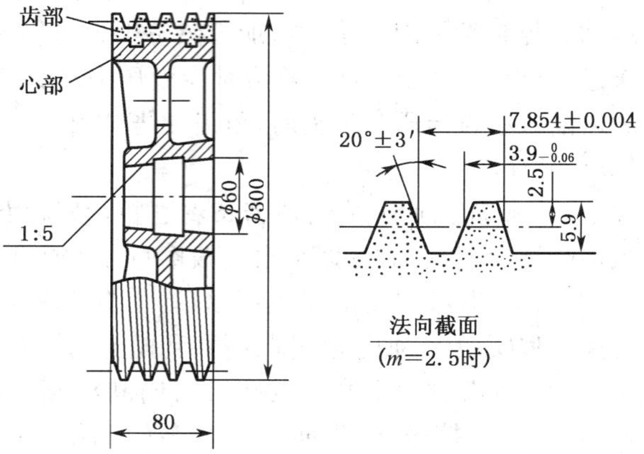

图 6.16 蜗杆式珩轮

蜗杆珩轮由齿部和心部组成,如图 6.16 所示。齿部由环氧树脂和磨料混合均匀后,用离心浇注成型。心部用 45 钢制造。齿形在高精度滚刀磨床上磨成 5~6 级精度。

(2) 蜗杆珩齿的工艺特点

蜗杆珩齿的速度为 20~25 m/s,所以有很高的生产效率。有较强的切削能力,能部分代替淬硬齿轮的磨齿加工,珩齿后,工件精度可提高 1~2 级。珩轮的使用寿命很长,当一段磨钝后,可沿轴向移位,再继续使用。

6.2.5 磨齿加工

磨齿是齿形加工中精度最高的一种方法。适用于淬硬齿轮的精加工,其精度可达 4~6 级,表面粗糙度值为 Ra 0.80~0.20 μm。磨齿对齿轮误差或热处理变形具有较强的修正能力,故多用于硬齿面的高精度齿轮、插齿刀和剃齿刀等的精加工。但磨齿的生产率低,加工成本很高。

磨齿按加工原理分为仿形法和展成法两类。仿形法是用成形砂轮直接磨出渐开线齿形，生产率较高，但精度较差，目前生产中很少应用。展成法是根据齿轮与齿条啮合原理，即将砂轮修整成假想齿条的单侧或双侧表面，通过与工件的啮合运动包络出齿轮的渐开线齿面。

1）磨齿方法

根据砂轮形状的不同，展成法磨齿可分为：锥形砂轮磨齿、碟形砂轮磨齿、大平面砂轮磨齿和蜗杆砂轮磨齿等四种方法。下面介绍常用的三种磨齿方法。

（1）锥形砂轮磨齿（图 6.17(a)）

锥形砂轮作为假想齿条中的一个齿形（固定不动），磨齿时，砂轮一面旋转一面沿齿面快速往复运动。展成运动由工件的旋转和相应的移动来实现。当工件向右滚动时，砂轮右锥面磨齿槽的右侧面，从齿根磨到齿顶；继而向左滚动，砂轮左锥面磨齿槽的左侧面，也是从齿根磨到齿顶。然后工件快速离开砂轮进行分度后，再磨下一个齿槽。

这种磨齿法的砂轮刚性好，磨削效率也高，但磨齿精度较低。一般为 6 级。

（2）碟形砂轮磨齿（图 6.17(b)）

用两片碟形砂轮倾斜安装后即构成假想齿条的两个齿侧面。磨齿时砂轮只在原位旋转，展成运动由工件在水平面内作往复移动及相应的转动来实现，同时工件还沿齿面作进给往复运动。当齿槽的两个齿侧面磨完后，工件即快速退离砂轮，然后进行分度，以便对另一齿槽两侧齿面磨齿。

这种磨齿法的砂轮刚性差，磨削深度小，生产率低，故加工成本较高，但磨削精度高，最高可达 4 级，适用于单件或小批生产中高精度的直齿、斜齿、圆柱齿轮的精加工。

（3）蜗杆砂轮磨齿（图 6.17(c)）

砂轮做成蜗杆形状，其原理和滚齿相似，蜗杆砂轮相当于滚刀。磨齿时砂轮与工件的轴线间有一轴交角，两者旋转运动须保持严格的速比，为磨出全宽，工件还需沿轴线方向作进给运动。

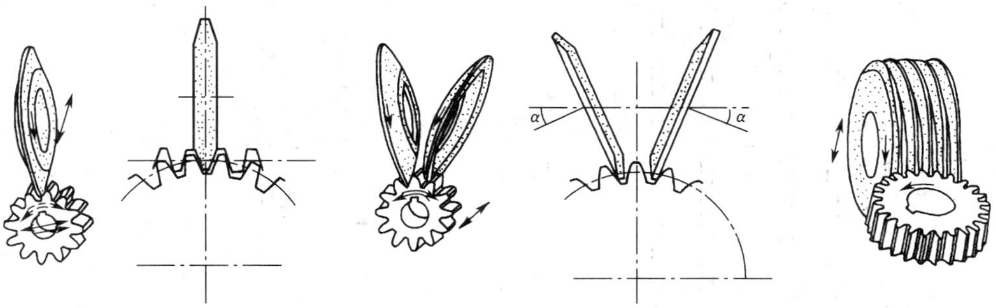

(a) (b) (c)

图 6.17 磨齿方法

(a) 锥形砂轮磨齿 (b) 碟形砂轮磨齿 (c) 蜗杆砂轮磨齿

为了达到必要的磨削速度，砂轮的直径较大（ϕ200 mm～ϕ350 mm），且转速较高（2 000 r/min），所以磨削效率很高，适用于大、中批生产。磨齿精度一般为 5～6 级，最高可达 3 级。

2) 磨齿工艺参数的选择

(1) 磨齿余量

磨齿余量直接影响磨齿效率和质量。磨齿余量大小主要取决于齿轮尺寸、磨齿前加工精度和热处理变形。高频淬火变形小磨齿余量可少些；渗碳淬火变形大磨齿余量可多些，对于中等尺寸的淬火齿轮，一般取 0.3 mm 左右。

(2) 磨齿切削用量

磨齿的切削用量包括磨削速度、磨削深度、纵向进给量和展成进给量等。磨削速度即砂轮旋转的圆周线速度，一般为 30 m/s。磨削深度指一次磨削中齿面法向切入的深度，粗磨时可大些；精磨时应小些，碟形砂轮磨齿时较小(粗磨 0.02～0.05 mm，精磨≤0.01 mm)。锥形砂轮磨齿时较大(粗磨 0.03～0.1 mm；精磨≤0.01 mm)。纵向进给量指砂轮沿工件轴向的进给量，碟形砂轮磨齿时为 2～4 m/min；锥形砂轮磨齿时为 5～7 m/min；蜗杆砂轮磨齿时为 0.5～3 mm/r_ω。

6.3 典型圆柱齿轮的加工工艺

6.3.1 普通精度圆柱齿轮的加工工艺过程

图 6.18 所示为一双联齿轮，材料为 40Cr，精度为 7FL，齿部经高频淬火，硬度为 50～55 HRC，其加工工艺过程见表 6.7(中批生产)。

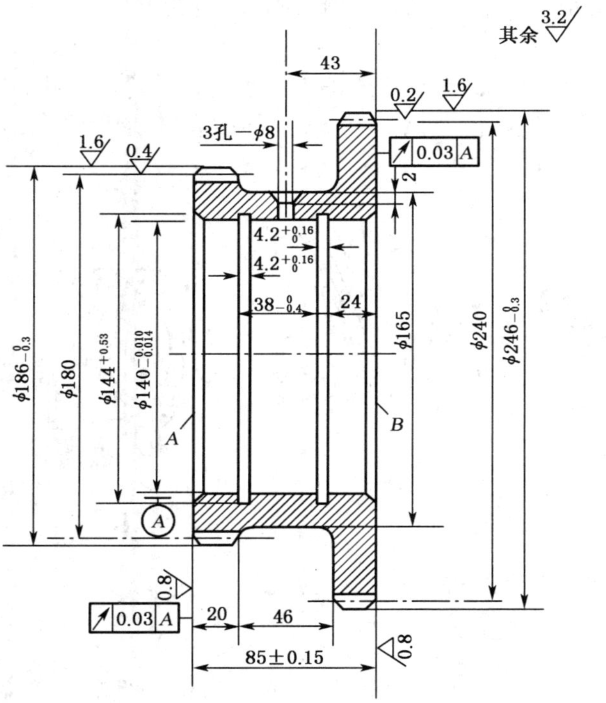

齿　数	60	80
模　数	3	3
齿形角	20°	20°
精度等级	7FL	7FL
公法线平均长度及偏差	$60.088^{-0.15}_{-0.205}$	$78.641^{-0.16}_{-0.21}$
跨测齿数	7	9

技术要求：

1. 未注明倒角均为 1×45°
2. 材料：40Cr
3. 热处理：齿部高频淬火 50～55 HRC

图 6.18　双联齿轮

表 6.7 双联齿轮加工工艺过程 mm

工序号	工 序 内 容	定位基准
1	锻:锻坯	
2	粗车:粗车内外圆,B 面尽量放长	B 面和外圆
3	热处理:正火	
4	精车:夹 B 端,车 $\phi 246_{-0.3}^{0}$、$\phi 186_{-0.3}^{0}$ 及 $\phi 165$ 至尺寸;车 $\phi 140$ 孔为 $\phi 138_{0}^{+0.04}$ 合塞规,光平面,倒角、不车槽;调头,光面留磨量,倒角 $1.5\times45°$	B 面和外圆 A 面和外圆
5	平磨:平磨 B 面 85 ± 0.15	A 面
6	划线:划 3—$\phi 8$ 油孔位置线	
7	钻:钻 3—$\phi 8$ 油孔,孔口倒角至图样要求	B 面和内孔
8	钳:内孔去毛刺	
9	滚齿:滚齿 $Z=80$, $L=78.841_{-0.21}^{-0.16}$(即留磨量 0.2), $n=9$	B 面和内孔
10	插齿:插齿 $Z=60$, $L=60.088_{0}^{+0.09}$, $n=7$	B 面和内孔
11	齿倒角:齿倒圆角,去齿部毛刺	B 面和内孔
12	剃齿:剃齿 $Z=60$, $L=60.088_{-0.21}^{-0.09}$, $n=7$	B 面和分度圆
13	热处理:齿部高频淬火 50~55 HRC	
14	精车:精车 $\phi 140_{-0.010}^{+0.014}$,合塞规,车槽至要求	B 面和内孔
15	珩齿:珩齿 $Z=60$, $L=60.088_{-0.205}^{-0.15}$, $n=7$	B 面和内孔
16	磨齿:磨齿 $Z=80$, $L=78.641_{-0.21}^{-0.16}$, $n=9$	B 面和内孔
17	检验	
18	入库	

6.3.2 高精度圆柱齿轮的加工工艺过程

图 6.19 所示为一高精度齿轮,材料为 12CrNi4A,精度为 655 JN,齿面和齿顶经渗碳淬火,硬度为 58~64 HRC,表面须作磁性探伤检查,并经发蓝处理,其加工工艺过程见表 6.8。

表 6.8 高精度齿轮加工工艺过程 mm

工序号	工序名称	安装	工 序 内 容	定位及夹紧
1	锻		自由锻造	
2	检验			
3	热处理		调质	
4	车	1	粗精车内孔 $\phi 80_{-0.028}^{-0.018}$Ⓔ留车磨加工余量 3.8 及右端两端面留磨加工余量 0.7	外圆及左端面
		2	粗精车外圆 $\phi 152.74_{-0.60}^{0}$ 留磨加工余量 0.5 及左端两端面留磨加工余量 0.4	内孔及右端面
5	磨		预磨内孔 $\phi 80_{-0.028}^{-0.018}$Ⓔ处至 $\phi 76.6_{0}^{+0.03}$ 及右端面留磨余量 0.4(工艺基准)	外圆及左端面
6	滚齿		滚齿留粗精磨齿加工余量 0.3	内孔及右端面
7	钳		齿端倒棱(0.5~0.8)×45°	

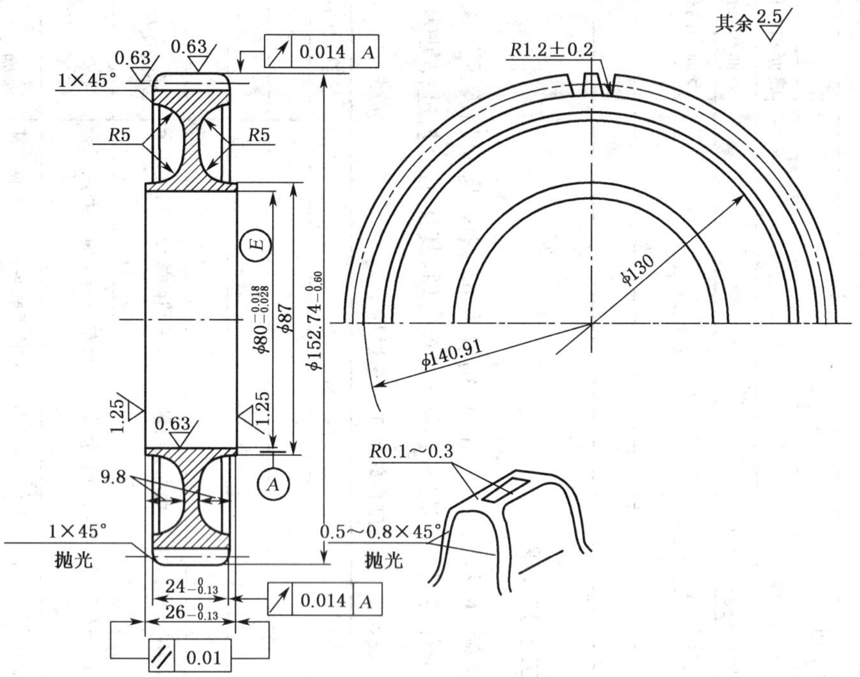

技术条件

1. 齿表渗碳层深度为0.6～0.9 mm，齿顶渗碳层深度为0.7～1.0 mm；允许轮齿端面渗碳
2. 渗碳表面淬火58～64HRC
3. 表面作磁性探伤检查，并发蓝

齿轮参数		
模数		2.75 mm
齿数		54
齿形角		22°30′
分度圆直径		148.5 mm
变位系数		−0.13
理论齿高	齿顶	2.117 5 mm
	齿根	3.795 0 mm
分度圆弧齿厚		4.02 mm
公法线平均长度偏差		54.56$^{-0.075}_{-0.150}$ mm
公法线长度变动公差		0.025 mm
齿圈径向跳动公差		0.040 mm
基节及其极限偏差		7.982±0.000 6 mm
齿形公差		0.009 mm
齿向公差		0.007 mm
齿轮精度等级		665 JN
零件名称	材料	12CrNi4A
精密齿轮	生产类型	单件

图 6.19　高精度齿轮

续表 6.8

工序号	工序名称	安装	工　序　内　容	定位及夹紧
8	热处理		全部齿轮渗碳	
9	检验			
10	车	1	车内孔 $\phi80_{-0.028}^{-0.018}$Ⓔ留车磨加工余量 1.4 及车左端凹面留精车加工余量 0.5(切除渗碳层)	外圆及右端面
		2	调头,车右端的凹面留精车加工余量 0.5(切除渗碳层)	外圆及左端面
11	热处理		淬火	
12	检验			
13	车		车内孔 $\phi80_{-0.028}^{-0.018}$Ⓔ留磨加工余量 0.4	外圆及左端面
14	磨	1	磨内孔 $\phi80_{-0.028}^{-0.018}$Ⓔ及轮毂右端面至图样要求	外圆及左端面
		2	磨轮毂左端面至图样要求	内孔及右端面
		3	磨齿顶圆 $\phi152.74_{-0.60}^{0}$ 及齿圈两端面至图样要求	内孔及左端面
15	车	1	精车右端的凹面至图样要求	内孔及左端面
		2	调头,精车左端的凹面至图样要求	内孔及右端面
16	磁力探伤			
17	磨齿		粗磨齿形留精磨齿加工余量 0.05	内孔及左端面
18	磨		磨齿两端圆弧(图示)R 0.1～0.3	内孔及左端面
19	抛光		齿两端倒棱处(0.5～0.8)×45°抛光	内孔及左端面
20	磨齿		精磨齿形至图样要求	内孔及左端面
21	磁力探伤			
22	刻标记		在齿轮凹面刻标记	
23	热处理		发蓝	
24	检验入库			

6.3.3 圆柱齿轮加工工艺过程分析

1) 定位基准的选择

为了保证齿轮的加工质量,齿形加工时应根据“基准重合”原则,选择齿轮的设计基准和装配基准作为定位基准,并尽可能在整个加工过程中保持基准的统一。

(1) 带孔的盘形齿轮

带孔齿轮一般选择内孔和端面定位作为定位基准,采用专用心轴。这种方法定位精度高,生产率也较高,适用于成批生产。

当批量较小而不采用专用心轴时,可选择外圆和端面作为定位基准,但外圆对内孔的径向跳动应有严格的要求。这种方法生产率低。

(2) 连轴齿轮

对于直径较小的连轴齿轮,可选择两端中心孔作为定位基准。对于直径较大的连轴齿轮,因自重和切削力较大,不宜再选择中心孔定位,而选用轴颈和端面作为定位基准。

2）齿轮的热处理

在齿轮的加工过程中，常安排两种热处理工序。

（1）齿坯的热处理

在齿坯的粗加工前后常安排正火或调质，作为预先热处理。目的是改善材料的加工性能，减少锻造引起的内应力。正火一般安排在粗加工之前，调质则安排在粗加工之后。上述高精度齿轮的加工工艺过程中，调质安排在粗加工前进行，其原因是材料为12CrNi4A，属低碳合金结构钢，经调质处理比正火处理硬度稍高，有利于切削加工，并使晶粒变细，为渗碳处理作好组织准备。

（2）齿面的热处理

根据齿轮的材料与技术要求，在齿形加工后，为了提高齿面的硬度和耐磨性，常安排高频表面淬火或渗碳淬火。高频淬火用于中碳钢（如45、40Cr等）制造的齿轮，硬度为50 HRC左右，齿面的变形较小，但内孔直径一般会缩小0.01～0.05 mm，淬火后应予以修正。渗碳淬火用于低碳钢（如20Cr，12CrNi4A等）制造的齿轮，硬度可达60 HRC以上，齿面的变形大，需经磨齿加工，故常用于高精度齿轮。

3）齿形加工方案的选择

齿形加工方案的选择，主要根据齿轮的精度等级、生产批量和齿轮的热处理方法等考虑。

对于8级或8级以下精度的齿轮，用滚齿或插齿即能达到要求。采取滚（插）齿→齿端加工→齿面热处理→修正内孔的方案。但对淬火齿轮，在淬火前的齿形加工精度应提高一级或在淬火后珩齿。

对于6～7级不淬硬的齿轮可采用滚（插）齿→剃齿的方案。

对于6～7级淬硬齿轮，当生产批量较少时，可采用滚（插）齿→齿端加工→齿面热处理→修正基准→磨齿的加工方案。当批量较大时，可采用滚（插）齿→齿端加工→剃齿→齿面热处理→修正基准→珩齿的加工方案。

对于5级或5级以上的高精度齿轮，可采用粗滚齿→精滚（插）齿→齿端加工→齿面热处理→修正基准→粗磨齿→精磨齿的加工方案。

4）齿端加工

齿轮的齿端加工有倒圆、倒尖、倒棱和去毛刺等。

对于轴向滑移齿轮必须倒圆或倒尖，以利于齿轮滑移时容易啮合。一般的齿轮均需修去尖角、毛刺或锐边，可采用齿端倒棱方法，以免这些尖角、毛刺或锐边淬硬后崩裂，影响齿轮的传动精度。

图6.20所示为用指状铣刀进行齿端倒圆。高速旋转的铣刀绕圆弧中心作往复运动，对齿端倒圆，加工完一个齿后，工件沿径向退出。分度后再接近铣刀，再加工下一个齿的齿端。齿端加工必须安排在齿面热处理之前，通常多在滚（插）齿之后进行。

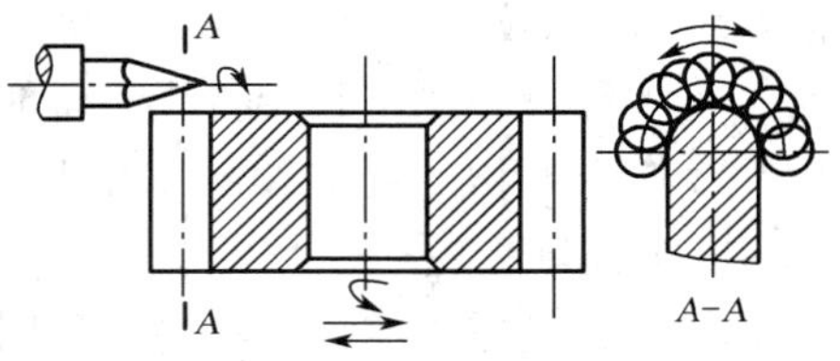

图6.20 齿端倒圆

对于高精度齿轮，为了提高齿面的耐疲劳强度，防止应力集中，在齿面上凡是过渡处均应为圆弧，不允许有尖角。各部分表面粗糙度要求较细，甚至在齿端倒角部分还需抛光。同时还对齿轮进行磁力探伤，以确保齿轮质量。

5）基准孔的修整

齿轮基准孔由于淬火后产生变形，因此必须对基准孔进行修整，以保证齿轮精加工的质量。

以外径定心的花键孔定位齿轮，通常采用花键推刀修整。

对于圆柱形孔的修整，一般采用推孔或磨孔。推孔生产率高，但只能用于内孔不淬硬的齿轮。磨孔生产率低但精度高，适用于整体淬火后内孔变形大、硬度高的齿轮，以及内孔较大、厚度较薄的齿轮。

磨孔时应以齿轮分度圆作为定位基准，这样可使磨孔后的齿圈径向跳动量较小，对以后珩磨或磨齿都比较有利。

图 6.21 所示为用三个滚子放在齿槽内，在三爪自定心卡盘中安装，这种方法只能装夹齿数为 3 的倍数的齿轮，并且三爪自定心卡盘本身精度不高，所以磨出的孔与分度圆的同轴度不高。用四爪单动卡盘夹紧齿轮外圆，并将滚子放在齿槽内，用百分表测量滚子外圆，根据百分表读数进行调整，使分度圆的圆跳动量在要求范围内，然后磨孔，如图 6.22 所示。这种方法虽然可以达到较高的精度，但调整困难，生产率很低，只能用于单件或小批生产。当大批、大量生产时，可用图 6.23 所示的夹具来安装，工件以分度圆作为定位基准，用三粒相隔 120°的淬硬钢珠 1 夹在齿槽间，端面以定位块 2 定位。工件的夹紧是用手拧紧螺母 4，使套筒 3 沿夹具体 5 配合面向右移动，由于套筒 3 右端内孔为圆锥孔，故迫使三粒钢珠将工件定心并夹紧。

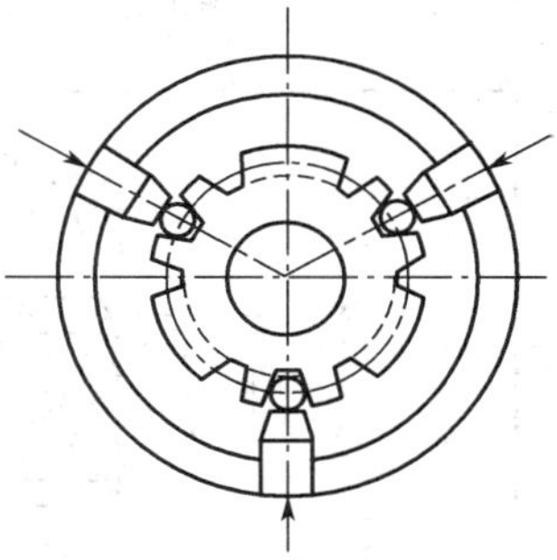

图 6.21 磨内孔分度圆定心示意图

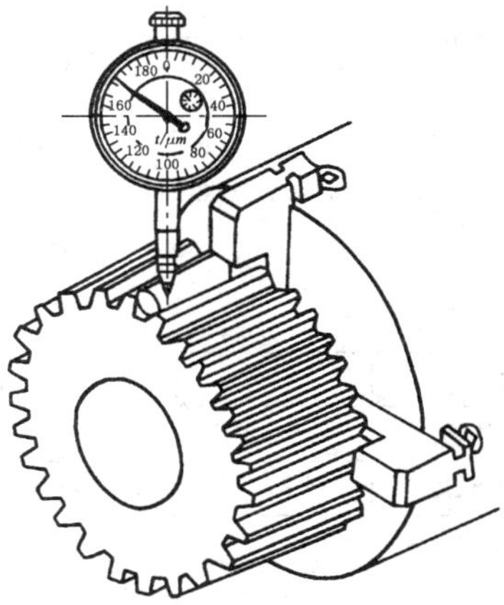

图 6.22 用四爪单动卡盘装夹磨齿轮孔的方法

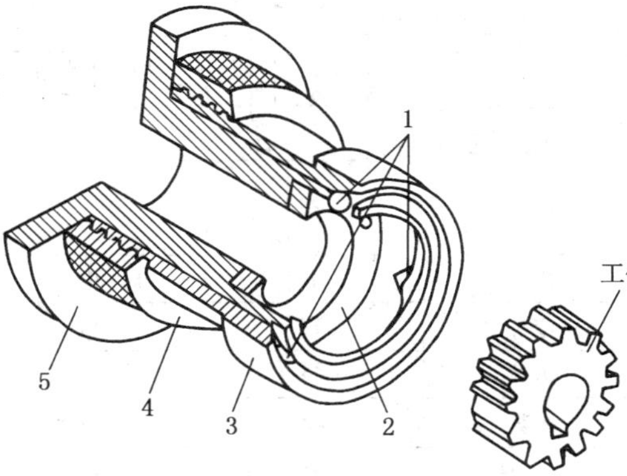

图 6.23 磨齿轮孔夹具

习题与思考题

6.1　齿轮常用哪些材料制造？需经什么热处理？

6.2　试述滚齿原理。滚齿有哪些工艺特点？

6.3　试述插齿原理。插齿有哪些工艺特点？

6.4　试述剃齿原理。剃齿有哪些工艺特点？

6.5　试分析珩齿和磨齿的异同点。

6.6　磨齿有哪些方法？各有什么工艺特点？

6.7　根据齿轮的精度等级、生产批量和热处理方法，如何选择其齿形加工方案？

6.8　齿轮经淬火后，为什么要对内孔进行修整？修整方法有哪几种？各适用于哪些齿轮？

6.9　试分析高精度齿轮与普通精度齿轮的加工工艺。

6.10　试编制图 6.24 所示的双联齿轮的加工工艺过程(中批生产)。

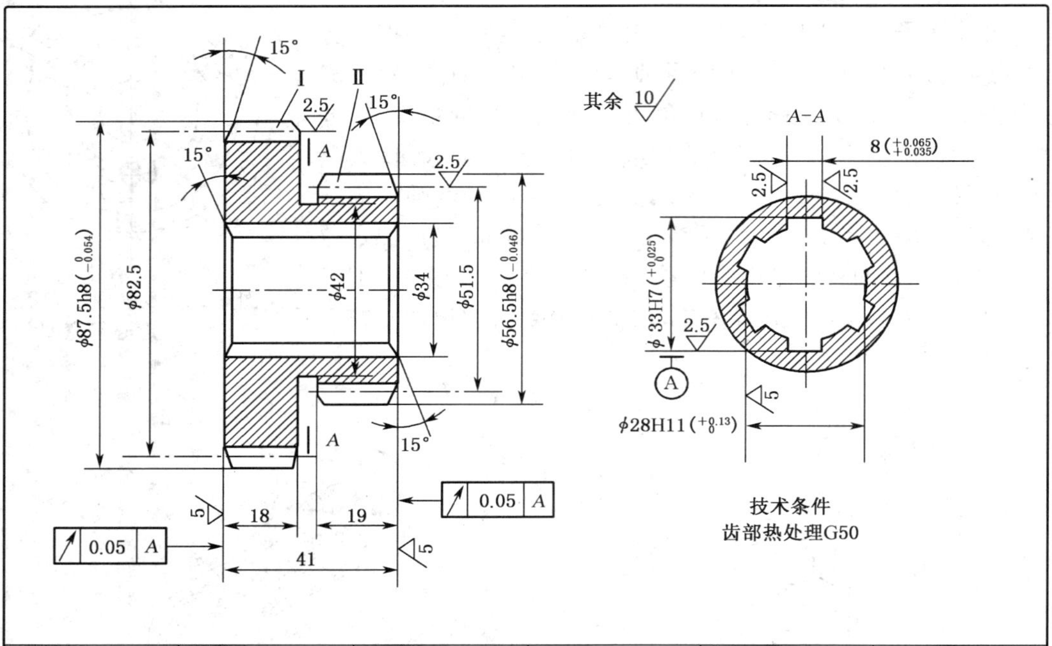

齿号	Ⅰ	Ⅱ	齿号	Ⅰ	Ⅱ
精度等级	7FL	7FL	跨齿槽数	3	2
齿数	33	19	公法线长度	$26.99^{-0.11}_{-0.16}$ mm	$20.49^{-0.016}_{-0.018}$ mm
模数	2.5 mm	2.5 mm	变位量		2 mm
齿形角	20°	20°			

图 6.24　双联齿轮

7 特种加工

7.1 概述

特种加工这个词目前尚无确切的定义，一般所说的特种加工是指那些不使用刀具或磨料，或者虽用刀具或磨料但又同时利用电能、热能、化学能或电化学能等来去除材料的加工方法。特种加工方法的种类很多，目前在生产中应用较多的有电火花加工、电解加工、电解磨削，其次为激光加工、超声加工和电子束加工，此外还有化学加工、等离子加工、超高压喷射加工等。

特种加工的材料去除原理完全不同于常规的切削方法，加工时工件和所用的工具不受显著的切削力的作用，其工具的硬度也不必大于工件的硬度，因而能解决一般切削方法所难以解决的加工问题。但是特种加工的加工效率一般都不高，因此，在现阶段的机械加工领域中，还是以常规的切削加工占主导地位，特种加工主要用于难切削材料的特殊复杂形状和微细加工。目前在原子能、航天、电子、电机、电器、仪表、汽车、拖拉机以及轻工等制造工业部门中，特种加工已经成为不可缺少的加工方法之一。

几种特种加工方法的综合比较见表 7.1，机械加工方法的比较见表 7.2。

表 7.1 特种加工方法的综合比较

加工方法	加工能力				经济性			主要用途
	成形能力	可加工材料	加工精度	表面粗糙度	加工速度	设备投资	功率消耗	
电火花加工	较好	金属	较好	一般	中	中	中	穿孔、型腔加工、切割、强化
电解加工	较好	金属	一般	较细	高	高	大	型腔加工、孔加工、去毛刺、刻印
激光加工	差	金属 非金属	一般	一般	高	高	小	微小孔加工、切割、焊接、热处理
超声加工	较好	金属 非金属	较好	一般	中	低	小	穿孔、套料、切割、研磨、复合加工
等离子加工	差	金属 非金属	差	粗	高	低	小	切割、焊接
电子束加工	差	金属 非金属	一般	一般	高	高	小	微小孔加工，刻细槽、切割、焊接
化学铣削	差	金属	一般	一般	低	低	小	减重、蚀刻图形、薄板孔加工
喷射加工	差	金属 非金属	一般	一般	高	低	小	切割、穿孔

表 7.2 几种加工方法的比较

加工方法	最大材料切除率 ($cm^3 \cdot min^{-1}$)	功率消耗 ($kW \cdot min^{-1} \cdot cm^{-3}$)	切削速度 ($m \cdot min^{-1}$)	进给量 ($mm \cdot min^{-1}$)	可达精度 (±mm)	机床功率 (kW)
车 削	3 300	0.046	76	—	0.005	22
磨 削	820	0.46	1 800	—	0.002 5	20
化学铣削	490	—	—	0.025	0.013	—
等离子加工	164	0.91	15	254	0.5	150
电解磨削	33	0.091	0.08	—	0.005	3
电解加工	16.4	7.28	—	12.7	0.013	150
电火花加工	4.9	1.82	—	12.7	0.004	11
超声加工	0.82	9.10	—	0.50	0.005	11
电子束加工	0.008 2	455	60	150	0.005	7.5
激光加工	0.004 9	2.731	—	102	0.013	15

7.2 电火花加工

7.2.1 电火花加工原理

电火花加工是将工件和工具作为电极，利用两者之间瞬时火花放电所产生的高温对金属材料进行加工。

电火花加工的原理如图 7.1 所示。工件 1 安装在充满工作液（一般为煤油）的工作槽中，工作液在泵 6 的作用下循环，工具电极 4 装在主轴端夹具中，主轴的垂直进给由自动进给调节装置 3 控制，使工具电极与工件之间经常保持一个很小的放电间隙（约 0.01～0.02 mm）。当工件和工具电极分别与直流脉冲电源 2 的正负极相接时，间隙中就产生很强的脉冲电压，使两极间的液体介质按脉冲电压的频率不断被电离击穿，产生脉冲放电。由于放电的时间极短（约为 10^{-8}～10^{-6} s），且发生在放电区的小点上，所以能量高度集中，使放电区的温度高达 1 000～1 200℃，于是工件上的这一小部分金属材料被迅速熔化和气化。由于熔化和气化的速度很高，故具有爆炸特性，在爆炸力的作用下，将熔化的金属微粒迅速抛出，被液体介质冷却、凝固并从间隙中冲走。每次放电后，在工件表面上形成一个圆坑，由于放电过程多次重复进行，大量小圆坑就重叠在工件上，使金属材料逐步被蚀除。随着工具电极的不断进给，工具电极的轮廓尺寸就被精确地“复印”在工件上，达到成型加工的目的。

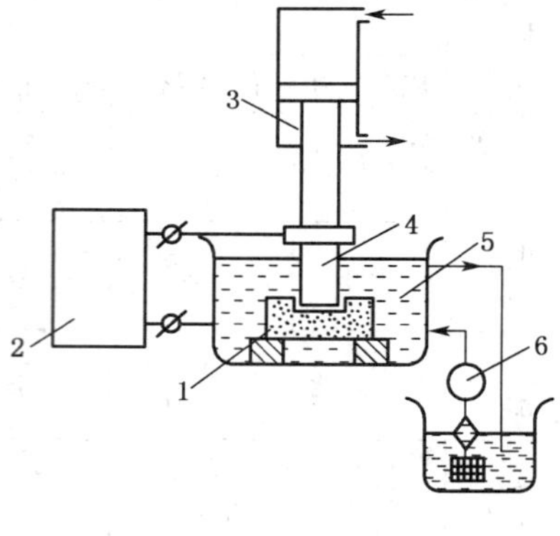

图 7.1 电火花加工原理图

1—工件 2—脉冲电源 3—自动进给装置 4—工具电极 5—工作液 6—泵

由此可见，电火花加工必须利用脉冲放电，在每次放电之间的脉冲间隔内，电极之间的液体介质必须来得及恢复绝缘状态，使下一个脉冲能在两极间的另一点击穿放电，从而逐步按工具的形状蚀除金属，否则就会像电弧持续放电那样，只能起焊接或切断作用，无法用于尺寸加工。

7.2.2 电火花加工的特点

电火花加工是靠局部电热效应实现加工的，它和一般机械加工相比具有以下特点：

(1) 脉冲放电的能量密度高，可以加工任何硬度的工件，如淬火钢、不锈钢、耐热合金和硬质合金等导电材料。在一定条件下，还可以加工半导体材料及非导电材料。

(2) 脉冲放电持续的时间极短，放电时产生的热量扩散范围小，工件受热影响的范围小，在加工过程中无显著的切削力，因而适用于加工小孔、薄壁、窄槽和各种复杂形状的孔，也适用于精密微细加工。

(3) 加工时只要更换工具电极或采用阶台形工具电极，就能在同一台机床上通过改变脉冲参数（脉冲宽度、电流、电压）连续进行粗、半精和精加工。精加工后的尺寸精度可达 0.01 mm，表面粗糙度值为 Ra 0.8 μm；微细加工的尺寸精度可达 0.004 mm，表面粗糙度值为 Ra 0.1～0.05 μm。

(4) 电火花加工机床的结构比较简单，精度要求也不太高，容易实现加工自动化。

7.2.3 电火花加工的应用

电火花加工可分为四大类，如表 7.3 所示。其中应用最广的是电火花穿孔、型腔加工和电火花线切割加工。

表 7.3 电火花加工工艺的分类

类别	工艺方法	特 点	用 途	备 注
Ⅰ	电火花穿孔和型腔加工	1. 工具电极和工件间只有一个垂直伺服进给运动 2. 工具电极与被加工表面有凹凸相反而形状相同的截面或端面	加工各类模具，如冷冲、冷拔、压延、锻压、铸造、塑料型腔模、粉末冶金模；加工曲面零件；加工异形孔、盲孔、窄缝及取出断丝锥等	约占电火花加工机床总数的 45%
Ⅱ	电火花线切割	1. 工具为轴向移动着的称为电极丝的线状电极 2. 工具电极与工件在水平面内或三维空间有伺服进给运动	切割冲模，切割具有二次曲面的各种零件如凸轮、样板等，下料截割	约占电火花加工机床总数的 45%
Ⅲ	电火花镗磨、电火花共轭回转加工及展成法加工、齿轮电火花跑合	1. 工具电极和工件有相对的旋转运动 2. 工具电极和工件间有径向的进给运动、轴向的补偿运动	加工尺寸精度、圆度、表面粗糙度要求较高的孔、外圆、内外螺纹、齿轮表面、静压轴承内腔等	约占电火花加工机床总数的 5%
	电火花刻字	工具电极在工件表面上一边振动，一边相对移动	在金属件上刻字、打印记	约占电火花加工机床总数的 5%

1) 电火花穿孔

电火花穿孔常用来加工冷冲模、拉丝模、喷丝头等各种小孔，还可用来去除折断在工件孔中的丝锥。

穿孔电极常用的材料有钢、铸铁、紫铜、黄铜、石墨及铜钨、银钨合金等。钢和铸铁的机械加工性能好、价格便宜、生产率高，但电加工的稳定性差；紫铜和黄铜的电加工稳定性好，但电极损耗大；石墨的电加工稳定性较好，电极损耗也小，所以经常采用；铜钨与银钨合金的电加工稳定性好、电极损耗小，但价格贵，多用于硬质合金穿孔及深孔加工等。

用电火花加工较大的孔时，应预先开孔，所留加工余量应合适，一般单边为 0.5～1 mm 左右。若加工余量太大，则生产效率低；加工余量太小，则加工时定位困难。

2) 电火花型腔加工

电火花型腔加工常用来加工锻模、压铸模、塑料模等模具，也用来加工整体式叶轮、叶片等曲面成形零件。

电火花型腔加工时，需采用与工件型腔相对应的电极，需蚀除的金属量多而大，工作液难以有效地循环，电蚀产物排除条件差，型腔各处深浅不一，形状也不同。因此，型腔加工的生产率低，质量也较难保证。当加工精度要求高时，可采用多个粗精加工不同的工具电极，由精加工电极来保证型腔的加工精度。

用电火花加工型腔时，为了有效地排除电蚀产物，常在工具电极上开有冲油孔，用压力油将电蚀产物强迫排除。电极材料一般采用石墨，有时为了提高电加工的稳定性和加工精度，也可采用紫铜材料。

3) 电火花线切割加工

电火花线切割加工简称“线切割”。其基本原理与电火花加工一样，也是利用工具电极对工件进行脉冲放电实现加工的。但电火花线切割是采用一根运动着的细金属丝如直径为 ϕ0.02 mm～ϕ0.3 mm 的钼丝或黄铜丝作工具电极。其加工原理如图 7.2 所示，电极丝经导轮带动以一定的速度在工件内腔作上下移动，并与工件表面保持一定的间隙，脉冲电源的正极接工件，负极接电极丝，在两者之间喷入电解质，就可使工件产生电蚀而进行加工。此时，只要有效地控制电极丝相对工件运动轨迹和速度，就能切割出一定形状和尺寸的工件。目前线切割机床普遍采用数字程序控制，通过坐标工作台纵向和横向滑板的运动形成所需的加工轨迹，其加工精度可控制在 0.01 mm 内，表面粗糙度值为 Ra 1.6～0.8 μm。

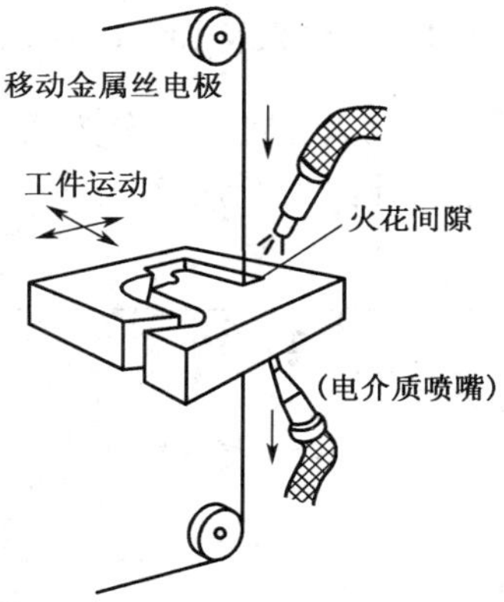

图 7.2 电火花线切割加工原理

与电火花成形加工相比，线切割不需专门的工具电极，并且作为工具电极的金属丝在加工中不断移动，损耗很少，所以加工精度高，并且自动化程度高，操作方便，生产率高。

线切割广泛应用于各种硬质合金和淬硬钢制造的模具、样板以及各种形状复杂的微细孔、槽、曲线、窄缝、栅网等，并可多件叠加在一起加工，能获得一致的尺寸。

7.3 电解加工

7.3.1 电解加工原理

金属电极在电解液中会发生阳极溶解或阴极沉积等电化学现象，而电解加工就是利用金属在电解液中可以发生阳极溶解的原理将工件加工成形的。

电解加工原理如图 7.3 所示。加工时，以工件为阳极（接直流电源正极），工具为阴极

（接直流电源负极），两极之间的电压一般为 6～24 V，两极之间保持一定的间隙（0.1～1 mm）。电解液以较高的速度（5～60 m/s）从两极之间的间隙中流过，使两极之间形成导电通路，并在电源电压的作用下产生高密度的电流（100 A/cm^2）。于是工件被加工表面的金属将不断产生电化学反应而溶解到电解液中，电解的产物则随即被高速的电解液带走。随着工具不断地向工件作恒速进给，使工件表面的金属被逐渐溶解，最后使工件与工具各处的间隙趋于一致，工具阴极的形状将复印在工件上，而得到所需要的表面形状。

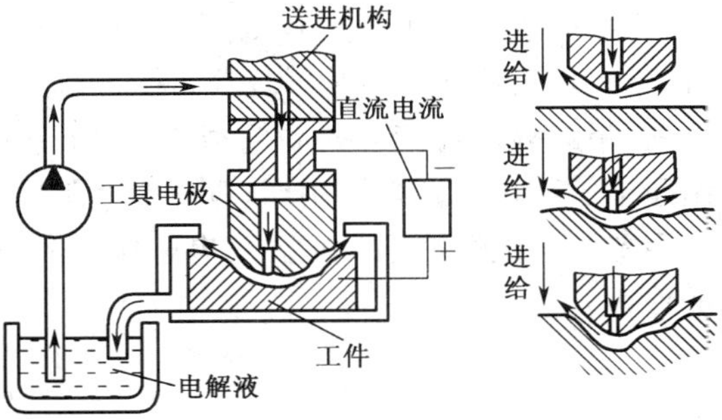

图 7.3 电解加工原理

7.3.2 电解加工的特点及应用

电解加工和其它加工方法相比，具有下列优点：

(1) 可加工各种金属材料，不受金属材料本身硬度和强度的限制，常用来加工耐热合金、钛合金、淬火钢、不锈钢及硬质合金等难切削材料。

(2) 加工中无机械切削力和切削热，加工后零件表面无残余应力和毛刺，表面粗糙度值为 Ra 0.8～0.2 μm。

(3) 能以简单的直线进给运动一次加工出形状复杂的型腔或型面，如锻模、叶片等。

(4) 由于电解加工所用的电流密度高，故金属去除速度快，生产率高，约为电火花加工的 5～10 倍。在加工锻模时，生产率比切削加工高 3～10 倍。

(5) 加工过程中工具阴极损耗极少，可长期使用，在大批生产中能降低工具成本。

电解加工也存在一些缺点，主要有：

(1) 加工精度不太高，一般低于电火花加工的精度。

(2) 加工形状复杂的表面时，工具电极的设计和制造比较费事，因而在单件小批生产中受到限制。

(3) 电解加工所需的附属设备较多，因此，占地面积较大，设备投资也较多。电解液对设备的腐蚀和对环境的污染严重。

电解加工在机械制造中应用广泛，如加工各种型腔模具（锻模、压铸模等）、各种成形孔（六方孔、半圆孔、花键孔等）、小孔、枪管内的来复线、汽轮机的叶片和整体式叶轮等。近年来出现了重复加工精度较高的一些新型电解液和混气电解加工工艺，提高了电解加工的精度，简化了工具阴极的设计，促进了电解加工工艺的进一步发展。

7.4 电解磨削

7.4.1 电解磨削加工原理

电解磨削是电解作用和机械磨削相结合的一种复合加工方法，其加工原理如图 7.4 所示。磨削时，工件 4 接直流电源正极，导电磨轮 1 接直流电源负极，两者保持一定的接触压力，由磨轮表面凸出的磨料 8 保持一定的电解间隙，并向间隙中冲注电解液 3。当接通电源，则工件表面产生电化学反应，使金属原子变成离子，并形成阳极膜 9，其硬度远低于原来金属，极易被高速旋转的磨轮磨去，并随电解液冲走，使新的金属表面继续进行电解反应。由于电解作用和磨削作用交替进行，使工件连续进行加工，直至达到所要求的尺寸精度和表面粗糙度。电解磨削时主要靠电解作用去除 95%～98%的工件材料，磨削仅起去除氧化膜的作用。

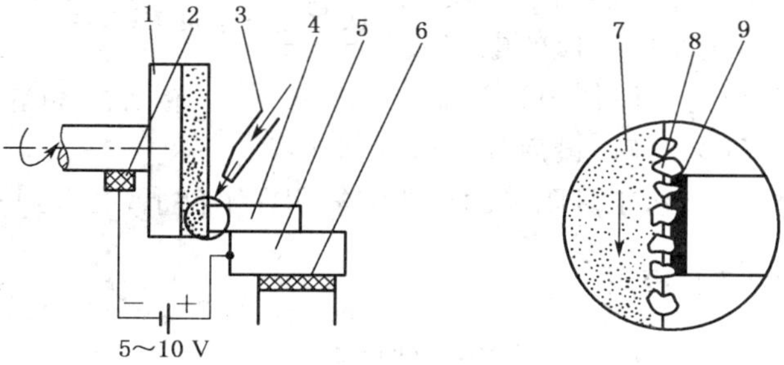

图 7.4 电解磨削原理图

1—导电磨轮 2—电刷 3—电解液 4—工件 5—工作台
6—绝缘板 7—导电基体 8—磨料 9—阳极膜

电解磨削的磨轮常用的有两种，一种是不含磨料的导电磨轮，常采用石墨材料，其磨削效率和加工精度都较低，多用于成形磨削的粗加工；另一种是含磨料的导电磨轮，其磨削效率和加工精度都较高，常用于内、外圆磨削和成形磨削的精加工。

7.4.2 电解磨削的特点和应用

电解磨削与其它加工方法相比，具有下列特点：

(1) 磨削效率比一般磨削高，当磨削硬质合金时，生产率可提高 3～5 倍。

(2) 磨轮损耗比一般磨削小，只是金刚石砂轮损耗的 1/10～1/5，可降低加工成本。

(3) 磨削质量高，表面粗糙度值为 Ra 0.08～0.02 μm。

(4) 磨削力和磨削热少，零件表面不会产生烧伤、裂纹和应力等。

(5) 辅助设备较多，投资费用较大。

电解磨削适用于磨削高强度、高硬度和磁性材料等，如硬质合金、高速钢、不锈钢、镍基合金等。可用于硬质合金刀具和刀片、内孔、外圆、平面、成形面等各种磨削加工。

7.5 激光加工

7.5.1 激光加工原理

激光是一种在激光器中受激辐射而产生的相干性光源，激光的方向性极好，几乎是一束平行光，单色性好，亮度极高，通过透镜聚焦后，焦点处能量密度可达 10^7～10^{11} W/cm^2，温度可达到 10 000℃左右。在此高温下，任何坚硬的材料都将瞬时熔化和气化，并产生强烈的冲击波将熔化物质喷射出去。因此，可以利用激光束作为工具对任何材料进行加工。

激光加工的原理如图 7.5 所示。激光器将激光束经凹凸透镜聚焦，再由反射镜将激光束射向工件的待加工表面，对工件进行各种加工。

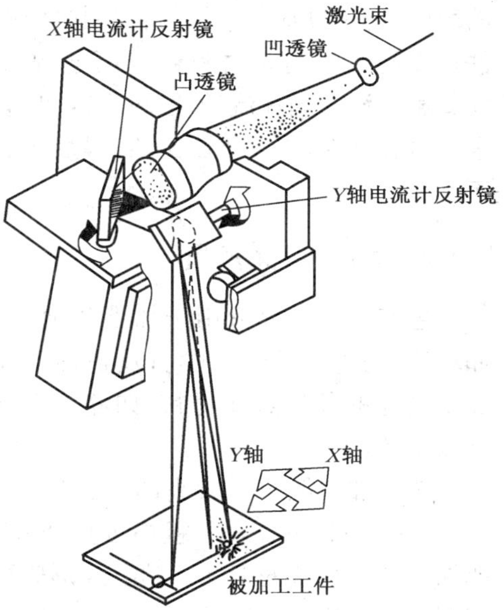

图 7.5 激光加工系统

7.5.2 激光加工的特点

（1）激光能聚焦到微小点上，焦点直径可小到几微米，可以实现最微细的加工（加工直径为 ϕ0.01 mm 的小孔和切割窄缝）。

（2）能量密度集中、温度高，可以加工各种难熔金属和陶瓷、宝石、金刚石等硬脆材料。

（3）激光加工不需要工具，是非接触加工，工件不会受力变形，能实现高精度加工。

（4）激光打孔的速度很快，仅 0.25 s 左右，故工件的热变形很小。

（5）激光可控性好，易于实现加工自动化。

7.5.3 激光加工的应用

激光加工目前应用于打孔、切割、焊接和淬火等方面。

（1）打孔　激光打孔应用于火箭发动机和柴油机的燃油喷嘴、化纤喷丝头、硬质合金或金刚石拉丝模、钟表与仪表中的宝石轴承等。

（2）切割　激光可以切割各种金属、陶瓷、玻璃、布、纸、橡胶、木材等各种材料。切削效率很高，切缝很窄，并可十分方便地切割出各种曲线形状。激光切削的作用范围极为广泛，特别适合于切割各种形状复杂的零件、窄缝、栅网等。在大规模集成电路的制作中，可用激光划片。

（3）焊接　用激光焊接时，应使被焊材料迅速熔化，而不可因温度过高而使材料蒸发气化。激光能焊接高熔点金属和易氧化的材料，并可焊接不同材料，如金属与非金属的焊接。

（4）淬火　用激光进行表面淬火，工件表层的加热速度极快，冷却速度很高，内部受热极少，工件不会产生热变形，特别适合于对齿轮等形状复杂的零件进行表面淬火。

激光还可在普通金属表面上熔入其它元素，成为性能优良的合金，也可用于动平衡时去重和精密划线、精密测量等方面。

7.6 超声加工

7.6.1 超声加工原理

超声加工是利用产生超声振动的工具，带动工件和工具的悬浮液，冲击和抛磨工件的被加工部位，使其局部材料加工成粉末，以进行穿孔、切割和研磨等，其加工原理如图 7.6 所示。由高频电源 5 产生的超声频电振荡，通过超声换能器 6 转变为超声频机械振动，再经振幅扩大杆 7 扩大振幅，将振动能量传递给磨料 4，磨料以很高的速度不断冲击被加工工件 3

的表面，把工件加工区域的材料粉碎成很细的微粒，从工件表面脱落。同时磨料还以高速、高频研磨加工表面。随着悬浮液的循环流动，磨料不断更新，并带走被粉碎下来的材料微粒，工具不断进给，最后工具的形状便复印到工件上。

7.6.2 超声加工的应用

超声加工主要适用于加工各种不导电的硬脆材料，如玻璃、陶瓷、宝石、金刚石及各种半导体材料等。也能加工导电的硬质金属材料，如淬火钢、硬质合金等，但生产效率低。

超声加工能获得较高的加工质量，其加工精度可达 0.005～0.02 mm，表面粗糙度值可小于 Ra 0.16 μm 。能加工各种复杂的型孔、型腔、成形表面，也能进行套料、切割、雕刻、研磨等加工，由于工具对工件作用力小，切削热少，故适于加工薄壁、窄缝、薄片等零件。

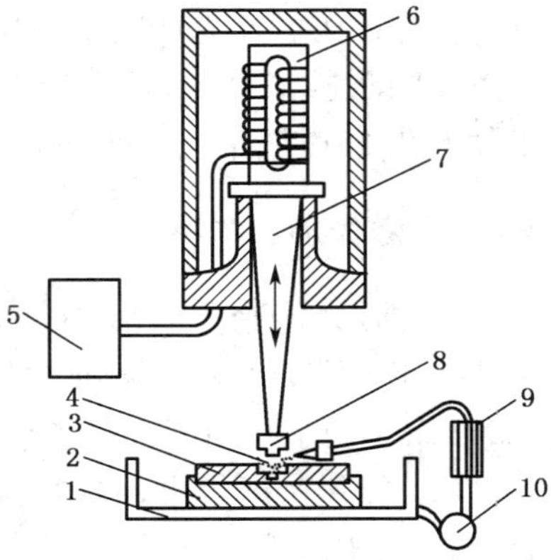

图 7.6 超声加工原理图

1—工作槽 2—夹具 3—工件 4—磨料悬浮液 5—高频电源 6—超声换能器 7—振幅扩大杆 8—工具 9—过滤器 10—泵

7.7 电子束加工

电子束加工原理如图 7.7 所示。由电子枪射出的高速运动的电子束经电磁透镜聚焦后轰击工件表面，在轰击处形成局部高温，使材料瞬时熔化、气化，再被喷射去除。电磁透镜实质上只是一个通以直流电的多匝线圈，其作用与光学玻璃透镜相似，当线圈通过电流后形成磁场，利用磁场力的作用使电子束聚焦。偏转器也是一个多匝线圈，当通以不同的交变电流时，产生不同的磁场，可迫使电子束按照加工的需要作相应的偏转。

利用电子束可加工特硬、难熔的金属与非金属，能加工出小到几微米的孔，且加工在真空中进行，能防止被加工零件氧化。但由于需要高真空和高电压的条件，并需防止 X 射线逸出，故设备较复杂，目前多用于微细加工和焊接等方面。

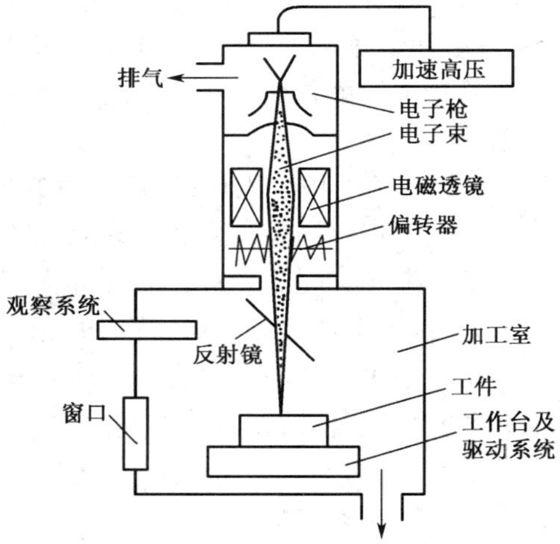

图 7.7 电子束加工原理

7.8 等离子射流加工

气体被加热到高温而离解成自由电子和正离子的状态，称为等离子体。利用高温、高速的等离子射流喷射到工件上进行加工的方法，称为等离子射流加工，其加工原理如图 7.8 所示。在阳极与阴极之间使之产生电弧放电，并从侧面通入形成涡流的气体，气体被电弧离解成等离子体后，由下部的喷嘴射出高温、高速的等离子射流，对工件进行加工。图 7.8(a)所示为加工非导电性材料;图 7.8(b)所示为加工导电性材料。等离子射流加工主要用于切割和焊接(称为等离子电弧焊)。

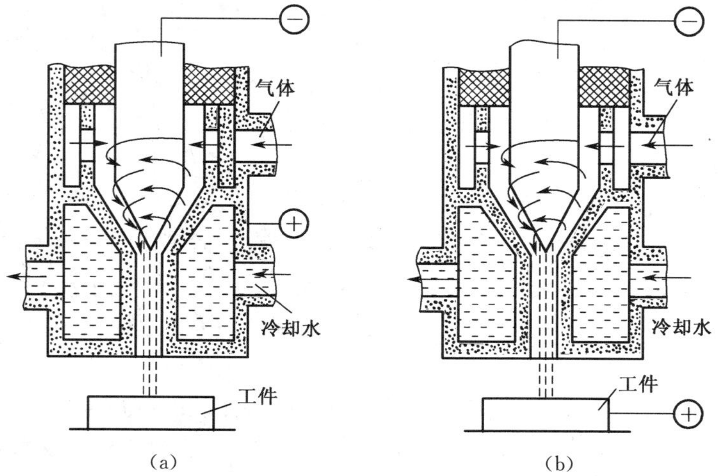

图 7.8　等离子射流加工原理图

习题与思考题

7.1　试述电火花加工的原理,有哪些特点?应用于哪些方面?

7.2　试述电解加工的原理,有哪些特点?应用于哪些方面?

7.3　试述电解磨削的原理,与电解加工有何不同?

7.4　试述激光加工的原理,有哪些特点?应用于哪些方面?

7.5　试述超声加工的原理和应用。

8 现代制造技术

8.1 概 述

现代科学技术的飞速发展，社会需求的多样化，市场竞争的日益激烈，迫使机械工业产品更新换代的周期大大缩短，导致多品种、中小批量的生产上升至主导地位。为了适应产品更新和加工对象的频繁变换，要求现代生产技术和制造过程必须拥有较高的自动化水平和灵活的应变能力。

然而，我国以中小批量生产为主的大多数企业仍以传统的制造模式，即用通用机床和部分专用工艺装备进行生产，这与现代生产的要求是不相适应的。一些技术先进的工厂已用数控机床替代通用机床。近代更高层次的制造模式即电子计算机参与整个机械制造业，实现计算机辅助设计(CAD)、计算机辅助编制工艺规程(CAPP)和计算机参与的信息管理，以及有若干台数控机床(主要是加工中心)，并备有物料传输和装卸，中间存储仓库组成的柔性制造系统(FMS)。整个工厂由一个多级计算机网络控制，配合一套将设计、制造和管理综合为一的软件系统，形成计算机集成制造系统(CIMS)，这是机械制造工业发展的必然趋势，必将推动我国机械工业迈上更高的台阶。

8.2 成组技术

8.2.1 概述

成组技术(Group Technology，简称 GT)是为适应产品多样化的要求，在 20 世纪 50 年代迅速发展起来的一项综合性现代工程技术。近 10 多年来，成组技术与数控技术、计算机技术结合，在国内外已得到普遍重视和广泛应用，对提高整个机械制造业的科学技术水平起着重大作用。

在机械制造业中，大批量生产可采用各种自动机床和自动生产线来提高生产率，单件小批量生产可采用扩大各种高效数控机床的应用范围来解决。但在成批量多品种生产时，上述两种方法都不能解决其提高生产率和经济效益问题。成组加工工艺就是将结构和加工工艺相接近的零件集中在一起以扩大零件的批量，使大批量生产中行之有效的高效率工艺方法和设备可以用到成批生产中去，以达到较高的技术经济指标。

随着成组技术的发展，不仅用于金属切削加工、冲压和装配等制造工艺方面，而且在产品零件设计、工艺设计、劳动定额测定、生产管理等各个方面都得到应用。因此，把这种应用于企业生产全过程的综合性技术称为“成组技术”。

推行成组加工工艺所要进行的工作是多方面的，它包括产品设计、生产技术准备、产品加工和装配、生产组织和作业计划、材料及工具供应等方面，但它的基本内容和进行这一工作的步骤可归纳为以下几项：

(1) 对被加工零件、加工工序和设备进行分类编码。

(2) 在改进产品设计、对零件进行分类编码的基础上，即可建立零件的设计系列，以提高产品的通用化、系列化、标准化程度，这既减少了产品设计的工作量，又增加了相同或相似零件的数量，减少了零件的种类而使零件的生产批量有可能得以扩大。

(3) 建立集中在一起实行成组加工的零件组，并确定加工零件组的生产组织形式。

在对工厂产品的零件进行分类编码后，即可按编码顺序将零件列表排列，再将编码相同或接近的零件初步组成零件组，然后通过对所采用的机床设备进行负荷平衡核查，确定零件组的组成。在初步组成零件组以后，应确定每组零件中的典型综合零件和编制零件组的工艺规程，并制订按工序统计的工时分配表。

零件的相似性是零件分类的依据，从工厂生产需要出发，可侧重按照零件某些方面的相似性分类成组。如图 8.1 所示的零件，其形状相似，可合并成形状相似的零件组。图 8.2 为结构相似的零件组。图 8.3 为工艺相似的零件组。

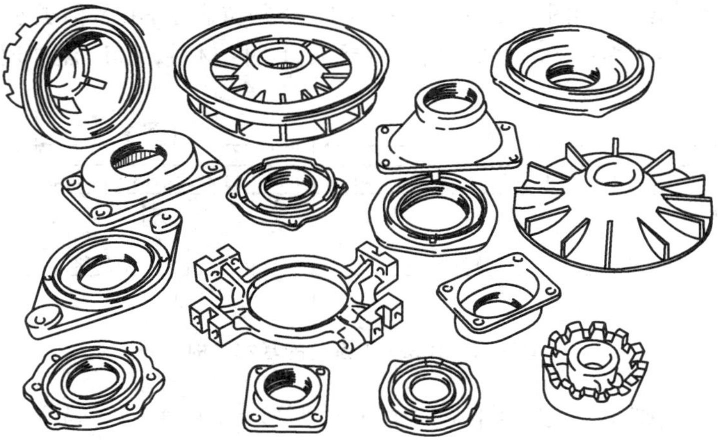

图 8.1 形状相似的零件组

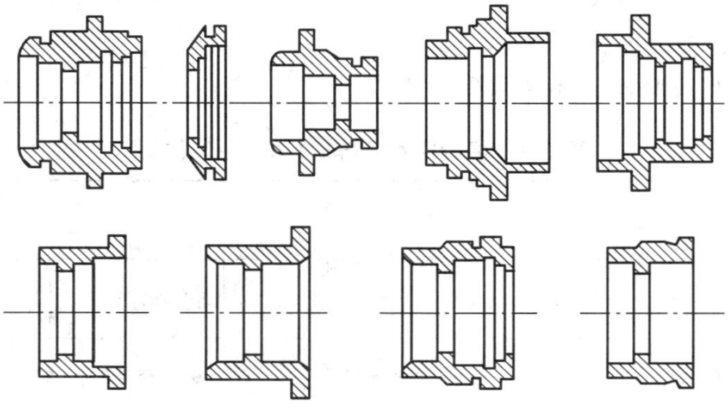

图 8.2 结构相似的零件组

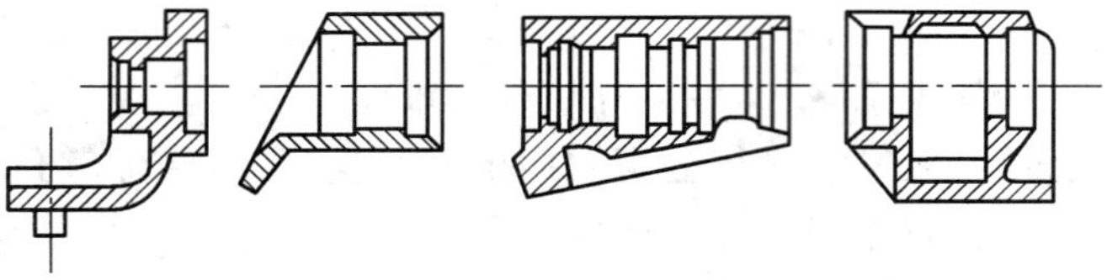

图 8.3 工艺相似的零件组

8.2.2 零件分类编码

零件分类编码就是用数字表示零件的形状特征和工艺特征，以便采用一定数列的字码来表示这些零件。目前世界各国已制订出数十种编码系统。有以零件形状结构特征为基础的编码系统，也有以加工工艺方法为基础的编码系统。数列长短包括 5～30 位字码不等。

我国原机械工业部已制订了“机械零件分类编码系统(JLBM-1 系统)”。它是在吸收国外主要编码分类系统的优点并总结我国多年来推行“机床零件编码法则(JCBM 法则)草案”经验的基础上制订的。

JLBM-1 系统的结构如图 8.4 所示。采用 15 个码位表示，由名称类别、形状与加工和辅码部分组成。提供了零件的功能、几何形状要素、尺寸、材料、毛坯、热处理、精度和部分加工信息。

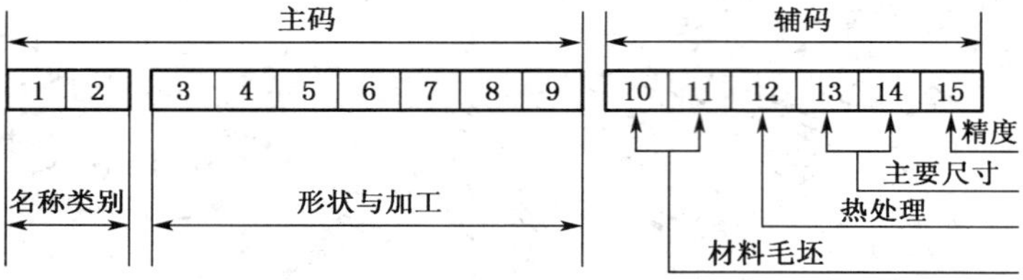

图 8.4 JLBM-1 系统的基本结构

该系统的名称类别主要反映零件的功能和主要形状，由第 1、2 码位构成，分回转类零件和非回转类零件两大类。第 3～9 位表示零件的形状与加工特征，用来说明零件外部形状及加工、内部形状及加工、平面、端面和辅助加工。辅码用第 10～15 位六个码位，表示零件的材料、毛坯、热处理、主要尺寸和精度等有关信息。其中第 15 位精度码主要反映不加工、低精度、高精度和超精度四档。

表 8.1～8.5 为 JLBM-1 系统编码分类表。

表 8.1 名称类别矩阵表(第一～二位)

第二位 第一位			0	1	2	3	4	5	6	7	8	9	
0	回转类零件	轮盘类	盘、盖	防护盖	法兰盘	带轮	手轮捏手	离合器体	分度盘 刻度盘环	滚轮	活塞	其它	0
1		环套类	垫圈片	环、套	螺母	衬套轴套	外螺纹套 直管接头	法兰套	半联轴节	油缸 气缸		其它	1
2		销、杆、轴类	销、堵 短圆柱	圆杆 圆管	螺杆 螺栓 螺钉	阀杆 阀芯 活塞杆	短轴	长轴	蜗杆 丝杠	手把 手柄 操纵杆		其它	2

续表 8.1

第一位 \ 第二位			0	1	2	3	4	5	6	7	8	9	
3	回转类零件	齿轮类	圆柱 外齿轮	圆柱 内齿轮	锥齿轮	蜗轮	链轮 棘轮	螺旋 锥齿轮	复合齿轮	圆柱 齿条		其它	3
4		异形件	异形盘套	弯管接头 弯头	偏心件	扇形件 弓形件	叉形接头 叉轴	凸轮 凸轮轴	阀体			其它	4
5		专用件										其它	5
6	非回转类零件	杆条类	杆、条	杠杆 摆杆	连杆	撑杆 拉杆	扳手	链 镶(压)条	梁	齿条	拨叉	其它	6
7		板块类	板、块	防护板 盖板、门板	支承板 垫板	压板 连接板	定位块 棘爪	导向块、 板滑块、 板	阀块 分油器	凸轮板		其它	7
8		座架类	轴承座	支座	弯板	底座机架	支架					其它	8
9		箱壳体类	罩、盖	容器	壳体	箱体	立柱	机身	工作台			其它	9

表 8.2 回转类零件分类表(第三～九位)

码位	三		四		五			六		七		八		九		
特征	外部形状及加工				内部形状及加工					平面、曲面加工				辅助加工（非同轴线孔、成形、刻线）		
项号	基本形状		功能要素		基本形状			功能要素		外(端)面		内面				
0		光滑	0	无	0		无轴线孔	0	无	0	无	0	无	0		无
1	单一轴线	单向台阶	1	环槽	1		非加工孔	1	环槽	1	单一平面 不等分平面	1	单一平面 不等分平面	1	均布孔	轴向
2		双向台阶	2	螺纹	2	通孔	光滑 单向台阶	2	螺纹	2	平行平面 等分平面	2	平行平面 等分平面	2		径向
3		球、面	3	1+2	3		双向台阶	3	1+2	3	槽、键槽	3	槽、键槽	3	非均布孔	轴向
4		正多边形	4	锥面	4	盲孔	单侧	4	锥面	4	花键	4	花键	4		径向
5		非圆对称截面	5	1+4	5		双侧	5	1+4	5	齿形	5	齿形	5	倾斜孔	
6		弓、扇形或4、5以外	6	2+4	6		球、曲面	6	2+4	6	2+5	6	3+5	6	各种孔组合	
7	多轴线	平行轴线	7	1+2+4	7		深孔	7	1+2+4	7	3+5或 4+5	7	4+5	7	成形	
8		弯曲、相交轴线	8	传动螺纹	8		相交孔 平行孔	8	传动螺纹	8	曲面	8	曲面	8	机械刻线	
9	其它		9	其它	9		其它	9	其它	9	其它	9	其它	9		

表 8.3 非回转零件分类表(第三～九位)

码位	三			四			五			六		七				八			九			
	外部形状及加工											主孔、内部形状及加工							辅助加工（辅助孔、成形）			
	总体形状			平面加工			曲面加工			外形要素加工		主孔及要素加工				内部平面加工						
0	板	无弯曲	轮廓边缘由直线组成	0		无	0		无	0	无	0			无	0		无			无	0
1	板	无弯曲	轮廓边缘由直线和曲线组成	1		一侧平面及台阶平面	1	回转面加工	回转面加工	1	外部一般直线沟槽	1	无螺纹	单一轴线	光滑、单向台阶或单向盲孔	1	主孔内	单一轴向沟槽	均布孔	单方向	圆周排列的孔	1
2	板	无弯曲	板或条与圆柱体组合	2	双向平面	二侧平行平面及台阶平面	2	回转面加工	回转定位槽	2	直线定位导向槽	2	无螺纹	单一轴线	双向台阶双向盲孔	2	主孔内	多个轴向沟槽	均布孔	单方向	直线排列的孔	2
3	条	有弯曲	轮廓边缘由直线或直线+曲线组成	3	双向平面	直交面	3		一般曲线沟槽	3	直线定位导向凸起	3	无螺纹	多轴线	平行轴线	3	主孔内	内花键	均布孔		二个方向配置孔	3
4	条	有弯曲	板或条与圆柱体组合	4	双向平面	斜交面	4		简单曲面	4	1+2	4	无螺纹	多轴线	垂直或相交轴线	4	主孔内	内等分平面	均布孔		多个方向配置孔	4
5	块		形　状	5	多向平面	二个二侧平行平面（即四面需加工）	5		复合曲面	5	2+3	5	有螺纹		单一轴线	5	主孔内	1+3	非均布孔		单个方向排列的孔	5
6	箱壳座架		有分离面	6	多向平面	2+3或3+5	6		1+4	6	1+3或1+2+3	6	有螺纹		多轴线	6	主孔内	2+3	非均布孔		多个方向排列的孔	6
7	箱壳座架	无分离面	矩形体组合	7	多向平面	六个平面需加工	7		2+4	7	齿形齿纹	7	有其它功能要素（功能锥、功能槽、球面、曲面等）		单一轴线	7		定形孔	成形		无辅助孔	7
8	箱壳座架	无分离面	矩形体与圆柱体组合	8	多向平面	斜交面	8		3+4	8	刻线	8	有其它功能要素（功能锥、功能槽、球面、曲面等）		多轴线	8		内腔平面及窗口平面加工	成形		有辅助孔	8
9			其它	9		其它	9		其它	9	其它	9			其它	9		其它			其它	9

表 8.4 材料、毛坯、热处理分类表(第十～十二位)

代码	十	十一	十二
项目	材料	毛坯原始形状	热处理
0	灰铸铁	棒材	无
1	特殊铸铁	冷拉材	发蓝
2	普通碳钢	管材(异形管)	退火、正火及时效
3	优质碳钢	型材	调质
4	合金钢	板材	淬火
5	铜和铜合金	铸件	高、中、工频淬火
6	铝和铝合金	锻件	渗碳+4 或 5
7	其它有色金属及其合金	铆焊件	氮化处理
8	非金属	铸塑成形件	电镀
9	其它	其它	其它

表 8.5 主要尺寸、精度分类表(第十三～十五位)

十三				十四			十五		
项目	主要尺寸 (mm)						项目	精度	
	直径或宽度(*D* 或 *B*)			长度(*L* 或 *A*)					
	大型	中型	小型	大型	中型	小型			
0	≤14	≤8	≤3	≤50	≤18	≤10	0	低精度	
1	>14～20	>8～14	>3～6	>50～120	>18～30	>10～16	1	中等精度	内外回转面加工
2	>20～58	>14～20	>6～10	>120～250	>30～50	>16～25	2		平面加工
3	>58～90	>20～30	>10～18	>250～500	>50～120	>25～40	3		1+2
4	>90～160	>30～58	>18～30	>500～800	>120～250	>40～60	4	高精度	外回转面加工
5	>160～400	>58～90	>30～45	>800～1 250	>250～500	>60～85	5		内回转面加工
6	>400～630	>90～160	>45～65	>1 250～2 000	>500～800	>85～120	6		4+5
7	>630～1 000	>160～440	>65～90	>2 000～3 150	>800～1 250	>120～160	7		平面加工
8	>1 000～1 600	>440～630	>90～120	>3 150～5 000	>1 250～2 000	>160～200	8		4 或 5、或 6 加 7
9	>1 600	>630	>120	>5 000	>2 000	>200	9		超高精度

零件根据上述系统分类表进行编码。下面举例说明：

〔例 8.1〕 回转类零件(图 8.5)。

〔例 8.2〕 非回转类零件(图 8.6)。

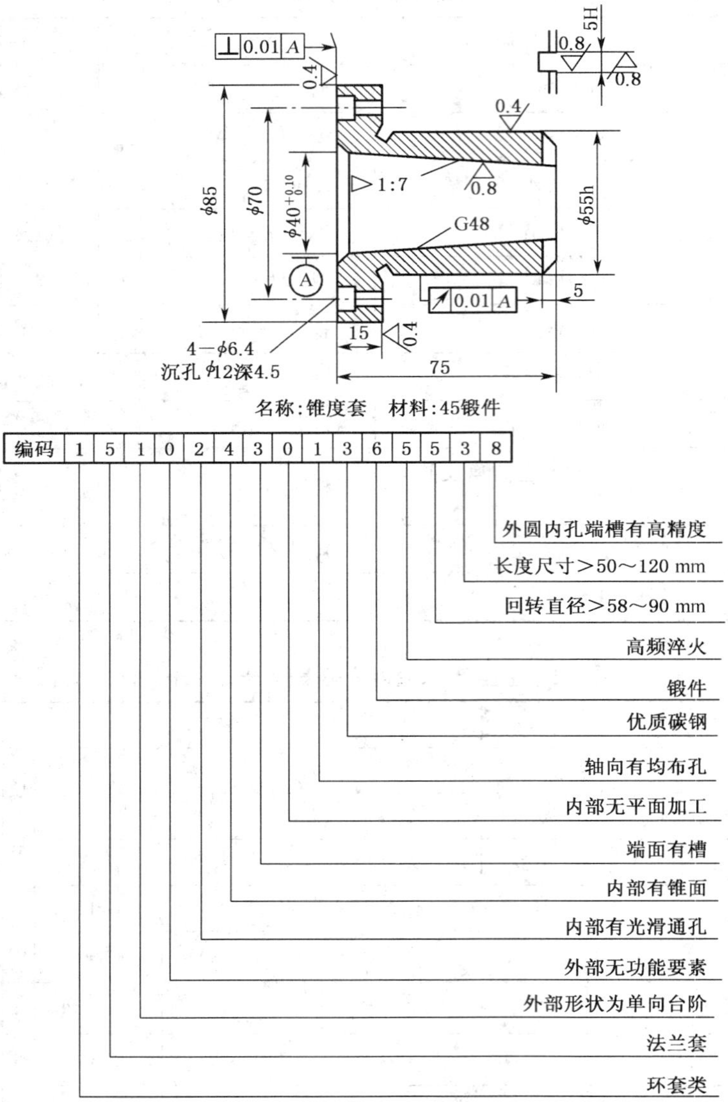

图 8.5 回转类零件

8.2.3 成组技术中的生产组织形式

成组技术中的生产组织形式，一般分为成组单机、机床单元和成组生产流水线三种形式。

1）成组单机

成组单机是成组技术中生产组织最简单的形式。它是在一台机床上实施成组技术，将一些工序相同或相似的零件组集中在一台机床上进行加工。如在转塔车床、自动车床上加工单工序零件。

这种组织形式所用的加工机床仍按原来机群式排列，所以最易实现。由于相似工件能

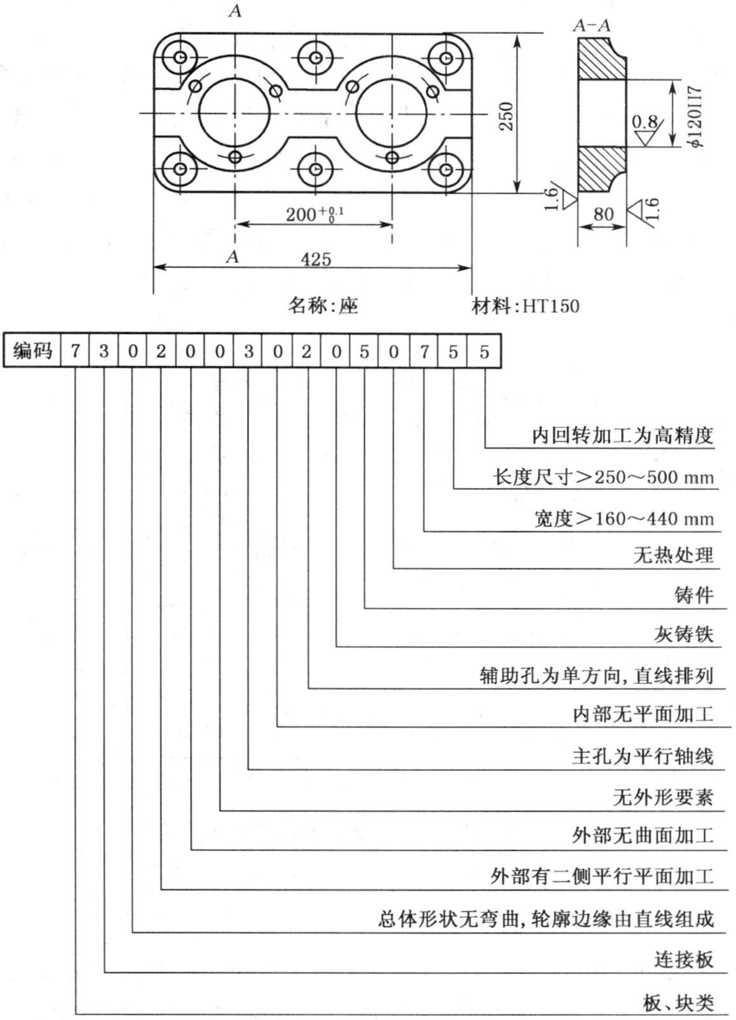

图 8.6 非回转类零件

集中加工,使生产批量增加,并减少机床调整时间,所以能提高加工生产率,取得一定的经济效果,但对较为复杂的零件,需在多台机床上加工,可能要跨小组或跨工段生产,使生产的计划管理变得十分复杂。因此,成组单机的形式不适应多工序零件的成组生产。

2) 机床单元

机床单元是为多工序零件实施成组工艺而提出的一种生产组织形式。它不仅符合成组技术对生产组织和计划管理的要求,也有利于推动企业的经济改革。

机床单元组织形式是将一组或几组工艺相似的零件的全部加工工艺过程,由相应的一组机床来完成,该组机床即构成车间的一个封闭的生产单元。

机床单元组织形式不同于传统的多品种小批量生产所采用的按“机群制”原则划分的生产工段。一个机群制生产工段难以完成多工序零件的全部加工工艺过程,而机床单元却拥有为完成一定零件组全部工艺过程所必需的机床和工人,可以成为独立的经济核算单元。

因而它可以根据承包合同,按时、按质、按量完成全部零件的加工工序,即能有效地贯彻经济责任制。因此,机床单元这种组织形式能推进企业的经济改革。

图 8.7 是传统的机群制生产工段与成组工艺单元的比较。从图中可以看出机床单元和流水生产线的形式很相似,单元内的机床基本上是按零件组统一工艺过程排列的。因此,它具有流水生产线的许多优点,但并不要求零件在工序间作单向顺序依次移动,而是允许在单元内任意流动。采用机床单元后,由于缩短了工序间的运输距离与时间,从而减少在制品的库存量、缩短零件的生产周期、降低零件的生产成本。而且由于机床单元所生产的是工艺相似的零件组,因而操作工人的技术熟练程度容易提高,加工质量也容易稳定和提高,使生产效率能显著地增长。

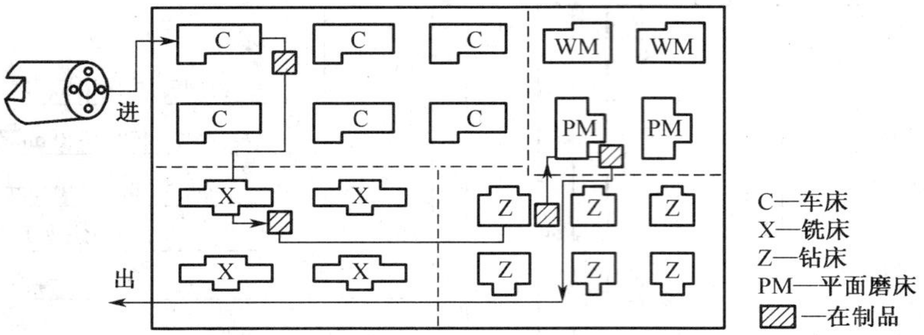

(a)

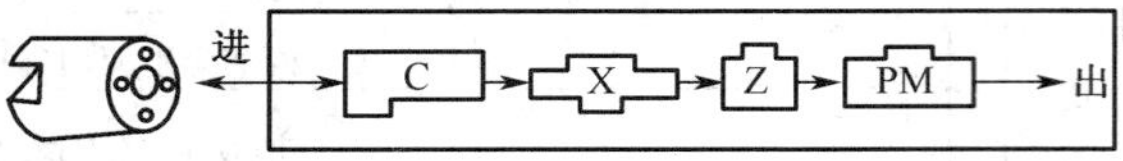

(b)

图 8.7 机群制生产工段与成组技术机床单元

(a) 传统的机群生产工段 (b) 按成组技术建立的机床单元

3) 成组生产流水线

成组生产流水线与一般生产流水线不同,这时流水线上所加工的不是一种零件而是一组零件。这组零件加工工艺相似程度很高,而且产量也较大。就组内每种零件而言,其在线上的加工节拍只是近于相等,但零件在线上的流向都是单向的,不允许反向或跳跃。它的工艺适应性比较强,对于少数产量较大工艺相似的零件,可以采用这种生产组织形式。这种成组生产流水线具有一般生产流水线所具有的大部分优点。

以上三种组织形式中,应尽量采用成组单机和机床单元这两种形式。前者适用于工序高度集中的单工序零件,后者适用于多工序零件。机床单元这种生产组织形式是走向高度自动化的柔性制造系统的基础。

8.2.4 成组技术的优越性

1) 提高生产率

由于扩大了同类型零件的生产批量,使多品种中小批生产可使用高效率的设备、工艺装备和生产组织形式,使加工周期大为缩短,从而提高生产率。

2) 保证产品质量

采用成组技术后,为零件组选择了合理的工艺方案,先进的设备和工艺装备,工作专业化程度提高，减少了人为因素的影响，所以使零件的质量稳定、可靠。

3）减少新产品的试制周期

从结构特征和工艺特征对零件进行综合分析、分组编码、制订出标准零件图册和相似零件分类图册，这些都为产品零、部件的系列化、标准化和通用化创造条件，减少新产品的设计工作量和生产准备时间，缩短新产品的试制周期。

4）有利于管理工作的现代化

成组技术对多品种中小批生产中的落后状况进行了彻底的改变。机床单元和成组生产流水线给生产管理提供了有利条件。产品零件进行编码后，为用计算机管理生产建立了基础。

8.3 数控加工工艺与编程方法

8.3.1 数控加工工艺

数控加工工艺(Numerical Control，简称 NC 工艺)，是指在计算机数控机床(CNC)或加工中心机床(MC)上加工零件的工艺，它主要适用于加工表面形状复杂、工件形状经常改变的单件和小批生产。

数控加工是把加工零件的全部过程以数字带码形式记载在控制介质(穿孔带、穿孔卡或磁带)上，通过键盘输入到数控机床的计算机中，计算机对输入的信息进行处理与运算，发出各种指令控制机床的伺服系统及其它执行元件，自动控制机床的动作顺序、运转速度、位移量和各种辅助功能(主轴转速、冷却液开关、换刀)等，加工出符合图样要求的零件，实现加工过程自动化。用数控机床加工零件的过程如图 8.8 所示。

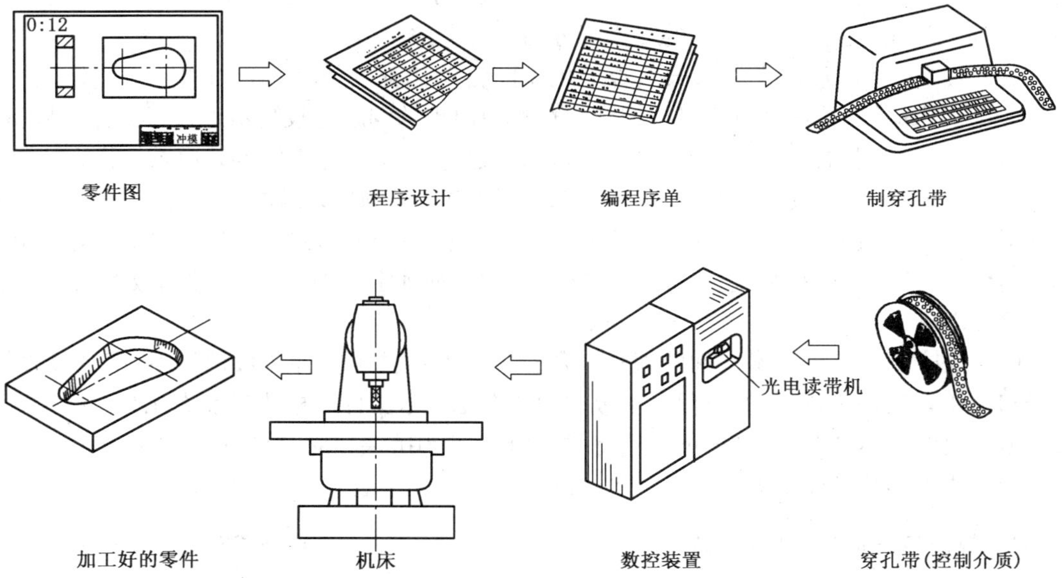

图 8.8 用数控机床加工的过程

1）数控加工工艺的特点

在各种数控机床上，加工工序高度集中，尤其在加工中心机床上具有刀具库和自动换刀装置，工件在一次装夹下可以对除定位面以外的表面进行加工，有利于保证各加工面间的相互位置精度，所以特别适合于加工中小批量形状复杂、表面相互位置精度要求高的零件。数控加工工艺的内容包括详细的切削加工步骤、工夹具型号、切削参数以及加工坐标位置的工序图等。

为了提高数控加工效率和保证质量，在编制数控加工工艺时，除了应遵循一般机械加工的工艺原则，还应考虑下列几点：

（1）采用按所用的刀具来划分工步的原则，即用同一把刀具加工完工件上所有需用该刀具加工的各个部位后，再换下一把刀具进行加工，以减少换刀次数和时间。

（2）对于同轴度要求很高的孔系，由于加工时存在重复定位误差，就不能采用上述原则。应该在一次定位后，通过顺序连续换刀、顺序连续加工完该同轴系的全部孔后，再加工其它坐标位置的孔，以保证孔系的同轴度要求。

2）数控加工工艺设计的要点

（1）数控加工工艺性分析　在设计数控加工工艺时，应从数控加工程序编制和加工的方便性角度，审查工件图样和毛坯设计是否符合数控加工工艺的各种要求。主要分析以下内容：

① 工件的尺寸标注应便于数控加工程序的编制；

② 工件的几何要素应正确描述；

③ 工件应有可靠的定位基准；

④ 工件轮廓内圆弧半径大小要合适且尽量一致。

（2）数控加工工艺路线的设计　很多情况下，数控加工并不是从毛坯到成品的整个工艺过程，而是其中的几道工序的加工，即数控加工工序穿插于工件的整个工艺过程中间。因此，在数控加工工艺路线的设计中一定要注意到数控加工工序与普通加工工序的正确衔接问题，要从工序的划分、加工顺序的安排等方面综合考虑。

（3）数控加工工序的设计　虽然数控机床的自动化程度较高，但自适应性却较差。它不像通用机床那样，在加工时可以根据加工过程中出现的问题比较自由地进行人为的调整。比如，在数控机床上加工时若工件的加工余量太大，它无法临时增加走刀次数。因此，在数控加工工序设计中必须注意加工过程中的每一个细节。否则，会因质量和设备事故造成较大的损失。数控加工工序设计的主要任务是进一步把每一道工序内的加工步骤、切削用量、刀具运动轨迹以及所用的工艺装备、定位夹紧方式等都确定下来，为正确编制数控加工程序做好充分准备。

（4）数控加工专用技术文件的编写　数控加工专用技术文件是数控加工、产品验收的依据和操作者应遵守、执行的规程。但数控加工专用技术文件的格式目前尚无统一标准，可以根据企业的具体情况来定（也可参照有关手册）。常用的主要有数控加工工序卡、数控加工程序说明卡和数控加工走刀路线图等。

8.3.2 数控机床加工程序的编制

1）编程过程

数控机床加工时所需全部信息是指工件的图样尺寸、工艺过程、工艺参数、刀具位移量与方向及其它辅助动作(换刀、夹紧和冷却等)的总和。这些信息再按规定的代码和格式编成加工程序单,然后将程序单的内容记录在控制介质上,输入到控制装置,从而控制机床的加工。这种从工件图样到制成控制介质的过程,称为数控加工程序编制。输送数控机床加工的方式有三种:一是按所编程序清单制作穿孔纸带,通过光电读带机输入;二是直接通过数控机床上的键盘输入程序;三是将程序贮在磁盘上,通过与数控机床连接的计算机调用输入。

数控编程分为手工编程和计算机自动编程两种。手工编程的步骤见图 8.9 所示,包括图样分析、制订工艺、运动轨迹的坐标计算、编写程序单,制备控制介质,再输入计算机,计算机经过翻译处理和刀具运动轨迹处理,生成刀具位置数据,再经后置处理,即可产生工件的加工程序。

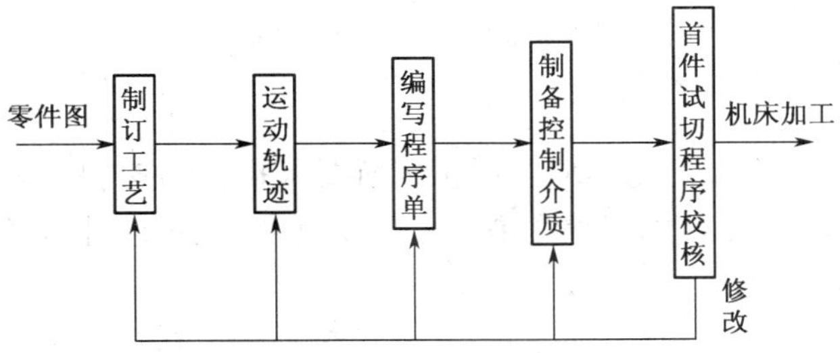

图 8.9 手工编程的一般过程

2) 数控机床坐标系

数控机床直线运动的坐标轴 X、Y、Z,按 ISO 的规定成右手直角笛卡儿坐标系。三个回转运动 A、B、C 相应地表示其轴线平行于 X、Y、Z 的旋转运动,如图 8.10 所示。该坐标系中,三坐标 X、Y、Z 的关系及其正方向用右手定则判定;围绕 X、Y、Z 各轴的回转运动及其正方向 $+A$、$+B$、$+C$,分别用右螺旋法则判断。与正方向相反的方向应用带“′”的 $+X'$、$+A'$等来表示。

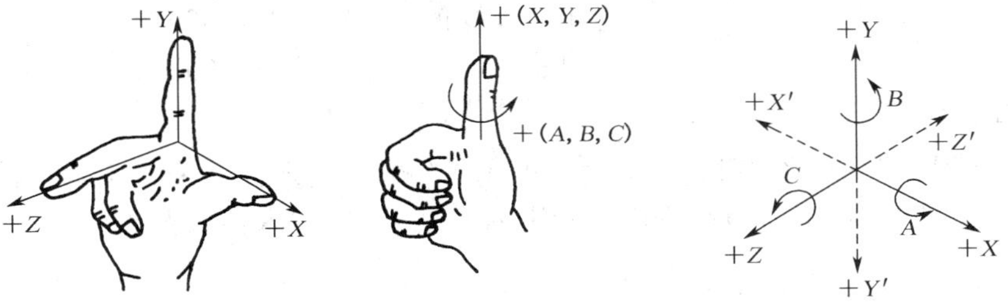

图 8.10 数控机床的右手坐标系

数控车床和数控铣床的坐标轴及其方向,见图 8.11。

在数控机床上有机床坐标系,在工件上有工件坐标系,在编制数控程序时,有编程坐标系,三个坐标系的 X、Y、Z 方向是一致的,但坐标系的零点不同。

机床零点在开机时由机床设定,设定方法各类机床都有说明。在编程时,一般是将编程零点同工件零点重合,数控机床加工前,将工件零点或编程零点用某种方式输入数控装置。机床在输入工件零点后,机床零点即不起作用,刀具即按工件坐标系运动。

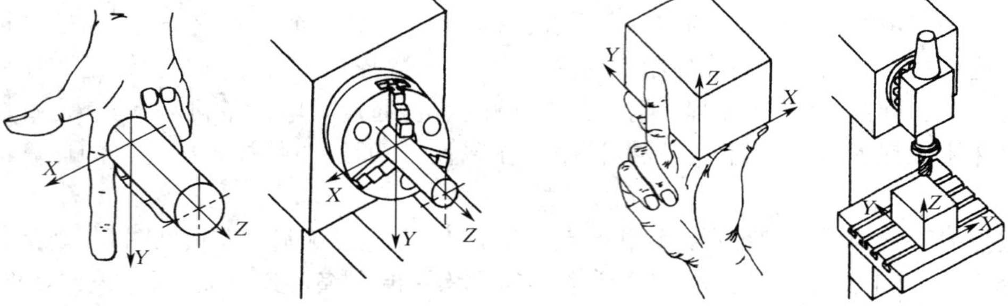

(a) (b)

图 8.11 数控机床的坐标系

(a) 数控车床坐标系 (b) 数控铣床坐标系

3）程序段格式

程序格式是指程序段书写规则，它包括机床所要求执行的功能和运动所需要的所有几何数据和工艺数据。一个工件加工程序是由若干以段号大小依次排列的程序段组成，程序段由以下代码组成：

%	程序号	000～999
N	程序段号	0000～9999
G	准备功能	00～99
S	主轴转速	00～99
T	刀具功能	00～48
M	辅助功能	00～99
F	进给速度	00～76
X、Z、Y	绝对坐标值	0～9999.9
U、W、V	相对坐标值	0～9999.9
I、K、J	圆心相对坐标值	0～9999.9
L	数据引导符	0～9999.9 或 00～99

4）编程举例

在数控车床上加工一个如图 8.12 所示的工件（精车）。*X* 坐标轴作为直径方向的坐标轴进行编程，刀具号用 T01 表示，程序开始用%01 表示，编程内容见表 8.6。

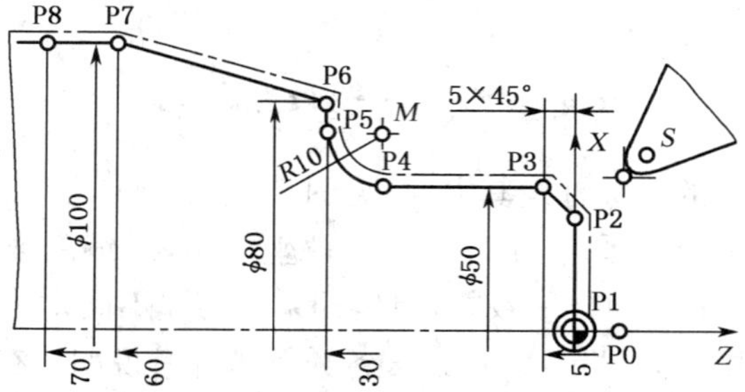

图 8.12 工件的车削

表 8.6 工件的车削(精车)

加工过程	点	数控程序
程序开始		%01
零点偏置	—	N10 G54
调用刀具,主轴右向旋转,接通冷却	—	N20 T01 M03 M07
定位,选定加工速度	P0	N30 G00 G96 X0 Z5 S200
进给(mm·r⁻¹)	P1	N40 G01 G95 Z0 F·3
设置刀具半径补偿,车端面	P2	N50 G42 X40
倒角,改变进给量	P3	N60 X50 Z-5 F·1
纵向车削,改变进给量	P4	N70 Z-20 F·3
顺时针车过渡圆角,改变进给量	P5	N80 G02 X70 Z-30 I10 K0 F·1
车端面,改变进给量	P6	N90 G01 X80 F·3
车锥面	P7	N100 X100 Z-60
纵向车削,取消刀具补偿,取消冷却	P8	N110 G40 Z-70
回到换刀点,程序结束	—	N120 G00 X105 Z90 M30

8.4 计算机辅助制造

8.4.1 加工中心

加工中心(Machining Center,简称 MC)是具有自动刀具交换系统和自动工作台交换系统的多功能数控机床,在工件一次装夹后可自动转位、自动换刀、自动调整转速和进给量、自动完成多工序的加工。

加工中心的种类很多,最主要的有用于加工箱体类零件的立式和卧式镗铣加工中心和加工回转体零件的车削加工中心。

图 8.13 为卧式镗铣加工中心,它可对工件自动进行铣、镗、钻、扩、铰及攻螺纹等多种加工。待加工的工件根据需要可安装在托盘上的随行夹具中,也可直接安装在左侧托盘交换台上。待上一个工件完毕时,工作台将托盘连同已加工完毕的工件移近右侧托盘交换台准备卸下运走。同时,左侧托盘连同待加工工件送上机床工作台进行加工。图中加工中心的自动刀具交换系统由回转刀具库和机械手组成。刀库中可容 40~80 把刀具,每把刀具都有编号,当一种刀具工作完成后,机床主轴停止转动并上升至换刀位置,主轴孔内的刀具夹紧机构自动松开,机械手即可将已用的刀具取下,换上下一种加工所需的刀具,继续进行切削加工直至工件所有表面加工完毕。

加工中心由于实现多功能的自动化和多种加工,从而可大大简化工艺设计,减少零件运输量,提高设备的利用率和生产率,并可简化和改善生产管理。此外,还可以利用其他计算机与加工中心的接口直接进行联接,将计算机中的加工信息直接输入加工中心。这种方法为实现 CAD(计算机辅助设计)、CAPP(计算机辅助工艺过程设计)和 CAM(计算机辅助制造)一体化提供了重要的条件。

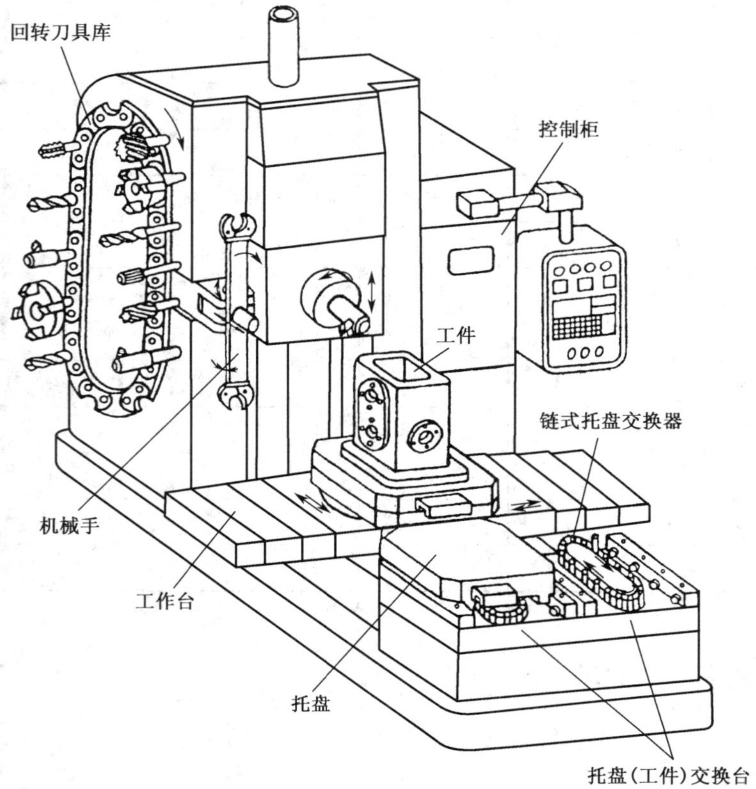

图 8.13 卧式镗铣加工中心

8.4.2 柔性制造系统

柔性制造系统(Flexible Manufacturing System,简称 FMS)是由统一的计算机控制系统(信息流)、物料(工件、刀具)和输送系统(物料流)连接起来的一组加工设备,能在不停机的情况下实现多品种、小批量零件的加工,并具有一定管理功能的自动化制造系统。

柔性加工按构成的机床台数、类型、运输方式及控制系统形式的不同,可分为柔性制造单元(FMC)、柔性自动线(FTL)和柔性制造系统(FMS)。

1) 柔性制造单元(FMC)

柔性制造单元实际上是一台扩大了工件自动装卸功能的数控加工中心或数控机床。是由一台或二、三台具有自动换刀和自动换工件功能的机床与工件储存库组成的柔性加工设备。可以独立工作也可以组成柔性的生产系统。按工件储存库容量的大小,可以实现较长时间的无人运行。图 8.14 所示为柔性制造单元的一种形式。

2) 柔性自动线(FTL)

柔性自动线是将许多台可调的加工设备,用固定(非柔性)运输路线方式的自动运输装置联接构成的生产线。这种柔性自动线可以加工多种不同的工件,适宜于工件的大批量生

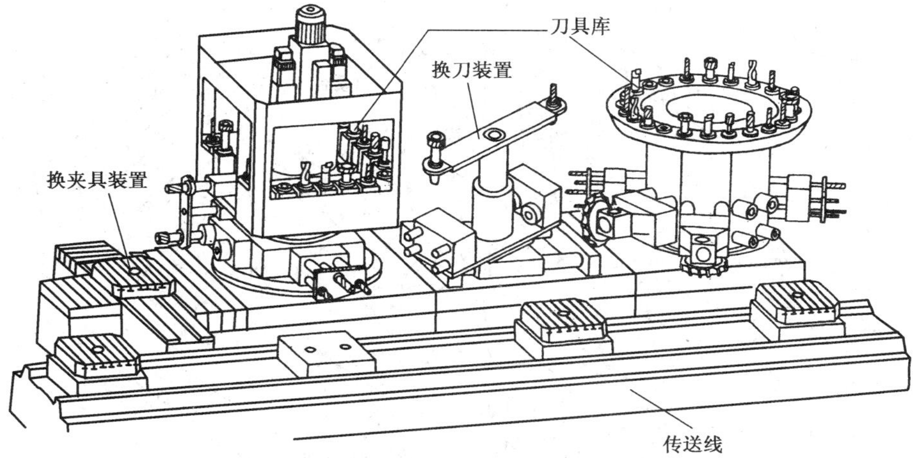

图 8.14 柔性制造单元

产。其加工设备是用专用机床(如转塔主轴箱式、可换主轴箱式、数控专用机床等)组成。图 8.15 所示为这种柔性自动线的一种形式。

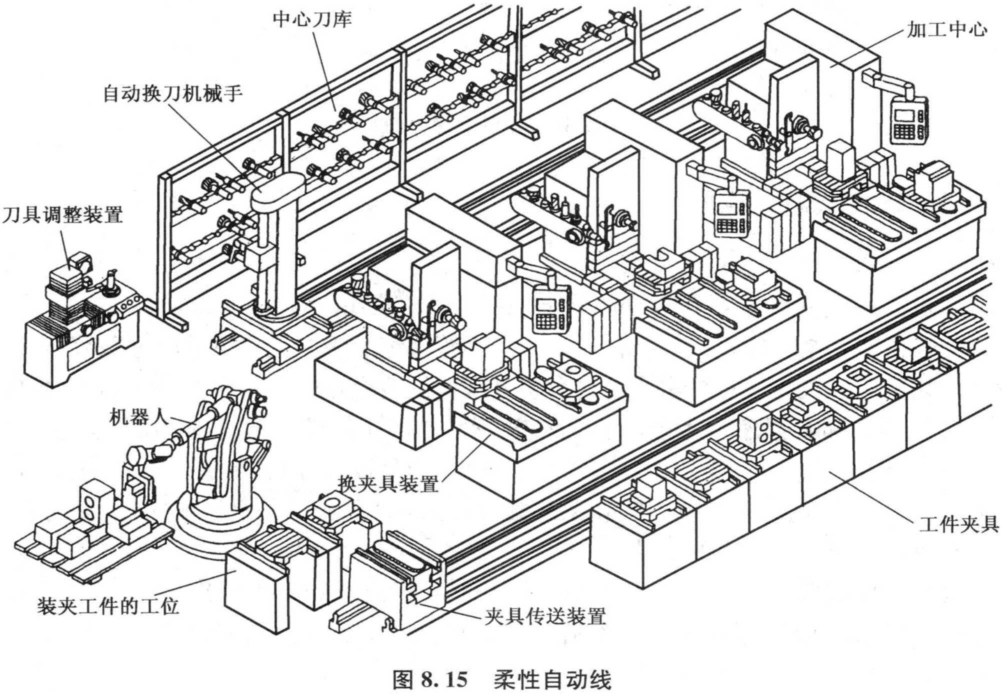

图 8.15 柔性自动线

3) 柔性制造系统(FMS)

柔性制造系统是以数控机床和加工中心为基础设备(有的还包含清洗和测量设备),通过自动化的物流系统将其联接,并统一由主控计算机进行控制和管理,没有固定节拍和采用非顺序传送的自动化加工系统。图 8.16 所示为这种柔性制造系统的一种形式。

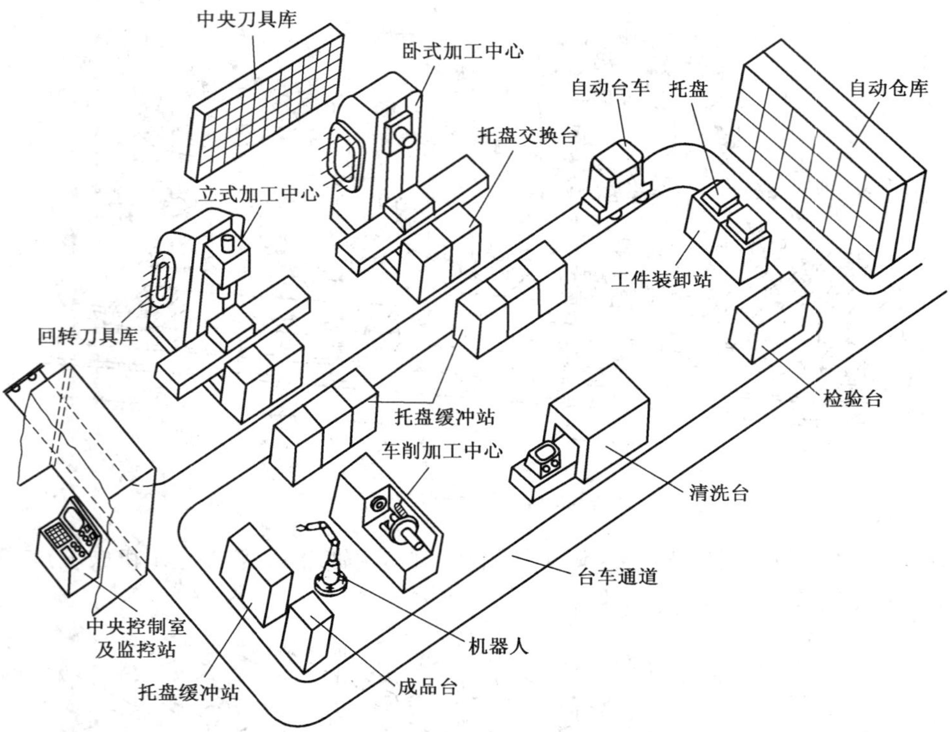

图 8.16 柔性制造系统

8.4.3 计算机集成制造系统

1）计算机集成制造系统的概念

计算机集成制造系统（Computer Integrated Manufacturing System，简称 CIMS）是由一个多级计算机控制结构，配合一套将设计、制造和管理综合为一个整体的软件系统所构成的全盘自动化生产系统。计算机集成制造系统是现代制造企业的一种生产、经营和管理模式，它以计算机网络和数据库为基础，利用信息技术（包括计算机技术、自动化技术、通信技术等）和现代管理技术将制造企业的经营、管理、计划、产品设计、加工制造、销售及服务等全部生产活动集成起来，将各种局部自动化系统集成起来，达到实现企业全局优化、提高企业综合效益和提高市场竞争能力的目的。

计算机集成制造系统包含了一个工厂的全部生产经营活动，即从市场预测、产品设计、加工制造、质量管理到售后服务的全部活动，如图 8.17 所示。它比传统的工厂自动化范围要大得多，是一个复杂的大系统。

2）计算机集成制造系统的构成和功能

计算机集成制造系统包含了一个制造工厂的设计、制造和经营管理三方面的功能，要使这三者集成起来，还要有一个支撑环境，即计算机网络和数据库。一般认为该系统由经营管理信息系统、工程设计自动化系统、制造自动化系统和质量保证系统四个应用分系统及计算机网络和数据库两个支撑分系统组成。

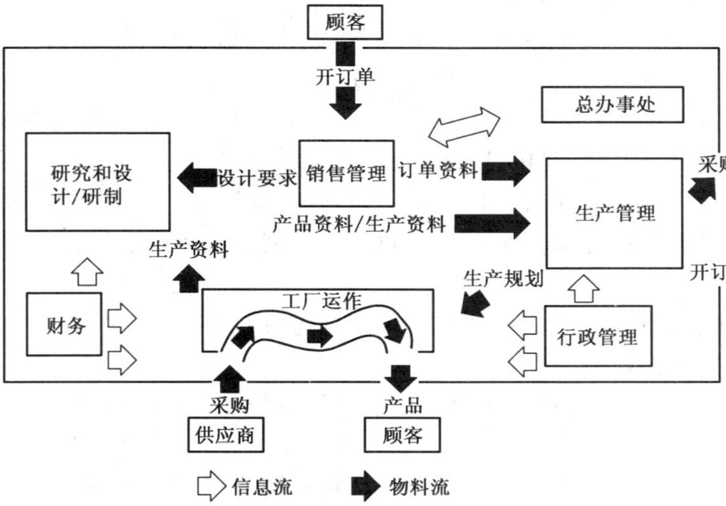

图 8.17 制造业的 CIMS 概念

(1) 经营管理信息系统 经营管理信息系统是 CIMS 的神经中枢，指挥与控制着其他各部分有条不紊地工作。它根据市场需求信息作出生产决策，确定生产计划和估算产品成本，同时作出物料、能源、设备、人员的计划安排，保证生产的正常运行。

经营管理信息系统是一个生产经营与管理的一体化系统。它把企业内的各个管理环节有机地结合起来，各个功能模块可在统一的数据环境下工作，以实现管理信息的集成，从而达到缩短产品生产周期、减少库存、降低流动资金、提高企业应变能力的作用。

(2) 工程设计自动化系统 工程设计自动化系统实质上是指在产品开发过程中引用计算机技术，使产品开发活动更高效、更优质、更自动地进行。产品开发活动包括产品的概念设计、工程与结构分析、详细设计、工艺设计以及数控编程等设计和制造准备阶段的一系列工作，即通常所说的 CAD、CAPP、CAM 三大部分。

CAD 系统应包括产品结构的设计、定型产品的变型设计以及模块化结构的产品设计。通常应具有计算机绘图、有限元分析、产品造型、图像分析处理、优化设计、动态分析与仿真、物料清单的生成等功能。

CAPP 系统可进行毛坯设计、加工方法选择、工艺路线制订、加工余量分配、切削用量选择、工序图生成以及机床、刀具和夹具的选择等功能。

CAM 系统指刀具路线的确定、刀位文件的生成、刀具轨迹仿真以及 NC 代码的生成等工作。

(3) 制造自动化系统 制造自动化系统主要是指车间生产设备和过程的控制与管理。制造自动化系统是 CIMS 的信息流和物料流的结合点，是 CIMS 最终产生经济效益的聚集地，通常由 CNC 机床、加工中心、FMC 或 FMS 等组成。

制造自动化系统在计算机的控制与调度下，按照 NC 代码将一个个毛坯加工成合格的零件并装配成部件以至产品，完成设计和管理部门下达的任务；并将制造现场的各种信息实时地或经过初步处理反馈到相应部门，以便及时地进行调度和控制。

制造自动化系统的目标可归纳为：

① 实现多品种、小批量产品制造的柔性自动化；

② 实现优质、低成本、短周期及高效率生产，提高企业的市场竞争力；

③ 为作业人员制造舒适而安全的劳动环境。

(4) 质量保证系统　在激烈的市场竞争中，质量是企业求得生存的关键。CIMS 中的质量保证系统覆盖产品生命周期的各个阶段，它由以下四个子系统组成。

① 质量计划子系统　用来确定改进质量目标，建立质量标准和技术标准，计划可能达到的途径和预计可能达到的改进效果，并根据生产计划及质量要求制订检测计划及检测规程和规范。

② 质量检测子系统　采用自动或手工对零件进行检验，对产品进行试验，采集各类质量数据并进行校验和预处理。

③ 质量评价子系统　包括对产品设计质量评价、外购外协件质量评价、供货商能力评价、工序控制点质量评价、质量成本分析及企业质量综合指标分析评价等。

④ 质量信息综合管理与反馈控制子系统　包括质量报表生成，质量综合查询，产品使用过程质量综合管理以及各类质量问题所采取的各种措施及信息反馈。

(5) CIMS 数据库系统　数据库管理系统是一个支撑系统，它是 CIMS 信息集成的关键之一。它包括各分系统的地区数据库和公用的中央数据库。在数据库管理系统的控制和管理下供各部门调用和存取。

(6) CIMS 计算机网络系统　计算机网络技术是 CIMS 又一主要支撑技术，是 CIMS 重要的信息集成工具。通过计算机通信网络将物理上分布的 CIMS 各个功能分系统的信息联系起来，以达到共享的目的。

3) 实施 CIMS 的效益

CIMS 技术追求的是综合效益或称整体效益，其中包括可以量化的经济效益和难以量化的社会效益，必须结合起来进行综合评价。由于系统高度集成，使分系统之间的配合和参数配置得以更好的优化，各种生产要素的潜力得到更大的发挥，存在于企业生产中的各种资源浪费减到最小，从而可获得更好的经济效益。

此外，实施 CIMS 以后，明显提高了企业新产品的开发能力和市场竞争能力。由于产品质量明显提高、生产率提高、生产成本下降，使产品交货期缩短、交货准时、价格合理，从而提高了企业的信誉。良好的信誉和强大的市场竞争力，可给企业带来不可量化的极大的经济效益。

习题与思考题

8.1　为什么说中批量生产的传统制造模式不适合于现代生产的需要？

8.2　什么是成组技术？制订成组加工工艺与普通零件加工工艺方法上有哪些区别？

8.3　数控机床加工工艺与常规加工工艺有什么不同？

8.4　试述柔性制造系统(FMS)的组成部分及其功能。

8.5　试述计算机集成制造系统(CIMS)的组成部分及其功能。

9 装配工艺基础

9.1 概　述

机械产品是由许多零件和部件组成的。装配是按照规定的技术要求，将若干个零件结合成部件，或将若干个零件和部件组合成产品的工艺过程。装配工作通常分为部件装配和总装配。

部件装配是将两个以上的零件组合在一起或将零件与几个组件(或称组合件)结合在一起，成为一个装配单元的装配工作。总装配是将零件和部件结合成一台完整产品的工艺过程。

机械产品装配的生产类型可分为大批大量生产、成批生产和单件小批生产三种。生产类型决定装配的组织形式、装配方法和工艺装备等。表 9.1 为各种生产类型装配工作的特点。

表 9.1　各种生产类型装配工作的特点

生产类型	大批大量生产	成批生产	单件小批生产
基本特征	产品固定，生产活动长期重复，生产周期一般较短	产品在系列化范围内变动，分批交替投产或多品种同时投产，生产活动在一定时期内重复	产品经常变换，不定期重复，生产周期一般较长
组织形式	多采用流水装配线，有连续移动、间歇移动及可变节奏移动等方式，还可采用自动装配机或自动装配线	笨重的批量不大的产品多采用固定流水装配，批量较大时采用流水装配，多品种平行投产时用多品种可变节奏流水装配	多采用固定装配或固定式流水装配进行总装，同时对批量较大的部件亦可采用流水装配
装配工艺方法	按互换法装配，允许有少量简单的调整、精密偶件成对供应或分组供应装配，无任何修配工作	主要采用互换法，但灵活运用其它保证装配精度的装配工艺方法，如调整法、修配法及合并法，以节约加工费用	以修配法或调整法为主，互换件比例较少
工艺过程	工艺过程划分很细，力求达到高度的均衡性	工艺过程的划分须适合于批量的大小，尽量使生产均衡	一般不制订详细工艺文件，工序可适当调动，工艺也可灵活掌握
工艺装备	专业化程度高，宜采用专用高效工艺装备，易于实现机械化自动化	通用设备较多，但也采用一定数量的专用工、夹、量具，以保证装配质量和提高工效	一般为通用设备及通用工、夹、量具
手工操作要求	手工操作比重小，熟练程度容易提高，便于培养新工人	手工操作比重不小，技术水平要求较高	手工操作比重大，要求工人有高的技术水平和多方面的工艺知识
应用实例	汽车、拖拉机、内燃机、滚动轴承、手表、缝纫机、电气开关	机床、机动车辆、中小型锅炉、矿山采掘机械	重型机床、重型机器、汽轮机、大型内燃机、大型锅炉

9.2 装配工作的基本内容

装配工作是机械产品制造的最后阶段，它主要包括装配、调整、检验、试验等工作。机械装配在产品制造过程中占有非常重要的地位，因为产品的质量最终是由装配工作来保证的。零件的加工质量是产品质量的基础，但装配过程并不是将合格零件简单地联接起来的过程，而是根据各级部装和总装的技术要求，通过调整、校正、平衡、配作以及反复的检验来保证产品质量的复杂过程。有时零件的加工质量虽高，但由于装配不好，会装配出质量差甚至不合格的产品。因此，必须十分重视产品的装配工作。常见的装配工作内容有以下几项：

1）清洗

机械产品装配过程中，零、部件的清洗对保证产品的装配质量和使用寿命均有重要意义。特别对于像轴承、密封件、精密配合件以及有特殊清洗要求的工件就更为重要。

清洗的目的是去除零件表面或部件中的油污及杂质。清洗的方法有擦洗、浸洗、喷洗和超声波清洗等。常用的清洗液有煤油、汽油及各种化学清洗液等。

2）联接

在装配过程中有大量的联接工作，联接的方式一般有两种：可拆卸联接和不可拆卸联接。可拆卸联接的特点，是相互联接的零件拆卸时不损坏任何零件，并且拆卸后还能重新联接在一起。常见的可拆卸联接有螺纹联接、键联接和销钉联接等，其中以螺纹联接应用最广。不可拆卸联接的特点，是被联接的零件在使用过程中是不可拆卸的，如要拆卸会损坏零件。常见的不可拆卸联接有焊接、铆接和过盈联接等，其中过盈联接多用于轴和孔的配合。过盈联接的方法有压入配合法、热胀配合法和冷缩配合法。一般机械常采用压入配合法；重要或精密机械常用热胀或冷缩配合法。

3）校正、调整和配作

在产品的装配过程中，特别在单件小批生产的条件下，为了保证部装和总装精度，常需要进行一些校正、调整和配作工作。

校正是指产品中相关零部件相互位置的找正、找平及相应的调整工作。校正在产品总装和大型机械的机架装配中应用较多。例如，卧式车床总装中，床身安装水平及导轨扭曲的校正；主轴箱主轴中心与尾座套筒中心等高的校正；床鞍移动对主轴轴心线平行度的校正，以及丝杠两端轴承轴心线和开合螺母轴心线对床身导轨不等距度的校正等。

装配中的调整工作是指相关零部件相互位置的具体调节工作。它除了配合校正工作去调节零部件的位置精度外，为保证产品中运动零部件的运动精度，还用来调节运动副间的间隙。例如，轴承间隙、导轨副的间隙，以及齿轮与齿条的啮合间隙等。

装配中的配作，通常指配刮、配研、配磨、配钻和配铰等。配刮是零部件结合表面的一种钳工加工，多用于运动副配合表面的精加工。例如，根据导轨副的要求，按床身导轨配刮工作台或滑鞍的导轨面；根据轴与滑动轴承的配合要求，按轴的外圆去配刮轴承等。运动副经配刮后可取得良好的接触刚度和运动精度。为了保证零部件间的位置精度和提高固定结合面的接触刚度，对一些重要的固定联接面也常采用配刮。配刮的生产率较低，劳动强度很高，为了提高生产率和减轻工人的劳动强度，装配时广泛采用以磨代刮，以配磨、配研代替配刮。配钻和配铰多用于固定联接，是以联接件中一件已加工好的孔作为基准，去加工另一零件上相应的孔。配钻常用于螺纹联接件；配铰是在配钻基础上再用铰刀作精加工，多用于定位销孔的加工。

4）平衡

对于转速较高、运转平稳性要求高的机械产品（如精密磨床、电动机、汽轮机和高速内燃机等），为了防止使用时出现振动，装配时对其有关的旋转零部件需进行平衡工作。

旋转件的不平衡是由于体内质量分布不均匀引起的。为消除质量分布不均匀而引起的静力不平衡和力偶不平衡，生产中有静平衡和动平衡两种方法。对于直径较大且长度较短的零件（如飞轮和带轮等），一般采用静平衡法。对于长度较长的零件（如电机转子、汽轮机转子和曲轴等），需采用动平衡法。

对旋转体内的不平衡量可采用下列方法进行校正：

（1）用补焊、铆接、胶接或螺纹联接等方法加配重量；

（2）用钻、铣、磨或锉等方法去除重量；

（3）在预制的平衡槽内改变平衡块的位置和数量。

5）验收和试验

机械产品装配调整结束后，应根据有关技术标准和规定，对产品进行较全面的检验和试验工作，验收合格后才准出厂。

例如，金属切削机床的验收和试验工作包括：机床几何精度的检验、空运转试验、负荷试验和工作精度试验等。

9.3 机械产品的装配精度

9.3.1 装配精度的概念

在设计机械产品时，不仅应根据产品的使用要求作出合理的结构设计，而且当该产品有较多部件组成时，还应确定各有关部件的相互位置精度、相对运动的零部件之间的相对运动精度。这些精度都是在产品装配时才能体现出来，故称为装配精度。

1）装配精度的种类

产品的装配精度一般包括：零部件间的距离精度、相互位置精度和相对运动精度等。

（1）距离精度

距离精度是指相关零部件间的距离尺寸精度。如车床主轴箱与尾座轴心线不等高要求，就是主轴箱和尾座两个部件对车床床身部件导轨面间的距离尺寸精度。距离精度还包括轴与轴承的配合间隙、齿轮啮合中的侧隙等，以及装配中应保证的各种间隙。

（2）相互位置精度

装配中的位置精度包括相关零部件之间的平行度、垂直度和各种跳动等。如车床溜板箱部件移动对主轴轴心线的平行度、车床主轴锥孔轴心线的径向圆跳动等。

（3）相对运动精度

相对运动精度是有相对运动的零部件在运动方向和相对速度上的精度。如车床横刀架在横向移动时对主轴轴心线的垂直度、车床车螺纹时主轴与丝杠传动速比等。

装配精度除上述精度外，还包括有齿轮啮合、锥体配合和导轨副之间的接触精度。

2）装配精度与零件精度之间的关系

产品的装配精度主要由零部件的加工精度来确定，但是零部件在加工过程中不可避免地会产生误差，这种加工误差对装配精度的影响很大，所以产品的装配过程并不是简单地将有关零部件联接起来的过程。装配过程中需要进行必要的检测和调整，有时还需进行修配。如图 9.1 所示的锥齿轮组件，锥齿轮用键固定在阶台轴上，阶台轴两端由一对圆锥滚子轴承支承并装入套内，右端用法兰盖和垫圈靠螺钉固定，并压紧圆锥滚子轴承，否则锥齿轮和阶台轴将会产生轴向窜动，而且还会影响锥齿轮的径向圆跳动。从装配尺寸要求来看尺寸 L_0 应正好为零，这样才能满足要求，但在实际工作中却很难做到。必须通过检测、调整和修配后才能达到装配要求，在设计该组件时，必须考虑到有补偿件，以便装配时调整并修配。这个补偿件便是厚度为 L_2 的垫圈，通常称为补偿垫圈，其厚度应加大以便留有补偿量（一般为 0.2 mm 左右）。装配时先不装补偿垫圈，将法兰盖用螺钉均匀压紧圆锥滚子轴承，再用塞尺测量出法兰盖与套端面之间的间隙，此间隙即为补偿垫圈的厚度，按此尺寸配磨（实际工作中应比此尺寸小 0.02～0.03 mm，以确保压紧轴承）。

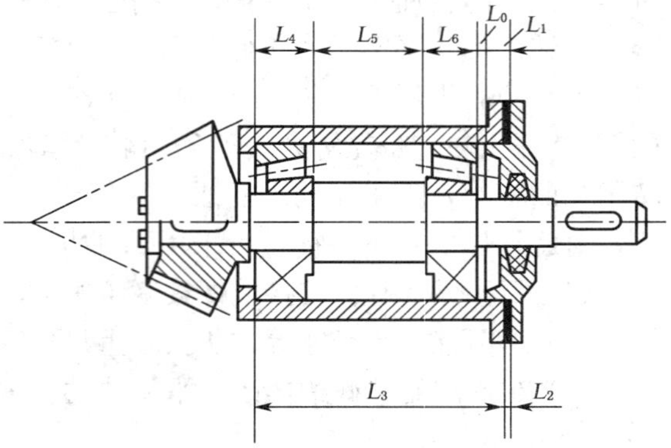

图 9.1 锥齿轮组件

上述装配组件所涉及的只是尺寸精度问题，在产品和部件的装配过程中，还会遇到相互位置精度的装配工艺问题，如平行度、垂直度等。

图 9.2 所示是为了保证铣床主轴轴心线对于工作台面平行的有关尺寸精度。与此装配技术要求有关的零件，有升降台 1、床鞍 2、底座 3、工作台 4 和床身 5 等。由于这些零件在加工中都存在一定的误差，装配时必然会影响到主轴轴心线对工作台面的平行度，如果靠提高零件的尺寸精度和形位精度来保证，显然是很不经济的，在技术上也是很困难的。在这种情况下，比较合理的办法是装配时通过检测，对某个零件进行适当的修配来保证装配精度。

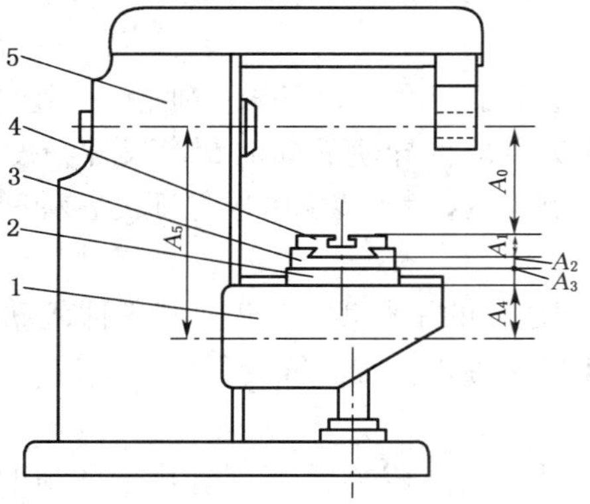

(a)

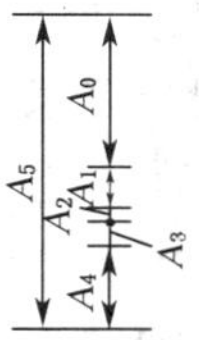

(b)

图 9.2 铣床部件平行的有关尺寸

从上述实例可以看出，产品的装配精度和零件的加工精度有很密切的关系。零件精度是保证装配精度的基础，但装配精度并非完全取决于零件的精度。装配精度的合理保证，应从零部件结构、机械加工和装配方法等全面进行综合考虑，而对装配尺寸链的分析，是对保证装配质量和降低生产成本的有效手段。

9.3.2 装配尺寸链的基本概念

装配尺寸链是产品或部件在装配过程中，由相关零部件的有关尺寸或相互位置关系所组成的尺寸链。其基本特征依然是尺寸或相互位置关系组合的封闭性，即由一个封闭环和若干组成环所构成的尺寸链呈封闭图形，如图 9.2 所示。装配尺寸链各环的定义及特征与第二章中 1.9 节工艺尺寸链相同。装配尺寸链封闭环的基本特征，仍然不具有独立变化的特性，它是装配后才形成的，多为产品或部件的装配精度指标。装配尺寸链中的组成环是指那些对装配精度有直接影响的零部件上的尺寸或相互位置关系，如图 9.2(b) 中的 A_1、A_2、A_3、A_4 和 A_5。显然 A_5 是增环；A_1、A_2、A_3 和 A_4 是减环。

9.3.3 装配尺寸链的计算方法

装配尺寸链的计算方法有：极值法、概率法、修配法和调整法四种。按极值法得到各组成环的公差最小，约为 IT9，能保证产品 100%合格。按概率法得到各组成环的公差较小，约为 IT10，能保证 99.73%的产品合格，可能有约 0.27%的产品超出预定要求，装配后要进行返修。这两种方法都用于大批量生产中。按修配法得到各组成环的公差较大，约为 IT11，装配时需将作为补偿环的零件适当修配，使产品符合要求。这种方法可以降低对各组成环零件的加工要求而大大降低了生产成本，都用于单件或小批量生产中。调整法是将作为补偿环的零件制成若干组不同的尺寸，装配时选用不同尺寸的补偿环使封闭环达到规定的要求。下面以极值法为例介绍装配尺寸链的计算方法。

1）装配尺寸链的计算公式

（1）封闭环基本尺寸

$$L_0 = \sum_{i=1}^{m} \xi_i L_i$$

式中：L_0—— 封闭环基本尺寸；

ξ_i，L_i—— 第 i 组成环的传递系数及基本尺寸；

m—— 组成环环数。

（2）封闭环中间偏差

中间偏差是指上偏差与下偏差的平均值，用符号 Δ 表示。设 ES 表示上偏差，EI 表示下偏差，则中间偏差

$$\Delta = \frac{1}{2}(ES + EI)$$

封闭环的中间偏差

$$\Delta_0 = \sum_{i=1}^{m} \xi_i \left(\Delta_i + e_i \frac{T_i}{2}\right)$$

式中：Δ_0—— 封闭环中间偏差；

Δ_i—— 第 i 组成环的中间偏差；

ξ_i—— 第 i 组成环的传递系数；

T_i—— 第 i 组成环的公差；

e_i—— 第 i 组成环的相对不对称系数。

当 $e_i = 0$ 时

$$\Delta_0 = \sum_{i=1}^{m} \xi_i \Delta_i$$

(3) 封闭环公差

计算封闭环公差时，按全部组成环公差算术相加的封闭环公差，称为封闭环极限公差，用 T_{0L} 表示。且

$$T_{0L} = \sum_{i=1}^{m} |\xi_i| T_i$$

2) 尺寸链计算示例

图 9.3(a) 所示的齿轮组件，轴固定在箱体上，齿轮在轴上回转，要求装配后的轴向间隙为 0.10 ~ 0.35 mm，已知各组成零件的尺寸分别为：$L_1 = 30_{-0.06}^{\ 0}$，$L_2 = 5_{-0.04}^{\ 0}$，$L_4 = 3_{-0.05}^{\ 0}$，$L_5 = 5_{-0.04}^{\ 0}$，求组成环 L_3 的极限偏差。

解：(1) 绘出尺寸链图（见图 9.3(b)）

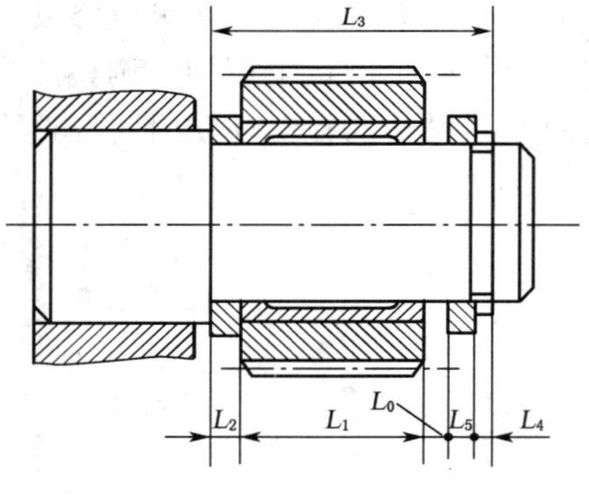

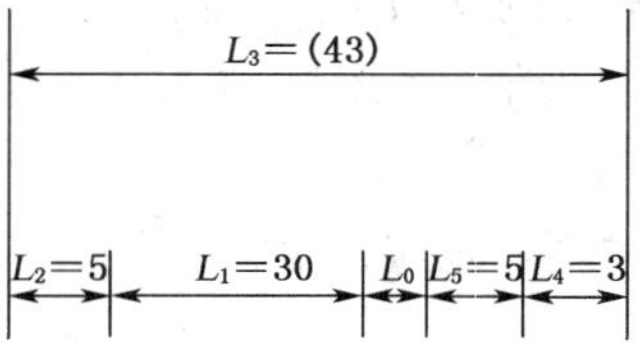

图 9.3　齿轮部件装配尺寸链

(2) 计算封闭环基本尺寸

$$L_0 = \sum_{i=1}^{m} \xi_i L_i = L_3 - L_2 - L_1 - L_5 - L_4 = 43 - 5 - 30 - 5 - 3 = 0$$

因要求装配后的轴向间隙为 0.10～0.35 mm，故

$$L_0 = 0_{+0.10}^{+0.35}$$

(3) 计算封闭环中间偏差

$$\Delta_0 = \frac{1}{2}(0.35 + 0.10) = 0.225 \text{ mm}$$

(4) 计算各组成环相应中间偏差

$$\Delta_1=\frac{-0.06}{2}=-0.03\ \text{mm} \qquad \Delta_2=\frac{-0.04}{2}=-0.02\ \text{mm}$$

$$\Delta_4=\frac{-0.05}{2}=-0.025\ \text{mm} \qquad \Delta_5=\frac{-0.04}{2}=-0.02\ \text{mm}$$

(5) 计算组成环 L_3 的中间偏差

$$\Delta_0=\sum_{i=1}^{m}\xi_i\Delta_i=\Delta_3-\Delta_1-\Delta_2-\Delta_4-\Delta_5$$

$$\begin{aligned}\Delta_3&=\Delta_0+\Delta_1+\Delta_2+\Delta_4+\Delta_5\\&=0.225+(-0.03)+(-0.02)+(-0.025)+(-0.02)\\&=0.13\ \text{mm}\end{aligned}$$

(6) 计算组成环 L_3 的极值公差

$$T_{0L}=\sum_{i=1}^{m}|\xi_i|T_i=T_1+T_2+T_3+T_4+T_5$$

$$\begin{aligned}T_3&=T_{0L}-T_1-T_2-T_4-T_5=0.25-0.06-0.04-0.05-0.04\\&=0.06\ \text{mm}\end{aligned}$$

(7) 计算组成环 L_3 的极限偏差

$$ES_3=\Delta_3+\frac{1}{2}T_3=0.13+\frac{1}{2}\times0.06=0.16\ \text{mm}$$

$$EI_3=\Delta_3-\frac{1}{2}T_3=0.13-\frac{1}{2}\times0.06=0.10\ \text{mm}$$

于是 $L_3=43^{+0.16}_{+0.10}$ mm。

9.3.4 装配方法

装配方法一般可分为:互换法、分组法、修配法和调整法。

1) 互换法

在采用互换法装配时,尺寸链中各环按规定公差加工后,不需经修配、选择和调整,就能保证其封闭环的预定精度。产品采用互换法装配时,其装配精度主要取决于零件的加工精度,实质上就是用控制零件的加工误差来保证产品的装配精度。

这种方法可以使装配工作简单,生产效率高,可组织专业化生产,而且在设备维修时,零件的更换比较方便。但这种方法要求零件的加工精度较高,因此适用于批量生产中,组成环较多而装配精度较低或组成环少而装配精度较高的装配尺寸链中。

2) 分组法

当装配精度要求很高,生产批量较大时,如滚动轴承中内外圈与滚珠的配合、连杆与活塞销的配合等,若采用互换法装配,则因零件的加工精度太高,导致加工困难和增加生产成本。采用分组法装配时,可按零件的实际尺寸分成若干组,按相应组进行装配,这时可将零件的公差适当扩大,便于加工。

例如,有一批直径为 $\phi30$ mm 轴、孔配合件,装配间隙要求为 0.005~0.015 mm,当采用完全互换法装配时，若孔的直径为 $\phi30^{+0.005}_{0}$，则轴的直径应为 $\phi30^{-0.005}_{-0.01}$，显然零件的加工精度要求很高，加工比较困难。若采用分组装配法时，可将孔和轴的直径公差均向同方向扩大三倍，使孔径为 $\phi30^{+0.015}_{0}$，轴径为 $\phi30^{+0.005}_{-0.01}$，零件加工后，对孔和轴的实际尺寸进行精密测量，并按大小分为三组，涂上不同的颜色，以进行分组装配，分组装配的结果见表 9.2。

表 9.2　轴、孔的分组偏差及配合间隙　mm

组　别	标记颜色	孔径尺寸	轴径尺寸	配合情况	
				最大间隙	最小间隙
1	白	$\phi30^{+0.015}_{+0.01}$	$\phi30^{+0.005}_{0}$	0.015	0.005
2	绿	$\phi30^{+0.01}_{+0.005}$	$\phi30^{0}_{-0.005}$	0.015	0.005
3	红	$\phi30^{+0.005}_{0}$	$\phi30^{-0.005}_{-0.01}$	0.015	0.005

利用分组装配法，既可增加零件的制造公差，又能保证装配精度。但增加了零件的检验、分组等工序，在一些组内可能会剩余一些零件。因此，分组法只适用于大批量生产中的高精度配合零件的装配。

3）修配法

在单件或小批生产中，对于产品中那些装配精度较高的多环尺寸链，各组成环先按经济精度加工，并选定其中一个组成环预留修配量，如图 9.1 和 9.3 中的补偿垫圈。装配时通过修配某一组成环的尺寸，使封闭环达到规定的精度，这种装配方法称为修配法。

例如，为保证卧式车床前后顶尖等高度的装配尺寸链（见图 9.4），要求装配尺寸精度 A_0 为 0.04 mm（只许尾座高），影响其精度的有关组成环很多，且加工都较复杂。此时，各环可按经济可行的公差制造，并选定较易修配加工的尾座底板尺寸 A_2 作为补偿环。装配时，用刮研法来修配改变 A_2 的实际尺寸，使之达到装配精度的要求。

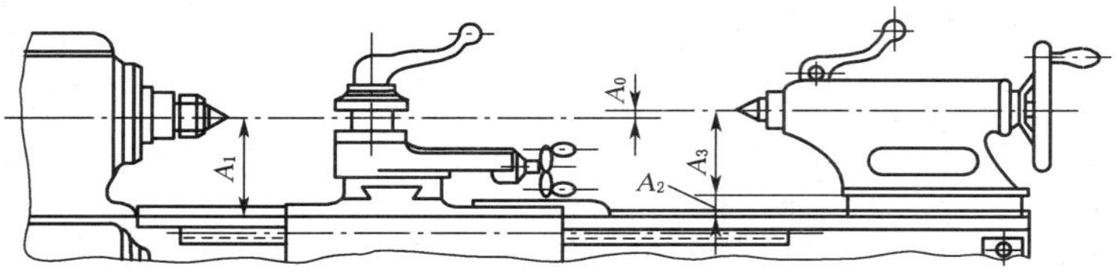

图 9.4　保证车床前后顶尖等高度的尺寸链

用修配法装配的优点是：扩大了组成环的制造公差，能够得到较高的装配精度。其缺点是：装配时增加了修配工作量和费用，生产效率低。

4）调整法

调整法与修配法基本类似，也是将组成环公差扩大，以便于零件的加工。但此法不是用切除补偿环多余的金属，而是用调整的方法来改变补偿环尺寸，以保证封闭环的精度要求。

常用的补偿件有两种：

（1）可动补偿件

可动补偿件就是在尺寸链中能改变其位置的零件，可自动或定期进行调整，可使封闭环达到规定的精度。常用的可动补偿件有螺钉、螺母、锥体、偏心体和弹性件等。图 9.5(a)所示为利用螺纹的端盖定期地调整轴承所需的间隙；图 9.5(b)所示为利用弹簧来消除间隙的自动补偿装置。

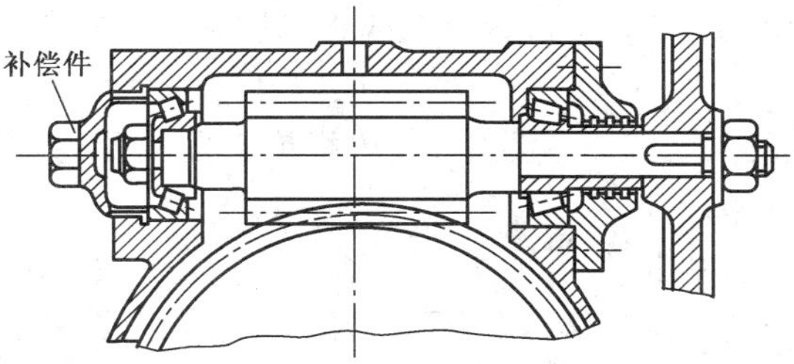

(a)

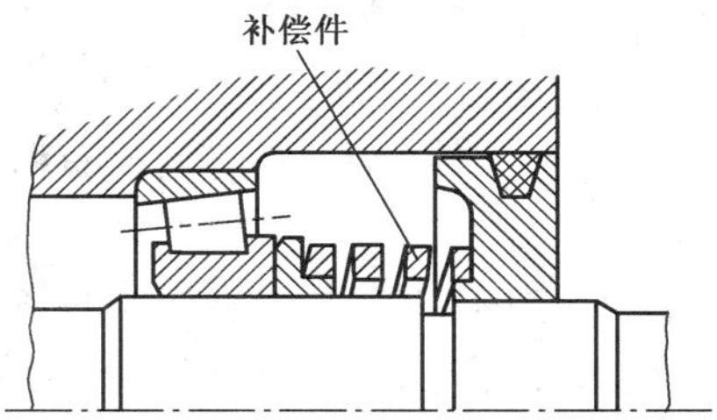

(b)

图 9.5 补偿装置

(a) 定期调整补偿 (b) 自动补偿

(2) 固定补偿件

固定补偿件是按一定尺寸制成的，以备装配时选用的专用零件。装配时可选择其不同的尺寸，即可使封闭环达到规定的精度，如图 9.6 所示，两固定补偿件用于使锥齿轮处于正确的啮合位置。装配时，根据所测得的实际间隙大小，选择合适的补偿环尺寸，即可使锥齿轮啮合间隙增大或减小到所要求的范围。

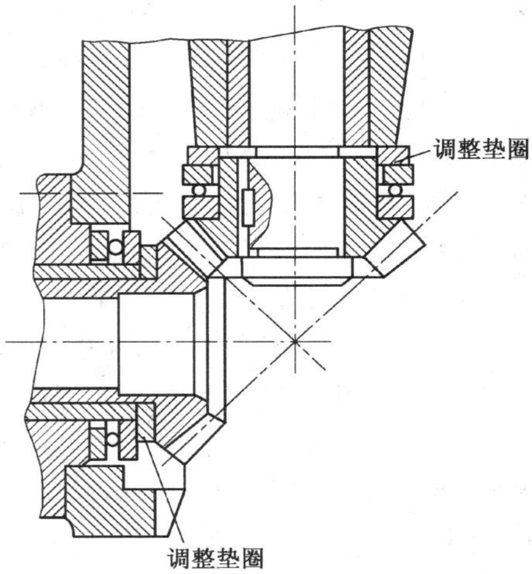

图 9.6 锥齿轮啮合间隙的调整

用调整法装配的优点是：加大了组成环的尺寸公差，容易制造；改变补偿环能使封闭环达到任意精度；装配时不需修配；使用过程中可以更换补偿环以恢复原有精度。缺点是：要增加补偿件备用数量；补偿时有时使配合件的刚度受到影响。

9.4 装配工艺规程的编制

1) 编制装配工艺规程的准备工作

(1) 研究产品图样和装配时应满足的技术要求；

(2) 分析产品结构和装配精度有关的装配尺寸链，合理分配各环节的精度；

(3) 将产品分解为各个可以独立进行装配的部件，便于组织装配工作的实施；

(4) 根据工厂条件，制订合理的装配程序，选定装配基准件或部件，以保证装配质量，并避免不必要的重复拆装；

(5) 选择合理的装配工艺，如过盈联接采用压入配合还是用热胀(或冷缩)配合，校正时采用哪种方法，滚动轴承的间隙如何调整等；

(6) 编制装配工艺卡片，划分装配工序，确定各工序的具体工作内容，并根据需要绘制装配工艺系统图；

(7) 设计制造装配过程中必需的专用工、夹、量具，规划吊装和运输方法，安排工作场地，劳动组织及安全措施；

(8) 对于某些特殊产品，要考虑特殊措施，如装配精密仪器和高精度机床时，工作场地应单独安排，远离切削加工机床。并按实际需要，准备恒温、防湿、隔振、防尘等措施。

2）装配工作的注意事项

（1）所有零件必须在检验合格后，才能进入装配。过盈配合、单配或选配的零件，在装配前应对有关尺寸严格进行复验，并作好配套标记；

（2）注意倒角和消除毛刺，防止零件表面受到损伤；

（3）选好清洗液及清洗方法，将零件清洗洁净，精密零件尤应仔细清洗，并注意干燥和防锈；

（4）注意机座或机床床身的安装水平，防止因重力或紧固变形而影响总装精度；

（5）零部件的装配程序，一般是先下后上、先内后外、先难后易、先精密后一般、先重大后轻小。并根据具体情况考虑先后顺序，使装配和调整工作能顺利进行；

（6）要注意运动部件的相互关系，如机床导轨副的配刮或配磨，轴与滑动轴承间的间隙，变速和变向机构要操纵灵活等；

（7）选定合适的调整环节，以便调整或修配达到要求的精度；

（8）应安排必要的检验工序，特别对产品质量和性能有影响的工序之后，一定要安排检验工序，检验合格后才可进行后面的装配工序；

（9）重型产品一般在制造厂总装、调试和试运转以后再拆成部件运出厂，然后在使用场地安装成为整机。为保证现场装配能顺利进行，对部件装配的质量要求、检验项目及精度标准等应予严格控制；

（10）电线、液压管、润滑油管的安装工序应合理安排。

3）制订装配工艺规程所需的资料

（1）产品的总装图和部件的装配图　产品装配图应清楚地表示出所有零件的相互联接情况，重要零部件的联系尺寸，配合零件间的配合性质和精度，装配的技术要求，零件和标准件的明细表等；

（2）产品验收技术条件　主要规定产品技术性能的检验、试验工作的内容和方法；

（3）产品的生产纲领；

（4）现有生产条件。

4）制订装配工艺的方法与步骤

（1）研究产品装配图和验收技术条件

制订装配工艺时，首先要仔细研究产品的装配图及验收技术条件，分析产品各部件的具体结构，产品及各部件的装配技术要求，确定保证产品装配精度的方法，以及产品试验的内容和方法等。

（2）划分装配单元

装配单元的划分，是从工艺角度出发，将产品分解成可以进行独立装配的单元，以便组织装配工作实现平行或流水作业。

装配单元包括零件和部件，零件是组成产品的最基本单元，将若干零件结合成产品的一部分即为部件。

（3）绘制装配系统图

装配系统图有多种形式，对于结构简单，零、部件较少的产品可只绘制产品装配系统图。对于结构复杂，零、部件很多的产品，可按装配单元绘制装配单元系统图。图 9.7 为常见装配系统图的形式。

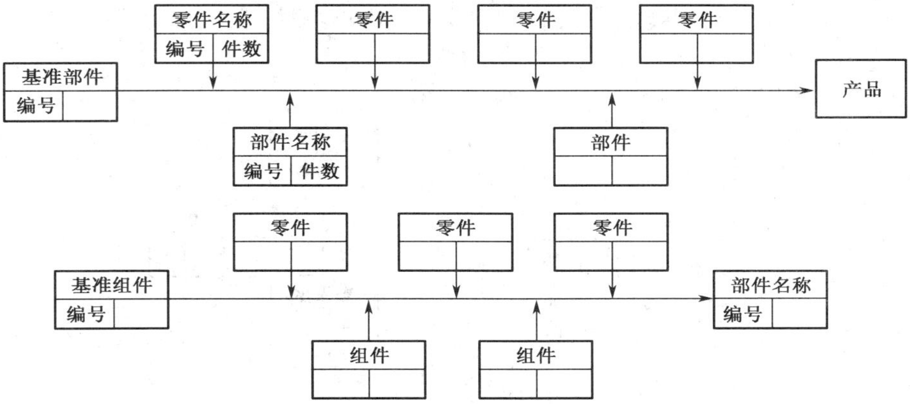

图 9.7 装配系统图

(4) 划分装配工序

根据装配系统图上的装配顺序，将装配工艺过程划分为若干工序，并确定各工序的工作内容、所需设备、工夹具和工时定额等。装配工序还应包括检验和试验工序。

(5) 制订装配工艺卡片

在单件小批生产时，通常不制订装配工艺卡片，工人按装配图和装配系统图进行装配。成批生产时，应根据装配系统图分别制订部装和总装的装配工艺卡片。卡片的每一工序内应简要地说明工序的工作内容、所需设备和工夹具的名称及编号、工人技术等级、时间定额等。

下面以锥齿轮组件为例，说明其装配工艺卡片的编制过程。图 9.8 为减速器中锥齿轮组件的装配图，由于整个锥齿轮组件的外径都小于减速器箱体孔，故可以作为独立的装配单元进行单独组装后，再将整个组件装入箱体中。图 9.9 为该组件的装配顺序示意图，其装配单元系

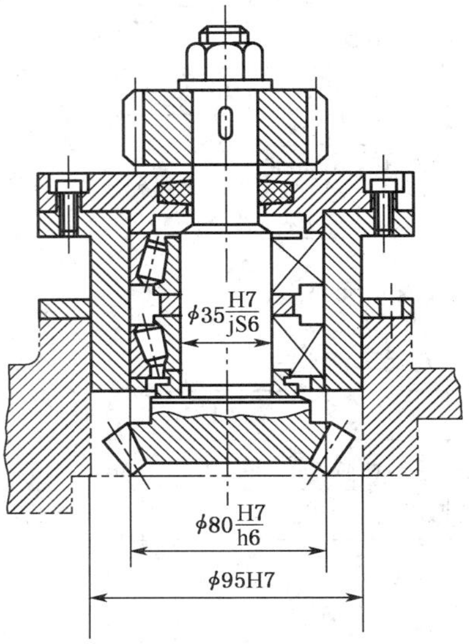

图 9.8 锥齿轮组件

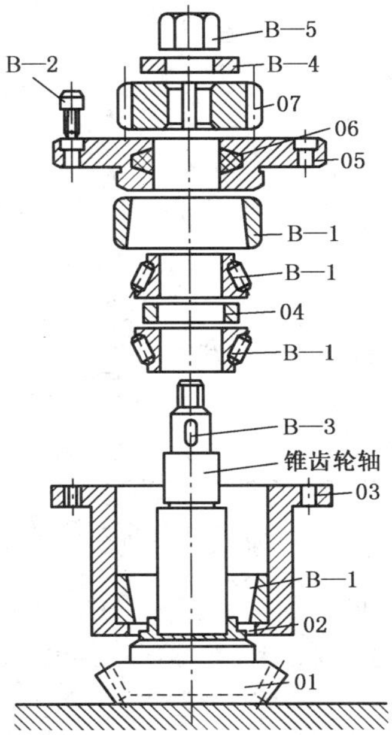

图 9.9 锥齿轮组件装配顺序

统图如图 9.10 所示。根据装配单元系统图、装配图和装配技术要求，可制订出锥齿轮组件的装配工艺卡片（表 9.3）。

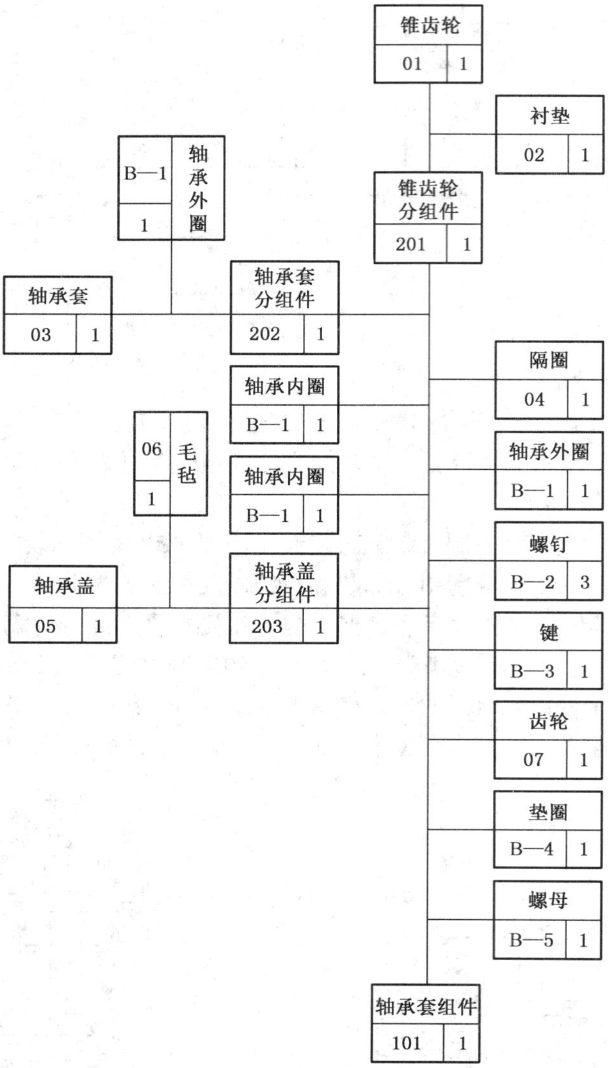

图 9.10 锥齿轮组件装配单元系统图

表 9.3 锥齿轮组件装配工艺卡片

（工厂名称）		装配工艺卡片	产品型号		部件图号		共 1 页
			产品名称	减速器	部件名称	锥齿轮组件	第 1 页
工序号	工序名称	工 序 内 容	装配部门	设备及工艺装备		辅助材料	工时定额
10	组装	分组件装配：锥齿轮与衬垫的装配 1. 以锥齿轮轴为基准，将衬套套装在轴上					
20	组装	分组件装配：轴承盖与毛毡的装配 1. 将已剪好的毛毡塞入轴承盖槽内		锥度心轴			

续表 9.3

(工厂名称)	装配工艺卡片	产品型号		部件图号		共 1 页
		产品名称	减速器	部件名称	锥齿轮组件	第 1 页
工序号	工序名称	工　序　内　容	装配部门	设备及工艺装备	辅助材料	工时定额
30	组装	分组件装配:轴承套与轴承外圈的装配 1. 用专用量具分别检查轴承套孔及轴承外圈尺寸 2. 在配合面上涂上机油 3. 以轴承套为基准,将轴承外圈压入孔内至底面		压力机 塞规、卡板		
40	部装	轴承套组件装配 1. 以锥齿轮组件为基准,将轴承套分组件套装在轴上 2. 在配合面上加油,将轴承内圈压装在轴上,并紧贴衬垫 3. 套上隔圈,将另一轴承内圈压装在轴上,直至与隔圈接触 4. 将另一轴承外圈涂上油,轻压至轴承套内 5. 装入轴承盖分组件,调整端盖处的垫圈使轴承间隙符合要求后,拧紧三个螺钉 6. 安装平键,套装齿轮、垫圈,拧紧螺母,注意配合面加油 7. 检查锥齿轮转动的灵活性及轴向窜动		压力机		

					编制(日期)	审核(日期)	会签(日期)	批准(日期)
标记	处所	更改文件号	签字	日期				

9.5 磨床头架的装配工艺过程

9.5.1 磨床头架结构分析

头架由底座、体壳、主轴及其传动装置等组成。头架体壳在底座上可沿逆时针方向回转 0°～90°之间的任意角度,并由 T 形螺钉固定。

头架主轴在工作时直接支承工件,因此,主轴及其轴承应具有较高的回转精度和刚度。如图 9.11 所示,头架主轴 4 装在前后两组角接触球轴承上,它们都采用面对面的排列方式,即轴承外圈的狭边相对。通过修磨隔圈 2、3 和 5,使轴承预紧。头架主轴轴承实现预紧的方法是修磨内、外隔圈,使内隔圈宽度稍大于外隔圈宽度,然后在装配时,从轴向把轴承外圈压紧,使轴承内外圈之间发生轴向相对位移,将滚珠与内外圈滚道压紧。滚动轴承经压紧后,不仅消除了轴承中原来存在的间隙,而且还在接触处产生微量弹性变形,使轴承的旋转精度和刚度都有所提高。但应注意预紧力不能过大,否则会使轴承发热并增加磨损,寿命将显著下降,该磨床头架主轴轴承的预紧力规定为 98 N。

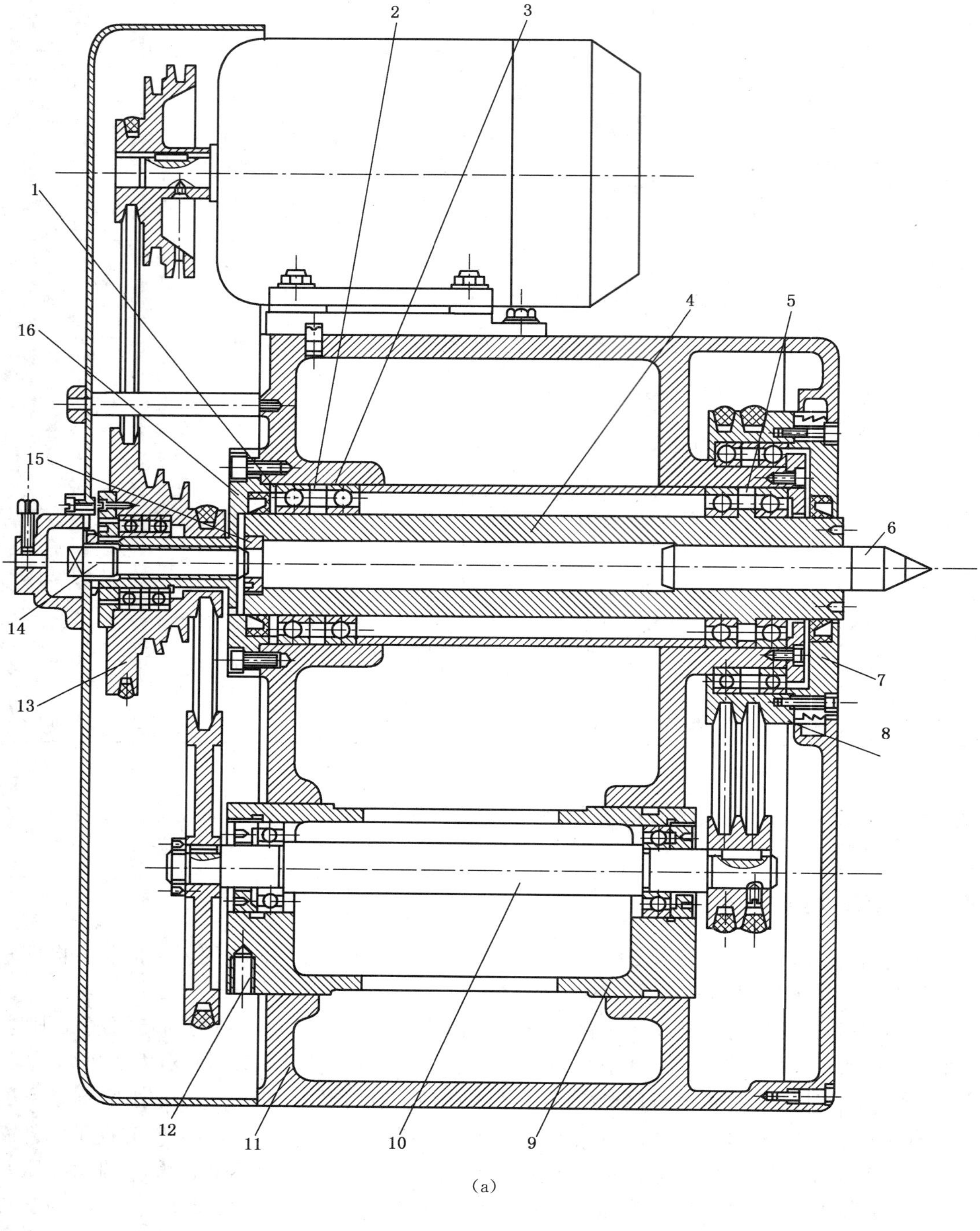

(a)

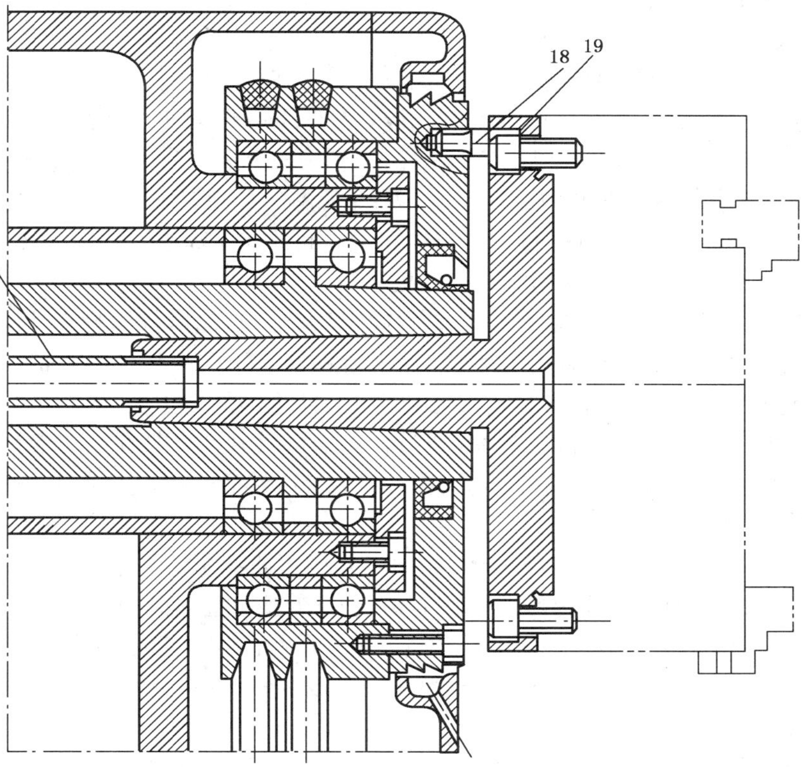

(b)

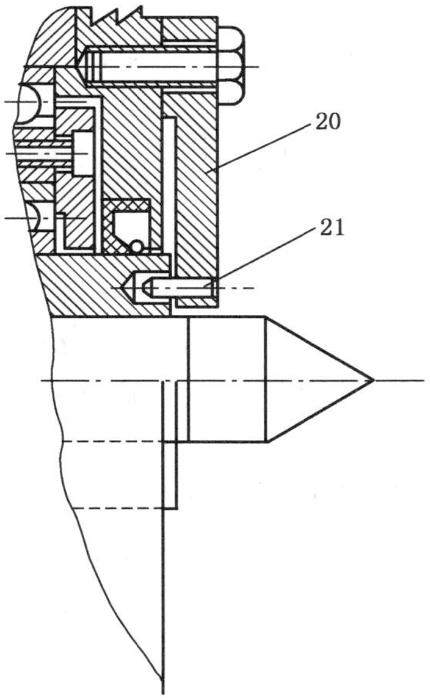

(c)

图 9.11 头架主轴部件

主轴的轴向定位由前支承中的两个轴承实现，作用在主轴上的轴向力，通过轴承外圈、套筒、补偿垫圈 1 和法兰盘 16 传至体壳 11。

主轴前端有精密的 4 号莫氏锥孔，用于安装前顶夹或其它夹具。

为防止因采用带传动而使主轴弯曲变形，V 带轮 8 和 13 均采用卸荷装置。V 带轮 8 用两个滚动轴承安装在头架体壳 11 上；而 V 带轮 13 则用两个滚动轴承安装在法兰盘 16 上。

中间轴 10 装在偏心套 9 内的轴承上，两端都装有 V 带轮。用一端带螺纹的铁棒旋入螺孔 12 中，转动偏心套 9，可调整主轴与中间轴之间的 V 带张紧力。电动机带轮与带轮 13 之间的 V 带张紧力，可通过移动电动机底板进行调整。

用顶尖装夹工件进行磨削时，主轴必须固定不转。为此可拧紧螺钉 14，使其顶紧主轴后端的摩擦圈 15，将主轴制动。此时工件由装在拨盘 7 上的拨杆经夹头带动旋转。

用卡盘装夹工件进行磨削时，需拧松螺钉 14，使主轴能自由转动。此时将法兰盘 19 的锥柄装入主轴锥孔中，用拉杆 17 拧紧，通过拨盘上的拨杆 18，即可带动卡盘和主轴一起旋转，如图 9.11(b)。需卸下卡盘时，应先拧松拉杆 17，然后在拉杆尾部敲击一下，再拧下拉杆，即可卸下卡盘。

如果工件本身具有 4 号莫氏锥体（如顶尖），则可直接插在主轴锥孔中，同时装上拨块 20，通过圆销 21 带动主轴旋转，如图 9.11(c)，但此时应注意，必须拧松螺钉 14。

根据头架结构，可划分为主轴系统组件、中间轴和偏心套组件、卸荷 V 带轮组件和拨盘带轮组件几个独立装配单元。在装配过程中，可先将各组件单独装配，然后将各组件装在体壳内进行部件装配。

9.5.2 头架的装配技术要求

1) 头架主轴精度

用 4 号莫氏量棒插入主轴锥孔，用千分表测量。

(1) 径向圆跳动

要求近主轴端处小于等于 0.007 mm；离主轴端 150 mm 处小于等于 0.01 mm。

(2) 轴向窜动

要求小于等于 0.005 mm。

2) 前后轴承的装配要求

主轴前后两组角接触轴承，须用工具预加负荷，负荷为 98 N，测量出轴承内外圈高度差，研配内外隔圈，要求隔圈的平行度误差小于 0.003 mm。

3) V 带轮装配要求

各相对 V 带轮的槽应对齐，要求误差不大于 1 mm。

4) V 带装配要求

主轴前后三条 V 带(A787)的长度应选择一致，调整后松紧适当。

9.5.3 组件装配

1) 主轴系统组件装配

(1) 零件清洗和整修；

(2) 用千分尺测量主轴轴肩厚度，如图 9.12 所示；

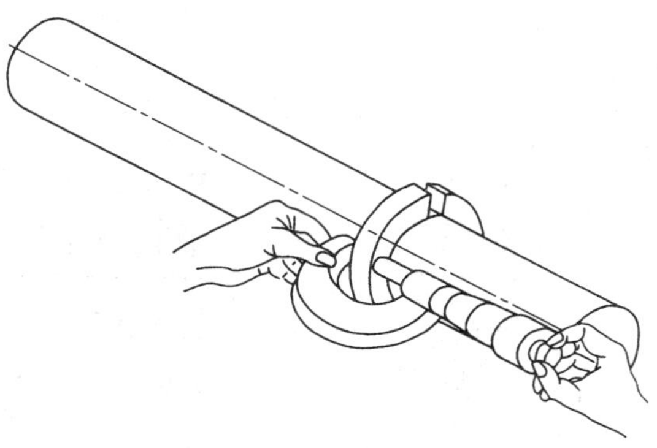

图 9.12 用千分尺测量主轴轴肩厚度

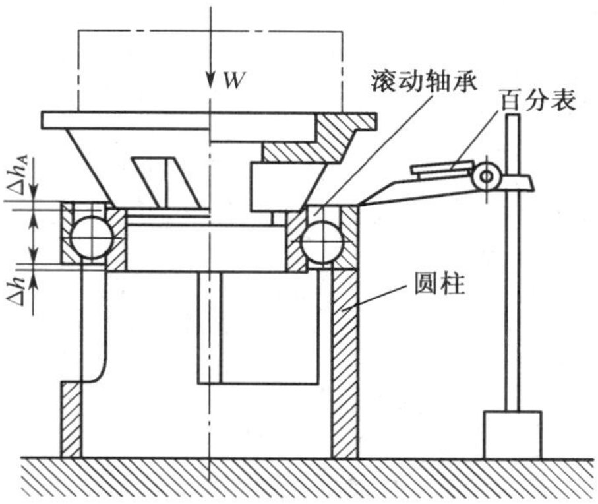

图 9.13 用预加负荷测量轴承端面差

(3) 用测量工具和杠杆式百分表测量轴承端面差，测量时，须加重为 98 N 的预加负荷，如图 9.13 所示，并将测量结果用电笔或用硫酸铜溶液写在轴承表面；

(4) 根据测量数据配磨内外隔圈；

(5) 在研磨平板上研磨内外隔圈平面，要求两面的平行度误差在 0.003 mm 内；

(6) 将角接触球轴承、内外隔圈和中间套按顺序装在主轴上，见图 9.14。

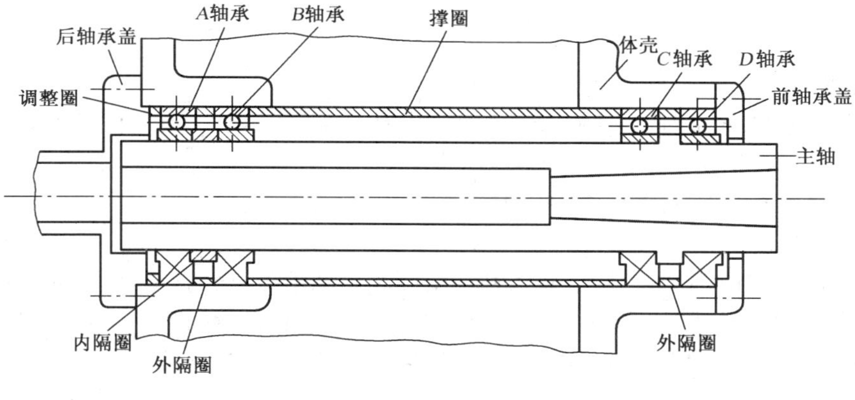

图 9.14 磨床头架主轴系统组装

2) 中间轴和偏心套组件装配(图 9.15)

(1) 零件清洗和整修；

(2) 修配中间轴两端和 V 带轮的键槽，配入平键，键与键槽应配合紧密，不可有明显间隙，但不能太紧，双手稍用力即能将带轮拉出；

(3) 试装中间轴左端圆螺母和偏心套孔的两螺纹端盖。要求用锁紧扳手拧紧到底，若发现螺纹配合太紧或拧不动时，可用三角锉刀修锉外螺纹，

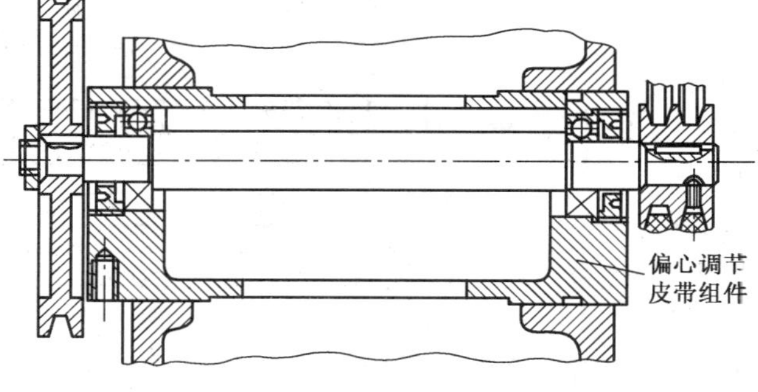

图 9.15 中间轴和偏心套组件装配

或用铜棒轻轻敲击，边敲边拧；

(4) 在右端 V 带轮螺孔中装入钻套，配键一起装入中间轴上，用钻头在中间轴上钻出定位窝；

(5) 将滚动轴承压入中间轴两端，涂上润滑脂后装入偏心套孔内，再装入两端螺纹端盖；

(6) 装两端 V 带轮，分别用圆螺母和紧定螺钉固定。

3) 卸荷 V 带轮组件装配(图 9.16)

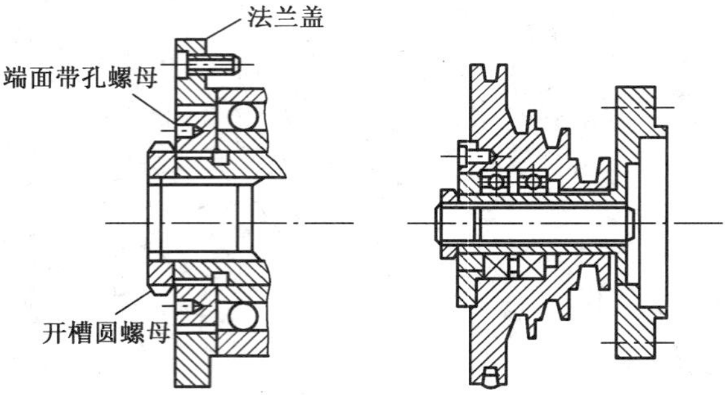

图 9.16 卸荷 V 带轮组件装配

(1) 零件清洗和整修；

(2) 在法兰盘左端试装开槽圆螺母、端面带孔螺母和螺杆，若螺纹配合太紧，应作修整；

(3) 将 V 带轮套在法兰盘上，用弹性挡圈装拆钳装入弹性挡圈；

(4) 将滚动轴承和内外隔圈装入 V 带轮孔内，装上端盖和圆螺母；

(5) 把螺杆旋入法兰盘螺孔中，并装上开槽圆螺母。

9.5.4 头架部件装配

1) 零件清洗和整修

2) 装主轴前端 V 带轮

将一组滚动轴承和内外隔圈装入 V 带轮孔内的 V 带轮组件，压入体壳上。

3) 装主轴系统组件

将主轴系统组件压入体壳主轴孔中，如图 9.17(a)所示。

4) 装前、后轴承盖

先用螺钉固定前轴承盖、后端装入补偿垫圈和后轴承盖，均匀拧紧螺钉使后轴承盖与体壳端面平行，因补偿垫圈较厚，轴承盖与体壳端面间一定有较大间隙。用塞尺测量出间隙大小(图 9.18)，然后拆下轴承盖，配磨补偿垫圈后再装配，见图 9.17(b)。

5) 配磨补偿垫圈

磨削量应比测量间隙小 0.02～0.03 mm，使后轴承盖能保证压紧补偿垫圈和轴承外圈，补偿垫圈两平面的平行度误差应控制在 0.003 mm 内。

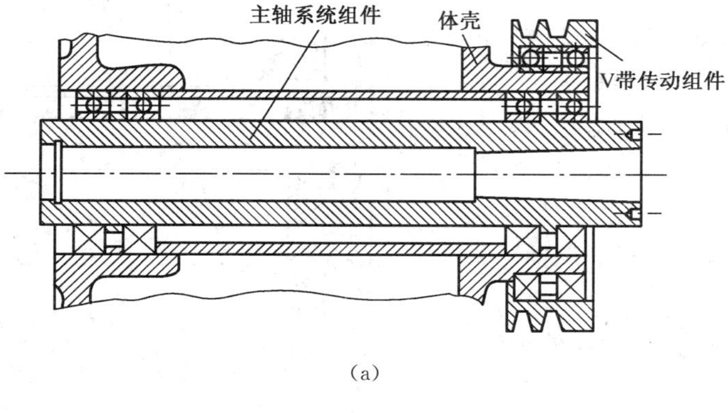

(a)

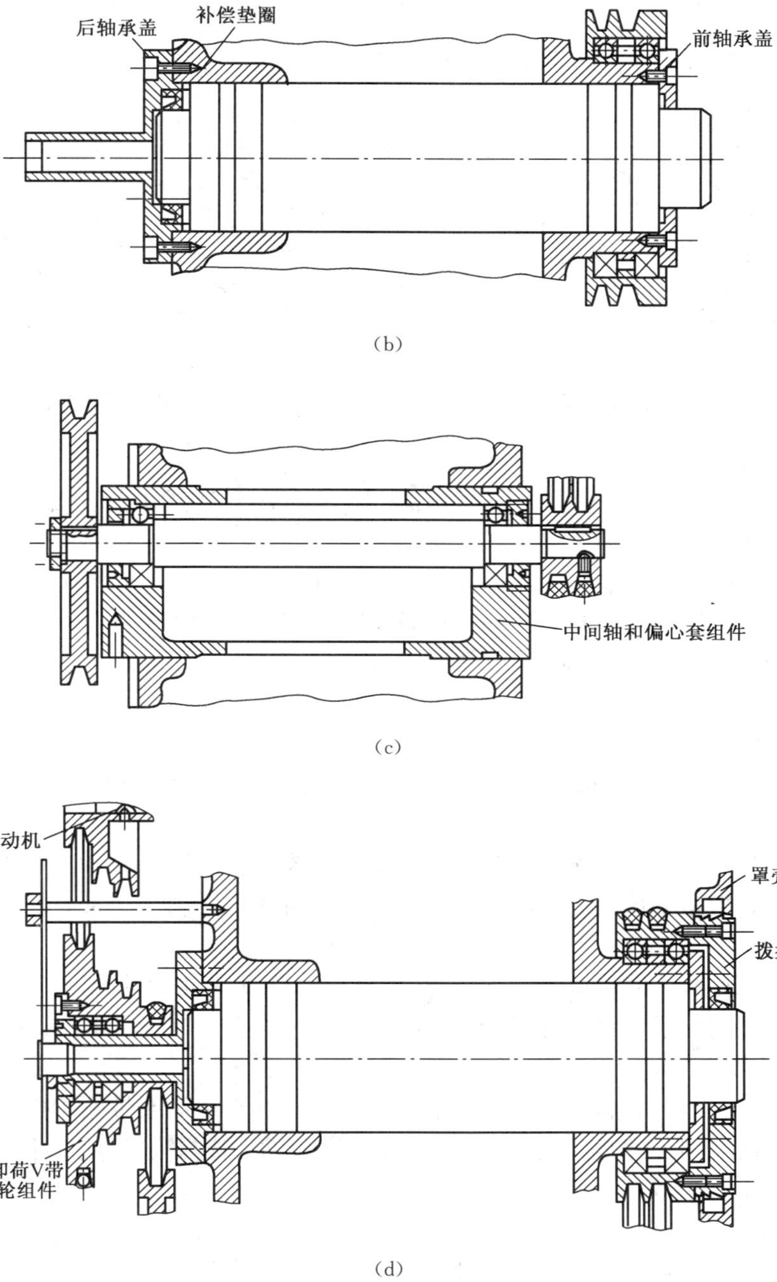

图 9.17 磨床头架部件装配过程

6) 装中间轴和偏心套组件

如图 9.17(c)所示,要求右端 V 带轮与上面被传动 V 带轮的三角槽对齐,误差不大于 1 mm,可调节两端的圆螺母来达到此要求。然后装上两根 V 带,其松紧程度要求应一致。

7) 装卸荷 V 带轮和拨盘

如图 9.17(d)所示,在主轴左端装上卸荷 V 带轮组件,右端用螺钉固定拨盘,同样使滚动轴承外圈压紧受力，用 0.03 mm 塞尺不能插入拨盘与 V 带轮间的接触面，即符合要求，见图 9.18。

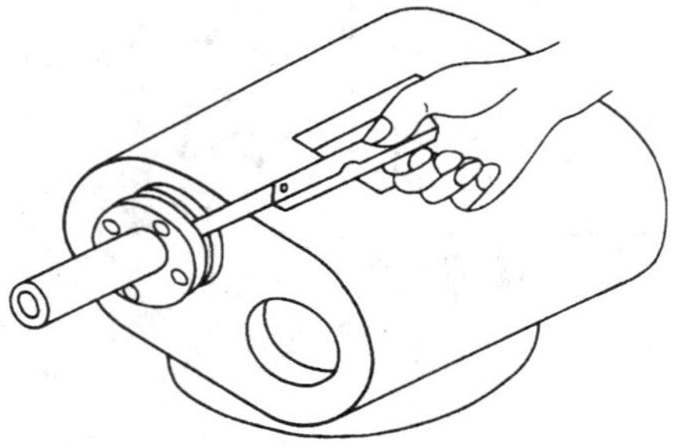

图 9.18 用塞尺测量间隙

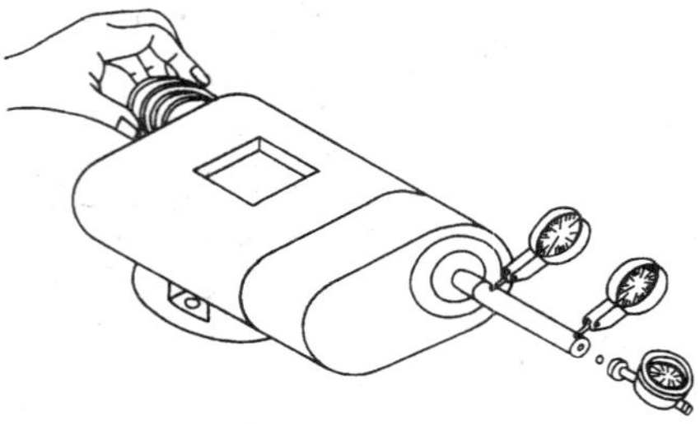

图 9.19 测量头架主轴精度

8）测量主轴精度

擦净主轴锥孔和 4 号莫氏量棒表面，将量棒插入主轴锥孔，用千分表测量，如图 9.19 所示。测量时，用手均匀地转动主轴。

（1）径向圆跳动

要求近主轴端处小于等于 0.007 mm；离主轴端 150 mm 处小于等于 0.01 mm。为防止量棒本身误差对测量精度的影响，须取下量棒，转 180°后插入再测量一次，取两次测量的平均值。

（2）轴向窜动

要求小于等于 0.005 mm。测量时，在量棒中心孔涂润滑脂，粘住一粒滚珠，用平测量头千分表进行测量。

若发现测量精度超差，首先应检查后端盖是否压紧补偿垫圈，其次检查前后轴承所配研的内、外隔圈是否装错或尺寸不对，必要时须检查主轴锥孔与主轴颈的同轴度误差。

9）装电动机

先将 V 带轮装在电动机轴上，再装上电动机，以卸荷 V 带轮为基准，用钢直尺调整电动机上带轮位置，然后拧紧紧定螺钉，装上 V 带。

10）装前后罩壳

装好罩壳后用于转动电动机上 V 带轮，检查罩壳是否与拨盘或带轮相擦，若有发生，须进行修整，否则在磨削工件时，将会产生振动，在工件表面形成振痕，影响磨削质量。

11）接通电源

12）试车

试车时，应以最高转速运转 1 h，测量轴承温度是否超过规定，再复量主轴精度。

习题与思考题

9.1 装配工作有哪些主要内容？各起什么作用？

9.2 装配精度分哪几种？各举例说明之。

9.3 图 9.20 所示齿轮组件，双联齿轮在轴上回转，要求装配后的轴向间隙为 0.05 ～ 0.20 mm，已知各组成件的尺寸分别为：$L_1 = 115^{+0.20}_{+0.05}$，$L_3 = 104^{+0.10}_{0}$，$L_4 = 2.5^{0}_{-0.12}$，现以补偿垫圈作为补偿件，其尺寸

$L_2 = 8.5$，试计算极限偏差。

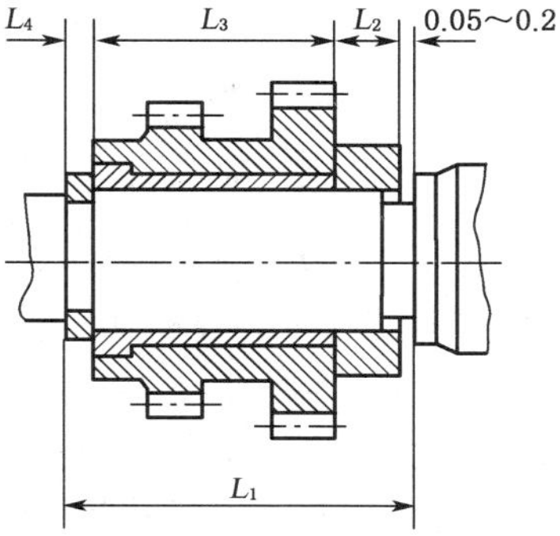

图 9.20　齿轮组件

9.4　装配方法有哪几种？各有什么特点？

9.5　制订装配工艺规程需要哪些资料？

9.6　装配工作中应注意哪些事项？

9.7　说明制订装配工艺的方法和步骤。

9.8　角接触球轴承在装配时，采用什么方法来提高其装配精度？

参考文献

1. 王先奎主编.机械制造工艺学.北京:机械工业出版社,2003
2. 李华主编.机械制造技术.北京:高等教育出版社,2000
3. 李旦主编.机械制造工艺学.哈尔滨:哈尔滨工业大学出版社,2000
4. 谢家瀛主编.机械制造技术概论.北京:机械工业出版社,2001
5. 王隆太主编.先进制造技术.北京:机械工业出版社,2003
6. 朱晓春主编.先进制造技术.北京:机械工业出版社,2004
7. 明兴祖主编.数控加工技术.北京:化学工业出版社,2002
8. 姚福生主编.先进制造技术.北京:清华大学出版社,2002
9. 袁国定主编.机械制造技术基础.南京:东南大学出版社,2005
10. 华茂发主编.数控机床加工工艺.北京:机械工业出版社,2000
11. 张辽远主编.现代加工技术.北京:机械工业出版社,2002
12. 刘晋春主编.特种加工.北京:机械工业出版社,2000
13. 袁哲俊主编.精密和超精密加工技术.北京:机械工业出版社,1999
14. 徐杜主编.柔性制造系统原理与实践.北京:机械工业出版社,2001
15. 吴澄主编.现代集成制造系统导论.北京:清华大学出版社,2002
16. 魏康民主编.机械制造技术.北京:机械工业出版社,2002
17. 杨光逵主编.计算机辅助机械制造.北京:清华大学出版社,1998
18. 孙志挥主编.计算机集成制造技术.南京:东南大学出版社,1998
19. 任仲贵主编.现代制造工程.上海:中国纺织大学出版社,1999